高等职业院校精品教材系列

U0269609

民用建筑供电与安全

孙全江 主 编

林 章 蔡敏华 钱雄威 副主编

电子工业出版社·
Publishing House of Electronics Industry
北京·BEIJING

内 容 简 介

本书根据教育部最新的职业教育教学改革要求以及工程建设项目岗位技能需求，结合编者多年的教学经验以及国家示范专业建设项目成果进行编写。

本书按照实际工程中工作任务的相对独立性划分为 8 个学习单元，分别为民用建筑供电系统基础，开关设备和配电设备，电力负荷及其计算，短路电流及其计算，工厂变配电所及其一次系统，民用建筑电力线路，民用建筑供电系统的过电流保护，防雷、接地与电气安全。

本书为高等职业本专科院校建筑类专业的教材，也可作为开放大学、成人教育、自学考试、中职学校培训班的教材，以及电气工程施工人员和管理人员的参考书。

本书配有免费的电子教学资源课件、练习题参考答案，详见前言。

图书在版编目(CIP)数据

民用建筑供电与安全/孙全江主编 . —北京：电子工业出版社，2015.9（2024.8重印）

高等职业院校精品教材系列

ISBN 978-7-121-26875-5

Ⅰ. ①民… Ⅱ. ①孙… Ⅲ. ①民用建筑-房屋建筑设备-供电系统-高等职业教育-教材 Ⅳ. ①TU852

中国版本图书馆 CIP 数据核字(2015)第 181814 号

策划编辑：陈健德(E-mail：chenjd@ phei.com.cn)

责任编辑：桑　昀

印　　刷：北京七彩京通数码快印有限公司

装　　订：北京七彩京通数码快印有限公司

出版发行：电子工业出版社

　　　　　北京市海淀区万寿路 173 信箱　邮编 100036

开　　本：787×1092　1/16　印张：18.25　字数：467.2 千字

版　　次：2015 年 9 月第 1 版

印　　次：2024 年 8 月第 9 次印刷

定　　价：54.00 元

凡所购买电子工业出版社图书有缺损问题，请向购买书店调换。若书店售缺，请与本社发行部联系，联系及邮购电话：(010)88254888。

质量投诉请发邮件至 zlts@ phei.com.cn，盗版侵权举报请发邮件至 dbqq@ phei.com.cn。

服务热线：(010)88258888。

前　言

本书根据教育部最新的职业教育教学改革要求以及工程建设项目岗位技能需求，结合编者多年的教学经验以及国家示范专业建设项目成果进行编写。

本书结合国家近年来颁布的一系列供电国家标准和设计操作规范，以民用建筑供电应用技能训练为主线，论述建筑工程供电系统设计和运行维护方法，注重基本理论的系统性和民用建筑供电技术的实用性，并总结了民用建筑供电技术中出现的新设备、新技术和新问题。

本书的编写特色有：结合多年的工程项目经验使理论教学与实践教学相结合，内容紧凑、独立，紧密结合现状并充分体现常用性和实用性；借鉴德国职业教学模式，对于专业课程实行一堂一主题，理论配实践的形式，即每次课老师和学生分别有独立的工作页，紧密结合工程要求进行练习；打破原有重结果的实训模式，注重训练过程，充分发挥学生的综合能力，如组织能力、思维能力、沟通能力、分析问题和解决问题的能力。突显学生为主体者、老师为引导者的格局，促使学生得到全面锻炼。

本书按照实际工程中工作任务的相对独立性划分为 8 个学习单元，分别为民用建筑供电系统基础，开关设备和配电设备，电力负荷及其计算，短路电流及其计算，工厂变配电所及其一次系统，民用建筑电力线路，民用建筑供电系统的过电流保护，防雷、接地与电气安全。为便于学习，本书配有一定量的练习题和思考题，供学习者练习。

本书为高等职业本专科院校建筑类专业的教材，也可作为开放大学、成人教育、自学考试、中职学校培训班的教材，以及电气工程施工人员和管理人员的参考书。

本书由浙江建设职业技术学院孙全江任主编并统稿，由浙江建设职业技术学院林章、蔡敏华和浙江华卫智能建筑技术有限公司钱雄威任副主编。其中，学习单元 1、2、4 由孙全江老师编写，学习单元 3 由钱雄威工程师编写，学习单元 5、6、7 由林章老师编写，学习单元 8 由蔡敏华老师编写。

本书由浙江建设职业技术学院刘兵教授主审，并对本书提出了许多宝贵意见和建议，在此表示衷心感谢！

本书在编写过程中，力求结合高等职业教育的特点和当前民用建筑供电技术的新发展，但由于民用建筑供电技术发展很快，新产品、新技术的应用越来越广泛，加之编者水平所限，错误和不足之处在所难免，敬请广大读者批评指正。

为了方便教师教学，本书还配有免费的电子教学课件和习题参考答案，请有此需要的教师登录华信教育资源网（http://www.hxedu.cn）免费注册后再进行下载，有问题时请在网站留言板留言或与电子工业出版社联系（E-mail：hxedu@phei.com.cn）。

编 者

目　录

学习单元1

民用建筑供电系统基础

教学导航

教 学 任 务	理论	民用建筑供电及电力系统基本知识	课时分配	4
		电力系统的电压和电能质量		
		电力系统中性点运行方式及低压配电系统接地形式		
教 学 目 标	知识方面	了解民用建筑供电系统 了解发电厂和电力系统 熟悉电力系统的电压和电能质量 熟悉三相交流电网和电力设备的额定电压 熟悉电力系统中性点运行方式及低压配电系统接地形式		
	技能方面	三相交流电网和电力设备的额定电压 电力系统中性点运行方式及低压配电系统接地形式		
重 点		电力系统中性点运行方式及低压配电系统接地形式		
难 点		电力系统的电能质量 电力系统中性点运行方式		
教学载体与资源		教材，多媒体课件，一体化电工与电子实验室，工作页，课堂练习，课后作业		
教学方法建议		引导文法，讨论式、互动式教学，启发式、引导式教学，直观性、体验性教学，案例教学法，任务驱动法，项目导向法，多媒体教学，理实一体化教学		
教学过程设计		民用建筑供电的意义和要求→民用建筑供电系统概况→发电厂和电力系统简介→三相交流电网和电力设备的额定电压→电压偏差与电压调整→电压波动及其抑制→三相不平衡及其改善→电力系统的中性点运行方式→低压配电系统的接地形式		
考核评价内容和标准		了解民用建筑供电系统 了解发电厂和电力系统组成 熟悉电力系统的电压和电能质量 熟悉三相交流电网和电力设备的额定电压 熟悉电力系统中性点运行方式及低压配电系统接地形式		

❓问题引入　在工业与民用建筑中，人们都以电力作为能源，那么电能是怎样产生的？电能又是如何传输与分配的？

1.1　民用建筑供电要求及典型供电系统

1.1.1　民用建筑供电的意义和要求

民用建筑供电是指民用建筑用电设备所需电能的供应和分配，亦称民用建筑配电。

众所周知，电能是现代工业生产和人们生活的主要能源和动力。电能既易于由其他形式的能量转换而来，又易于转换为其他形式的能量以供应用；电能的输送和分配既简单经济，又便于控制、调节和测量，有利于实现生产过程自动化。现代社会的信息技术和其他高新技术都是建立在电能应用的基础之上的，因此电能在现代工业生产及整个国民经济生活中应用极为广泛。

在工业与民用建筑里，电能在工业生产中的重要性，并不在于它在产品成本中或投资总额中所占的比重多少，而在于工业生产实现电气化以后，可以大大增加产量，提高产品质量，提高劳动生产率，降低生产成本，减轻工人的劳动强度，改善工人的劳动条件，有利于实现生产过程自动化。从另一方面来说，如果供电突然中断，则对工业生产可能造成严重的后果。例如，某些对供电可靠性要求很高的工业与民用建筑，即使是极短时间的停电，也会引起重大设备损坏，或引起大量产品报废，甚至可能发生人身伤亡事故，给国家和人民带来经济上甚至生态环境上或政治上的重大损失。因此，做好民用建筑供电工作对于发展工业生产、实现工业现代化，具有十分重要的意义。

工业与民用建筑供电工作要很好地为生产和生活服务，切实保证民用建筑生产和生活用电的需要，并做好节能和环保工作，就必须达到下列基本要求：

（1）安全——在电能的供应、分配和使用中，不应发生人身事故和设备事故。

（2）可靠——应满足电能用户对供电可靠性即连续供电的要求。

（3）优质——应满足电能用户对电压和频率等参数的质量要求。

（4）经济——供电系统的投资要省，运行费用要低，并尽可能地节约电能和有色金属的消耗量。

此外，在供电工作中，应合理地处理局部和全局、当前和长远等关系。既要照顾局部和当前的利益，又要有全局观念，能顾全大局，适应发展。例如，计划用电和环境保护等问题，就不能只考虑一个单位的局部利益，更要有全局观念。

1.1.2　民用建筑典型供电系统及分析

1. 6～10kV 进线的中型民用建筑供电系统

一般中型民用建筑的电源进线是 6～10 kV。电能先经高压配电所，由高压配电线路将电能分送至各个车间变电所。车间变电所内装有电力变压器，将 6～10 kV 的高压降为一般低压用电设备所需的电压，通常是降为 220/380 V（220 V 为三相线路相电压，380 V 为其线电压）。如果民用建筑拥有 6～10 kV 的高压用电设备，则由高压配电所直接以 6～10 kV 对其供电。

　　图 1-1 是一个比较典型的中型工厂供电系统的简图。该简图只用一根线来表示三相线路，即绘成单线图的形式，而且该图除母线分段开关和低压联络线上装设的开关外，未绘出其他开关电器。图中母线又称汇流排，其任务是汇集和分配电能。

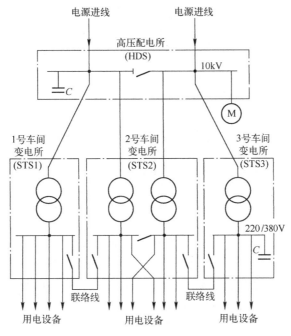

图 1-1　中型工厂供电系统简图

　　图 1-1 所示高压配电所有四条高压配电出线，供电给三个车间变电所。其中 1 号车间变电所和 3 号车间变电所各装有一台配电变压器，而 2 号车间变电所装有两台，并分别由两段母线供电，其低压侧又采用单母线分段制，因此对重要的低压用电设备可由两段低压母线交叉供电。各车间变电所的低压侧，均设有低压联络线相互连接，以提高供电系统运行的可靠性和灵活性。此外，该高压配电所还有一条高压配电线，直接供电给一组高压电动机；另有一条高压线，直接与一组高压并联电容器相连。3 号车间变电所低压母线上也连接有一组低压并联电容器。这些并联电容器都是用来补偿系统的无功功率、提高功率因数的。

2. 35 kV 及以上进线的大中型民用与工厂供电系统

　　对于大型民用与工厂及某些电源进线电压为 35 kV 及以上的中型民用建筑，通常经过两次降压，也就是电源进厂以后，先经总降压变电所，其中装有较大容量的电力变压器，将 35 kV 及以上的电源电压降为 6～10 kV 的配电电压，然后通过 6～10 kV 的高压配电线将电能送到各车间变电所，也有的经过高压配电所再送到车间变电所。车间变电所装有配

电变压器，又将 6 ～ 10 kV 降为一般低压用电设备所需的电压 220/380 V。其系统简图如图 1-2 所示。

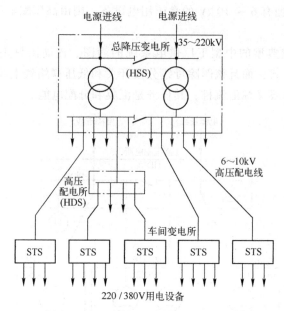

图 1-2 具有总降压变电所的民用建筑供电系统简图

有的 35 kV 进线的民用建筑，只经一次降压，即 35 kV 线路直接引入靠近负荷中心的车间变电所，经车间变电所的配电变压器，将 35 kV 直接降为低压用电设备所需的电压 220/380 V，如图 1-3 所示。这种供电方式，称为高压深入负荷中心的直配方式。这种直配方式，省去了一级中间变压，从而简化了供电系统，节约了有色金属，降低了电能损耗，提高了供电质量。然而这要根据厂区的环境条件是否满足 35 kV 架空线路深入负荷中心的"安全走廊"要求而定，否则不宜采用，以确保供电安全。

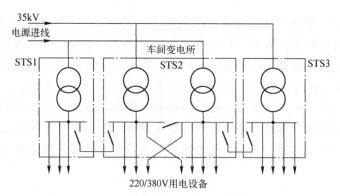

图 1-3 高压深入负荷中心的民用建筑供电系统简图

3. 小型民用建筑供电系统

对于小型民用建筑，由于其所需容量一般不大于 1000 kVA 或稍多，因此通常只设一个降压变电所，将 6 ～ 10 kV 电压降为低压用电设备所需的电压，如图 1-4 所示。

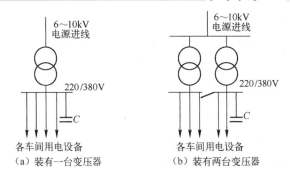

图 1-4　只设一个降压变电所的小型民用建筑供电系统简图

如果民用建筑所需容量不大于 160 kVA，可采用低压电源进线，因此民用建筑只要设置一间低压配电间。

4. 设有应急柴油发电机组的民用建筑供电系统

对于民用建筑的重要负荷，一般要求在正常供电电源之外，另设有应急备用电源，最常用的备用电源是柴油发电机组。柴油发电机组操作简便，启动迅速。当正常供电的公共电网中断供电时，自启动型柴油发电机组一般能在 10 ～ 15 s 内自行启动发电，恢复对重要负荷和应急照明的供电。

由以上民用建筑供电系统的分析可知，配电所的任务是接受电能和分配电能，不改变电压；变电所的任务是接受电能、变换电压和分配电能。

1.1.3　发电厂和电力系统的组成

由于电能的生产、输送、分配和使用的全过程，实际上是在同一瞬间实现的，因此学习本课程时除了要了解民用建筑供电系统的概况外，还要了解民用建筑供电系统电源方面的发电厂和电力系统的一般知识。

1. 发电厂

发电厂又称发电站，是将自然界存在的各种一次能源转换为电能（属二次能源）的民用建筑。发电厂按其所利用的能源不同，分为水力发电厂、火力发电厂、核能发电厂、风力发电厂、地热发电厂、太阳能发电厂等多种类型。

1）水力发电厂

水力发电厂简称水电厂或水电站，它利用水流的位能来生产电能。当控制水流的闸门打开时，水流就沿着进水管进入水轮机蜗壳室，冲动水轮机，带动发电机发电。其能量转换过程是：

水流位能 ——水轮机——→ 机械能 ——发电机——→ 电能

常见的水电站有坝后式水电站和引水式水电站，以及上述两种水电站的综合，称为混合式水电站。

水电站建设的初期投资较大，但是发电成本低，仅为火力发电成本的 1/3 ～ 1/4，而且水电属清洁的、可再生的能源，有利于环境保护，同时水电建设不只用于发电，通常还兼有防洪、灌溉、航运、水产养殖和旅游等多种功能，因此其综合效益好。

2）火力发电厂

火力发电厂简称火电厂或火电站，它利用燃料的化学能来生产电能。火电厂按其使用的燃料类别分，有燃煤式、燃油式、燃气式和废热式（利用工业余热、废料或城市垃圾等来发电）等多种类型，但是我国的火电厂仍以燃煤为主。

为了提高燃料的效率，现在的火电厂都将煤块粉碎成煤粉燃烧。煤粉在锅炉的炉膛内充分燃烧，将锅炉内的水烧成高温高压的水蒸气，推动汽轮机转动，使与它联轴的发电机旋转发电。其能量转换过程是：

$$\boxed{\text{燃料化学能}} \xrightarrow{\text{锅炉}} \boxed{\text{热能}} \xrightarrow{\text{汽轮机}} \boxed{\text{机械能}} \xrightarrow{\text{发电机}} \boxed{\text{电能}}$$

现代火电厂一般都考虑了"三废"（废渣、废水、废气）的综合利用，有的火电厂不仅发电，而且供热。兼供热能的火电厂，称为热电厂。

火电厂与同容量的水电站相比，具有建设工期短、工程造价低、投资回收快等特点，但是火电成本高，而且对环境要造成一定的污染，因此火电建设要受到环境的一定制约。

现在国外已研究成功将煤先转化为气体再送入锅炉内燃烧发电的新技术，从而大大减少了直接燃煤而产生的废气、废渣对环境的污染，这称为洁净煤发电新技术。

3）核能发电厂

核能发电厂又称原子能发电厂，通称核电站，它利用某些核燃料的原子核裂变能来生产电能，其生产过程与火电厂大体相同，只是以核反应堆（俗称原子锅炉）代替了燃煤锅炉，以少量的核燃料代替了大量的煤炭。其能量转换过程是：

$$\boxed{\text{核裂变能}} \xrightarrow{\text{核反应堆}} \boxed{\text{热能}} \xrightarrow{\text{汽轮机}} \boxed{\text{机械能}} \xrightarrow{\text{发电机}} \boxed{\text{电能}}$$

核电站的反应堆类型主要有石墨慢化反应堆、轻水反应堆、重水反应堆与快中子增殖反应堆等。

4）风力发电、地热发电及太阳能发电厂

风力发电是利用风力的动能来生产电能。它建在有丰富风力资源的地方。风能是一种取之不尽的清洁、价廉和可再生能源。但其能量密度较小，因此风轮机的体积较大，造价较高，且单机容量不可能做得很大。风能又是一种具有随机性和不稳定性的能源，因此利用风能发电必须与一定的蓄能方式相结合，才能实现连续供电。风力发电的能量转换过程是：

我国西北地区的风力资源比较丰富，已装设了一些风力发电装置。在"西部大开发"战略决策的推动下，风力发电也将有更大的发展。

　　地热发电是利用地球内部蕴藏的大量地热能来生产电能。它建在有足够地热资源的地方。地热是地表下面10 km以内存储的天然热源，主要来源于地壳内的放射性元素蜕变过程所产生的热量。地热发电的热效率不高，但不消耗燃料，运行费用低。它不像火力发电那样，要排出大量灰尘和烟雾，因此地热属于比较清洁的能源。但地下热水和蒸汽中大多含有硫化氢、氨、砷等有害物质，因此对排出的热水要妥善处理，以免污染环境。地热发电的能量转换过程是：

$$\boxed{地\ 热\ 能} \xrightarrow{\text{汽轮机}} \boxed{机\ 械\ 能} \xrightarrow{\text{发电机}} \boxed{电\ 能}$$

　　我国的地热资源比较丰富，特别是在我国的西藏地区。我国最大的地热电站就建在西藏羊八井地区，已有9台机组并网发电，总装机容量达25 MW。随着"西部大开发"战略的实施，我国的地热发电也将得到更大的发展。

　　太阳能发电就是利用太阳的光能或热能来生产电能。利用太阳的光能发电，是通过光电转换元件如光电池等直接将太阳的光能转换为电能。这已广泛应用在人造地球卫星和宇航装置上。利用太阳的热能发电，可分直接转换和间接转换两种方式。温差发电、热离子发电和磁流体发电，都属于热电直接转换。太阳能通过集热装置和热交换器，给水加热，使之变为蒸汽，推动汽轮发电机组发电，与火力发电原理相同，属于间接转换发电。

　　太阳能是一种十分安全、经济、无污染而且取之不尽的能源。太阳能发电装置建在常年日照时间长的地方。我国的太阳能资源也相当丰富，特别是我国的西藏、新疆、内蒙古等地区，常年日照时间达250～300天，属于太阳能丰富区。我国的80%地区均可利用太阳能发电。

2. 电力系统的组成

　　为了充分利用动力资源，减少燃料运输，降低发电成本，因此有必要在有水力资源的地方建设水电站，而在有燃料资源的地方建设火电厂，但这些有动力资源的地方，往往离用电中心较远，所以必须用高压输电线进行远距离输电，如图1-5所示。

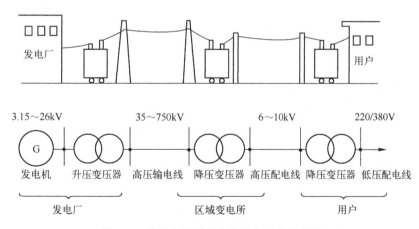

图1-5　从发电厂到用户的送电过程示意图

　　由各级电压的电力线路将一些发电厂、变电所和电力用户联系起来的一个发电、输电、变电、配电和用电的整体，称为电力系统。

电力系统中各级电压的电力线路及其联系的变电所，称为电力网或电网。但习惯上，电网或系统往往以电压等级来区分，如说 10 kV 电网或 10 kV 系统。这里所说的电网或系统，实际上是指某一电压的相互联系的整个电力线路。

电网可按电压的高低和供电范围的大小分为区域电网和地方电网。区域电网的供电范围大，电压一般在 220 kV 及以上。地方电网的供电电压一般不超过 110 kV。民用建筑供电系统属于地方电网。

电力系统加上发电厂的动力部分及其热能系统和热能用户，称为动力系统。

建立大型电力系统（联合电网）有下列优越性：

（1）可以更经济合理地利用动力资源，例如，在有水力资源的地方建设水电站，在有煤炭资源的地方建设坑口火电厂，在有地热资源的地方建设地热发电厂等，这样可大大降低发电成本，减少电能损耗。

（2）可以更好地保证供电质量，满足用户对电源频率和电压等参数的质量要求。

（3）可以大大提高供电的可靠性，有利于整个国民经济的发展。

> ❓**问题引入** 在电力系统中，不同的线路的电压往往是不同的，那么这些电压等级如何划分呢？它们各用于什么场合？用电设备与线路的电压又存在什么关系？电能在使用过程中又该如何保证电压的质量？

1.2 电力系统的电压和电能质量

电力系统中的所有电气设备，都是在一定的电压和频率下工作的。电气设备的额定电压和额定频率是电气设备正常工作且能获得最佳经济效果的电压和频率。电压和频率是衡量电能质量的基本参数。

一般交流电力设备的额定频率为 50 Hz，此频率通称为工频（工业频率）。我国 1996 年公布实施的《供电营业规则》规定在电力系统正常状况下，供电频率的允许偏差为：

（1）电网装机容量在 300 万千瓦及以上的为 ±0.2 Hz；

（2）电网装机容量在 300 万千瓦以下的为 ±0.5 Hz。

在电力系统非正常状况下，供电频率允许偏差不应超过 ±1.0 Hz。

对民用建筑供电系统来说，提高电能质量主要是提高电压质量问题。电压质量是按照国家标准或规范对电力系统电压的偏差、波动和波形的一种质量评估。

此外，三相系统中三相电压或三相电流是否平衡也是衡量电能质量的一个指标。

1.2.1 三相交流电网和电力设备的额定电压

按照国家标准 GB 156—2003《标准电压》的规定，我国三相交流电网和发电机的额定电压参见表 1-1。表 1-1 中的电力变压器一、二次绕组额定电压，是依据我国生产的电力变压器标准产品规格确定的。

表 1-1　我国三相交流电网和电力设备的额定电压（据 GB 156—2003）

分类	电网和用电设备额定电压/kV	发电机额定电压/kV	电力变压器额定电压/kV	
			一次绕组	二次绕组
低压	0.38	0.40	0.38	0.40
	0.66	0.69	0.66	0.69
高压	3	3.15	3 及 3.15	3.15 及 3.3
	6	6.3	6 及 6.3	6.3 及 6.6
	10	10.5	10 及 10.5	10.5 及 11
	—	13.8，15.75，18，20，22，24，26	13.8，15.75，18，20，22，24，26	—
	35	—	35	38.5
	66	—	66	72.5
	110	—	110	121
	220	—	220	242
	330	—	330	363
	500	—	500	550
	750	—	750	825（800）

1. 电网（线路）的额定电压

电网的额定电压（标称电压）等级，是国家根据国民经济发展的需要和电力工业发展的水平，经全面的技术经济分析后确定的。它是确定各类电力设备额定电压的基本依据。

2. 用电设备的额定电压

由于电力线路在有电流通过时要产生电压降，所以线路上各点的电压都略有不同，如图 1-6 中虚线所示。但是成批生产的用电设备不可能按使用处线路的实际电压来制造，而只能按线路首端与末端的平均电压即线路（电网）的额定电压 U_N 来制造。因此用电设备的额定电压一般规定与同级电网的额定电压相同。

但是在此必须指出：按 GB/T 11022—2011《高压开关设备和控制设备的共同技术要求》规定，高压开关设备和控制设备的额定电压按其

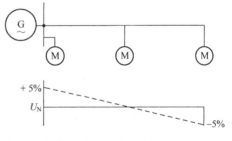

图 1-6　用电设备和发电机的额定电压说明图

允许的最高工作电压来标注，其额定电压不得小于其所在系统可能出现的最高电压，见表 1-2。新生产的一些高压设备额定电压已按此新规定标注。

表 1-2　系统的额定电压、最高电压和高压设备的额定电压（据 GB/T 11022—2011）

（单位：kV）

系统的额定电压	3	6	10	35
系统的最高电压	3.5	6.9	11.5	40.5
高压开关、互感器及支柱绝缘子的额定电压	3.6	7.2	12	40.5
穿墙套管的额定电压	—	6.9	11.5	40.5
熔断器的额定电压	3.5	6.9	12	40.5

3. 发电机的额定电压

由于电力线路允许的电压偏差一般为±5%，即整个线路允许有10%的电压损耗值，因此为了使线路的平均电压维持在额定值，线路首端（电源端）的电压宜较线路额定电压高5%，而线路末端的电压则较线路额定电压低5%，如图1-6所示。所以发电机的额定电压规定高于同级电网额定电压5%。

4. 电力变压器的额定电压

（1）电力变压器的一次绕组额定电压。分两种情况：

① 当变压器直接与发电机相连时，如图1-7中的变压器 T_1，其一次绕组额定电压应与发电机额定电压相同，都高于同级电网额定电压5%。

② 当变压器不与发电机相连而是连接在线路上时，如图1-7中的变压器 T_2，则可看成线路的用电设备，因此其一次绕组额定电压应与电网额定电压相同。

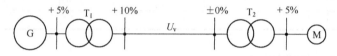

图1-7　电力变压器一、二次绕组额定电压说明图

（2）电力变压器的二次绕组额定电压。亦分两种情况：

① 变压器二次侧供电线路较长时，如图1-7中的变压器 T_1，其二次绕组额定电压应比相连电网额定电压高10%。

② 变压器二次侧供电线路不长时，如图1-7中的变压器 T_2，其二次绕组额定电压只需要高于电网额定电压5%，仅考虑补偿变压器满载运行时绕组本身的5%电压降。

5. 电压高低的划分

关于电力系统电压高低的划分，我国现在统一规定：

低压——指电压等级在1000 V以下者；

高压——指电压等级在1000 V及以上者。

表1-1就是以1000 V为界限来划分的。

此外尚有按下列标准划分电压高低的，规定：1000 V以下为低压，1000 V至10 kV或35 kV为中压，35 kV或以上至110 kV或220 kV为高压，220 kV或330 kV及以上为超高压，800 kV及以上为特高压。不过这种划分并无明确的统一标准，因此划分界限不是十分明确。

1.2.2　电压偏差与电压调整

1. 电压偏差及其允许值

1）电压偏差的含义及其计算

电压偏差是指设备在给定瞬间的端电压 U 与其额定电压 U_N 之差对额定电压 U_N 的百分

值，即

$$\Delta U\% = \frac{U - U_{\mathrm{N}}}{U_{\mathrm{N}}} \times 100\%$$

2）电压偏差对设备运行的影响

（1）对感应电动机的影响。当感应电动机的端电压较其额定电压低 10% 时，由于其转矩与其端电压成正比，因此其转矩将只有额定转矩的 81%，而负荷电流将增大 5% ~ 10% 以上，温升将增高 10% ~ 15% 以上，绝缘老化程度将比规定增加一倍以上，从而明显地缩短电动机的使用寿命。同时，电动机由于转矩减小，转速下降，不仅会降低生产效率，减少产量，而且还会影响产品质量，增加废次品。当其端电压较其额定电压偏高时，负荷电流和温升也将增加，绝缘相应受损，对电动机也是不利的，也会缩短其使用寿命。

（2）对同步电动机的影响。当同步电动机的端电压偏高或偏低时，转矩也要按电压平方成正比变化，因此同步电动机的端电压偏差，除了不会影响其转速外，其他如对转矩、电流和温升等的影响，与感应电动机相同。

（3）对电光源的影响。电压偏差对白炽灯的影响最为显著。当白炽灯的端电压降低 10% 时，灯泡的使用寿命将延长 2 ~ 3 倍，但发光效率将下降 30% 以上，灯光明显变暗，照度降低，严重影响人的视力健康，降低工作效率，还可能增加事故。当其端电压升高 10% 时，发光效率将提高 1/3，但其使用寿命将大大缩短，只有原来的 1/3。电压偏差对荧光灯及其他气体放电灯的影响不像对白炽灯那么明显，但也有一定的影响。当其端电压偏低时，灯管不易启燃。如果多次反复启燃，则灯管寿命将大受影响。而且电压降低时，照度下降，影响视力健康。当其电压偏高时，灯管寿命又会缩短。

3）允许的电压偏差

GB 50052—2009《供配电系统设计规范》规定，在系统正常运行情况下，用电设备端子处的电压偏差允许值（以额定电压的百分数表示）宜符合下列要求：

（1）电动机为 ±5%。

（2）电气照明，一般工作场所为 ±5%；对于远离变电所的小面积一般工作场所，难以满足上述要求时，可为 +5%，−10%；应急照明、道路照明和警卫照明等，为 +5%，−10%。

（3）其他用电设备，当无特殊规定时为 ±5%。

2. 电压调整措施

为了满足用电设备对电压偏差的要求，供电系统必须采用相应的电压调整。

（1）正确选择无载调压型变压器的电压分接头或采用有载调压型变压器。民用建筑供电系统中应用的 6 ~ 10 kV 电力变压器，一般是无载调压型，其高压绕组（一次绕组）有 $U_{\mathrm{N}} \pm 5\% U_{\mathrm{N}}$ 的 5 个电压分接头，并装设有无载调压分接开关。如果设备的端电压偏高，则应将分接开关换接到 +5% 的分接头上，以降低设备的端电压；如果设备的端电压偏低，则应将分接开关换接到 −5% 的分接头上，以升高设备的端电压。但是这只能在变压器无载条件下调节电压，使设备端电压更接近于设备的额定电压，而不能按负荷的变动来调节电压。如果用电负荷中有的设备对电压要求严格时，可采用有载调压型变压器，使之在负载情况下自动调

节电压，保证设备端电压的稳定。

（2）合理减小系统的阻抗。由于供电系统中的电压损耗与系统中各元件包括变压器和线路的阻抗成正比，因此可考虑使用减小系统的变压级数、增大导线电缆的截面或以电缆取代架空线等方法来减小系统的阻抗，降低电压损耗，从而缩小电压偏差，达到电压调整的目的。

（3）合理改变系统的运行方式。在生产为一班制或两班制的工厂或车间中，工作班时间内，负荷重，电压往往偏低，因而需要将变压器高压绕组的分接头调在 −5% 的位置上。但这样一来，到夜间负荷轻时，电压就会过高。这时如能切除变压器，改由低压联络线供电，则既能减少这台变压器的电能损耗，又可由于投入低压联络线而增加线路的电压损耗，从而降低所出现的过高电压。对于两台变压器并列运行的变电所，在负荷轻时切除一台变压器，同样可起到降低过高电压的作用。

（4）尽量使系统的三相负荷均衡。在有中性线的低压配电系统中，如果三相负荷分布不均衡，则将使负荷端中性点电位偏移，造成有的相电压升高，从而可能使相电压过高的那一线路上的单相设备烧毁，同时使三相设备的运行也不正常。为此，应使三相负荷分布尽可能均衡。

（5）采用无功功率补偿装置。系统中由于存在大量的感性负荷，如电力变压器、感应电动机、电焊机、高频炉、气体放电灯等，因此出现大量相位滞后的无功功率，降低功率因数，增大系统的电压损耗。可采用接入并联电容器或同步补偿机，使之产生相位超前的无功功率，以补偿系统中相位滞后的无功功率。这些专用于补偿无功功率的并联电容器和同步补偿机，统称无功补偿设备。由于并联电容器无旋转部分，具有安装简单、运行维护方便、有功损耗小及组装灵活、便于扩充等优点，因此在工厂供电系统中并联电容器补偿得到了广泛的应用。

1.2.3 电压波动及其抑制

1. 电压波动的含义

电压波动是指电网电压有效值的连续快速变动。

电压波动（或电压变动）值，以用户公共供电点相邻时间的最大与最小电压有效值 U_{max} 与 U_{min} 之差对电网额定电压 U_N 的百分值来表示，即

$$\Delta U\% = \frac{U_{max} - U_{min}}{U_N} \times 100\%$$

2. 电压波动的产生与危害

电压波动是负荷急剧变动或冲击性负荷所引起的。负荷急剧变动使电网的电压损耗相应变动，从而使用户公共供电点的电压出现波动现象。例如，电动机的启动，特别是大型电弧炉和轧钢机等冲击性负荷的工作，都会引起电网电压的波动。

电压波动可影响电动机的正常启动，甚至可使电动机不能启动；对同步电动机还可引起其转子振动；可使电子计算机和电子设备无法正常工作；可使照明灯发生明显的闪烁，严重影响视觉，使人无法正常生产、工作和学习。

3. 电压波动的抑制措施

（1）对负荷变动剧烈的大型电气设备，采用专用线路或专用变压器单独供电，这是最简便有效的办法。

（2）设法增大供电容量，减小系统阻抗。例如，将单回路线路改为双回路线路，或将架空线路改为电缆线路，使系统的电压损耗减小，从而减小负荷变动时引起的电压波动。

（3）在系统出现严重的电压波动时，减少或切除引起电压波动的负荷。

（4）对大容量电弧炉的炉用变压器，宜由短路容量较大的电网供电，一般采用更高电压等级的电网供电。

（5）对大型冲击性负荷，如果采用上述措施达不到要求时，可装设能"吸收"冲击无功功率的静止型无功补偿装置（SVC）。SVC 是一种能吸收随机变化的冲击无功功率和动态谐波电流的无功补偿装置，其类型有多种，而以自饱和电抗器型（SR 型）的效能最好，其电子元件少，可靠性高，反应速度快，维护方便经济，我国一般变压器厂均能制造，是最适于我国推广应用的一种 SVC。

1.2.4　电网谐波及其抑制

1. 电网谐波的含义与危害

1）谐波的含义

谐波是指对周期性非正弦量进行傅里叶级数分解所得到的大于基波频率整数倍的各次分量，通常称为高次谐波。基波是指其频率与工频（50 Hz）相同的分量。

向公共电网注入谐波电流或在公共电网中产生谐波电压的电气设备，称为谐波源。就电力系统中三相交流发电机发出的电压来说，可认为其波形基本上是正弦量，即其电压波形中基本上无直流和谐波分量。但是由于电力系统中存在各种谐波源，特别是随着大型变流设备和电弧炉等的广泛应用，使得高次谐波的干扰成了当前电力系统中影响电能质量的一大"公害"，亟待采取对策。

2）谐波的产生与危害

电网谐波的产生，主要在于电力系统中存在各种非线性元件。即使电力系统中电源的电压为正弦波，但由于非线性元件的存在，电网中总有谐波电流或电压。产生谐波的元件很多，如气体放电灯、感应电动机、电焊机、变压器和感应电炉等，都会产生谐波电流或电压。最为严重的是大型的晶闸管变流设备和大型电弧炉，它们产生的谐波电流最为突出，是造成电网谐波的主要因素。

谐波对电气设备的危害很大。谐波电流通过变压器，可使变压器铁芯损耗明显增加，从而使变压器出现过热，缩短使用寿命。谐波电流通过交流电动机，不仅会使电动机铁芯损耗明显增加，而且还会使电动机转子产生振动现象，严重影响机械加工的产品质量。谐波对电容器的影响更为突出。谐波电压加在电容器两端时，由于电容器对谐波的阻抗很小，从而使

电容器极易发生过载，甚至造成烧毁。此外，谐波电流可使电力线路的电能损耗和电压损耗增加，使计量电能的感应式电能表计量误差增大，还可使电力系统发生电压谐振，引起谐振过电压，有可能击穿线路或设备的绝缘，也可能造成系统的继电保护和自动装置误动作，并可对附近的通信线路和设备产生信号干扰。

2. 电网谐波的抑制措施

（1）三相整流变压器采用 Y，d 或 D，y 的接线。由于 3 次及 3 的整数倍次谐波电流在三角形连接的绕组内形成环流，而星形连接的绕组内不可能产生 3 次及 3 的整数倍次的谐波电流，因此采用 Y，d 或 D，y 接线的整流变压器，能使注入电网的谐波电流中消除 3 次及 3 的整数倍次的谐波电流。

（2）增加整流变压器二次侧的相数。整流变压器二次侧的相数越多，整流波形的脉动数越多，其次数低的谐波被消去的也越多。例如，整流相数为 6 相时，出现的 5 次谐波电流为基波电流的 18.5%，7 次谐波电流为基波电流的 12%。如果整流相数增加到 12 相时，则出现的 5 次谐波电流降为基波电流的 4.5%，7 次谐波电流降为基波电流的 3%，都差不多减少了 75%。由此可见，增加整流相数对高次谐波抑制的效果相当显著。

（3）使各台整流变压器二次侧互有相位差。多台相数相同的整流装置并列运行时，使其整流变压器二次侧互有适当的相位差，这与增加整流变压器二次侧相数的效果类似，也能大大减少注入电网的高次谐波。

（4）装设分流滤波器。在大容量静止谐波源（如大型晶闸管整流器）与电网连接处，装设分流滤波器，使滤波器的各组 R－L－C 回路分别对需要消除的 5、7、11、…次谐波进行调谐，使之发生串联谐振。由于串联谐振时阻抗很小，从而使这些次数的谐波电流被它分流吸收而不致注入公共电网中。

（5）选用 D，yn11 连接组别的三相配电变压器。由于 D，yn11 连接的变压器高压绕组是三角形接线，3 次及 3 的整数倍次的高次谐波电流在其绕组内形成环流而不致注入高压电网，从而有利于抑制高次谐波。

（6）其他措施。例如，限制电力系统中接入的变流设备和交流调压装置等的容量，或提高对大容量非线性设备的供电电压，或者将谐波源与不能受干扰的负荷电路从电网的接线上分开等，都能有助于谐波的抑制或消除。

1.2.5 三相不平衡及其改善

1. 三相不平衡电压或电流的产生及其危害

在三相供电系统中，如果三个相的电压或电流幅值或有效值不等，或者三个相电压或电流的相位差不为 120°时，则称此三相电压或电流不平衡或不对称。

三相供电系统在正常运行方式下出现三相电压或电流不平衡的主要原因，是三相负荷不平衡（不对称）。

三相的不平衡电压或电流，可以按对称分量法将其分解为正序、负序和零序分量。由于负序电压的存在，接在三相系统中的感应电动机在产生正向转矩的同时，还会产生一个反向转矩，从而降低了电动机的输出转矩，而且使电动机的总电流增大，功率损耗增加，从而使其发热温度升高，加速绝缘老化，缩短使用寿命。对三相变压器来说，由于三相电流不平衡，当最大相电流达到变压器绕组额定电流时，其他两相电流均低于额定值，从而使变压器容量得不到充分利用。对于多相整流装置，三相电压不对称，将严重影响多相触发脉冲的对称性，使整流装置产生较大的谐波，进一步影响电能质量。

2. 改善三相不平衡的措施

（1）在供电设计和安装中，应尽量使三相负荷均衡分配。三相系统中各相安装的单相设备容量之差应不超过15%。

（2）将不对称的负荷尽可能地分散接到不同的供电点，以免集中连接造成严重的三相不平衡。

（3）不对称的负荷接到更高一级电压的电网上，以增大连接点的短路容量，减小不对称负荷的影响。

（4）采用三相平衡化装置。例如，如图1-8所示的三相电路中，B、C相间接有单相电阻负荷 R，从而造成三相不平衡。如果在A、B相间接入电感线圈 L，而在C、A相间接入电容器 C，使 $X_L = X_C = \sqrt{3}R$，这样三相电路就构成了平衡的三相系统。

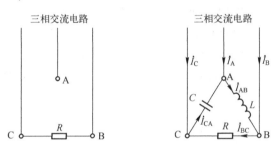

（a）单相电阻负荷（三相不平衡） （b）平衡化三相系统（$X_L = X_C = \sqrt{3}R$）

图1-8 三相平衡化电路说明

1.2.6 民用建筑供配电电压的选择

1. 民用建筑供电电压的选择

民用建筑供电电压的选择，主要取决于当地电网的供电电压等级，同时也要考虑民用建筑用电设备的电压、容量和供电距离等因素。由于同样的输送功率和输送距离条件下，配电电压越高，线路电流越小，因而线路采用的导线或电缆截面越小，从而可减少线路的初投资和有色金属消耗量，且可减少线路的电能损耗和电压损耗。表1-3列出了各级电压线路合理的输送功率和输送距离，供参考。

我国前电力工业部1996年发布施行的《供电营业规则》规定：供电企业（电网）供电的额定电压，低压有单相220 V，三相380V，高压有10 kV、35 kV、66 kV、110 kV、220 kV。并规定：除发电厂直配电压可采用3 kV或6 kV外，其他等级的电压都要过渡到上述额定电压。如果用户需要的电压等级不在上列范围，应自行采用变压措施解决。用户需要的电压等级在

110 kV 及以上时，其受电装置应作为终端变电所设计，其方案须经省电网经营企业审批。

表 1-3　各级电压线路合理的输送功率和输送距离

线路电压/kV	0.38	0.38	6	6	10	10	35	66	110	220
线路结构	架空线	电缆线	架空线	电缆线	架空线	电缆线	架空线	架空线	架空线	架空线
输送功率/kW	≤100	≤175	≤1000	≤3000	≤2000	≤5000	2000～10000	3500～30000	10000～50000	100000～500000
输送距离/km	≤0.25	≤0.35	≤10	≤8	6～20	≤10	20～30	30～100	50～150	100～300

2. 民用建筑高压配电电压的选择

民用建筑高压配电电压的选择，主要取决于民用建筑高压用电设备的电压及其容量、数量等因素。

民用建筑采用的高压配电电压通常为 10 kV。如果民用建筑拥有相当数量的 6 kV 用电设备，或者供电电源电压就是 6 kV（如民用建筑直接从邻近发电厂的 6.3 kV 母线取得电源），则可考虑采用 6 kV 电压作为民用建筑的高压配电电压。如果不是上述情况，6 kV 用电设备数量不多，则应选择 10 kV 作为民用建筑的高压配电电压，而 6 kV 高压设备则可通过专用的 10/6.3 kV 的变压器单独供电。3 kV 作为高压配电电压的技术经济指标很差，不能采用。如果民用建筑有 3 kV 用电设备时，应采用 10/3.15 kV 的专用变压器单独供电。

如果当地的电源电压为 35 kV，而厂区环境条件又允许采用 35 kV 电力线路和较经济的 35 kV 设备时，则可考虑采用 35 kV 作为高压配电电压深入工厂各车间负荷中心，并经车间变电所直接降低为低压用电设备所需的电压。这种高压深入负荷中心的直配方式，可以省去一级中间变压，大大简化了供电系统接线，节约了有色金属，降低电能损耗和电压损耗，提高供电质量，有一定的推广价值。

3. 民用建筑低压配电电压的选择

民用建筑的低压配电电压，一般采用 220/380 V，其中线电压 380 V 接三相动力设备和 380 V 的单相设备，相电压 220 V 接一般照明灯具和其他 220 V 的单相设备。但是某些场合宜采用 660 V 甚至更高的 1140 V 作为低压配电电压。例如，在矿井下，由于负荷中心往往离变电所较远，因此为保证负荷端的电压水平而采用比 380 V 更高的电压配电。在矿井下采用 660 或 1140 V 配电，较之采用 380 V 配电，不仅可减少线路的电压损耗，提高负荷端的电压水平，而且能减少线路的电能损耗，减少有色金属消耗量和初投资，增大配电范围，提高供电能力，减少变电点，简化供电系统。因此提高低压配电电压有明显的经济效益，是节约电能的有效措施之一，这在世界各国已成为发展的趋势。但是将 380 V 升高为 660 V，需要电器制造部门的全面配合。我国现在采用 660 V 电压的工业，尚只限于采矿、石油和化工等少数部门。至于 220 V 电压，新标准 GB 156—2003 已规定不作为低压三相配电电压，而只作为低压单相配电电压和单相用电设备的额定电压。

问题引入　电力系统的中性点运行方式有三种，这三种运行方式各有什么特点？它们各自用于什么场合？

1.3　电力系统中性点运行方式

在三相交流电力系统中，作为供电电源的发电机和电力变压器的中性点有三种运行方式：第一种是电源中性点不接地，第二种是电源中性点经阻抗接地（在高压系统中通常是经消弧线圈接地），第三种是电源中性点直接接地或经低电阻接地。前两种系统统称为小接地电流系统，亦称中性点非有效接地系统。第三种系统称为大接地电流系统，亦称中性点有效接地系统。

我国 3 ～ 66 kV 系统特别是 3 ～ 10 kV 系统，一般采用中性点不接地的运行方式。如果其单相接地电流大于一定数值（3 ～ 10 kV 系统中接地电流大于 30 A，20 kV 及以上系统中接地电流大于 10 A）时，则应采用中性点经消弧线圈接地的运行方式，但现在有的 10 kV 系统甚至采用中性点经低电阻接地的运行方式。我国 110 kV 及以上系统，则都采用中性点直接接地的运行方式。

1.3.1　中性点不接地的电力系统

电源中性点不接地的电力系统在正常运行时的电路图和相量图如图 1-9 所示，图中的三相交流相序代号统一采用 A、B、C。

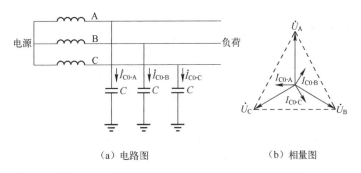

（a）电路图　　　　　　　　　　（b）相量图

图 1-9　正常运行时的中性点不接地的电力系统

为使讨论问题简化起见，假设图 1-9（a）所示三相系统的电源电压和线路参数 R、L、C 都是对称的，而且将相线与大地之间存在的分布电容用一个集中电容 C 来表示，而相间存在的电容因对所讨论的问题没有影响而予以略去。系统正常运行时，三个相的相电压 $\dot{U}_A$、$\dot{U}_B$、$\dot{U}_C$ 是对称的，三个相的对地电容电流也是平衡的，如图 1-9（b）所示。因此三个相的电容电流的相量和为零，地中没有电流流动。各相的对地电压，就等于各相的相电压。

当系统发生单相接地故障时，例如 C 相接地，如图 1-10（a）所示，这时 C 相对地电压为零，而 A 相对地电压 $\dot{U}'_A = \dot{U}_A + (-\dot{U}_C) = \dot{U}_{AB}$，B 相对地电压 $\dot{U}'_B = \dot{U}_B + (-\dot{U}_C) = \dot{U}_{BC}$，如图 1-10（b）所示。由相量图可见，C 相接地时，完好的 A、B 两相对地电压都由原来的相电压升高到线电压，即升高为原对地电压的 $\sqrt{3}$ 倍。

当系统发生不完全接地（即经一定的接触电阻接地）时，故障相的对地电压值将大于零而小

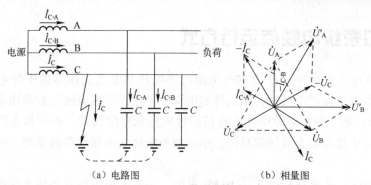

(a) 电路图　　　　　　　　　(b) 相量图

图 1-10　单相接地时的中性点不接地的电力系统

于相电压，而其他两完好相的对地电压值则大于相电压而小于线电压，接地电容电流值略小。

必须指出：当电源中性点不接地系统发生单相接地时，三相用电设备的正常工作并未受到影响，因为线路的线电压无论其相位和量值均未发生变化，因此系统中的三相用电设备仍能照常运行。但是这种线路不允许在单相接地故障情况下长期运行，因为如果再有一相也发生接地故障时，就形成两相接地短路，短路电流很大，这是不允许的。因此，在中性点不接地系统中，应装设专门的单相接地保护或绝缘监视装置。在系统发生单相接地故障时，给予报警信号，提醒供电值班人员注意，及时处理。当单相接地危及人身安全或设备安全时，则单相接地保护应跳闸。

1.3.2　中性点经消弧线圈接地的电力系统

在上述中性点不接地的电力系统中，有一种情况是比较危险的，即在发生单相接地时，如果接地电流较大，将出现断续电弧，这就可能使线路发生电压谐振现象。由于电力线路既有电阻和电感，又有电容，因此在线路发生单相弧光接地时，可形成一个 $R-L-C$ 的串联谐振电路，从而使线路上出现危险的过电压（可达线路相电压的 2.5～3 倍），这可能导致线路上绝缘薄弱地点的绝缘击穿。为了防止单相接地时接地点出现断续电弧，避免引起过电压，因此在单相接地电流大于一定值（如前所述）的电力系统中，电源中性点必须采取经消弧线圈接地的运行方式。

图 1-11 为电源中性点经消弧线圈接地的电力系统发生单相接地时的电路图和相量图。

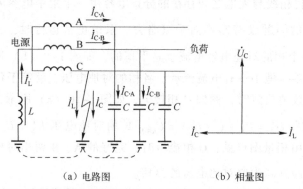

(a) 电路图　　　　　　　　　(b) 相量图

图 1-11　中性点经消弧线圈接地的电力系统在发生单相接地时的电路

消弧线圈实际上就是铁芯线圈，其电阻很小，感抗很大，其功能是消除单相接地故障点的电弧。当系统发生单相接地故障时，流过接地点的电流是接地电容电流 $\dot{I}_{C}$ 与流过消弧线圈的电感电流 $\dot{I}_{L}$ 之和。由于 $\dot{I}_{C}$ 超前 $\dot{U}$ 90°，而 $\dot{I}_{L}$ 滞后 $\dot{U}$ 90°，所以 $\dot{I}_{C}$ 与 $\dot{I}_{L}$ 在接地点互相补偿。当 $\dot{I}_{C}$ 与 $\dot{I}_{L}$ 的量值差小于发生电弧的最小生弧电流时，电弧就不会发生，从而也不会出现谐振过电压了。

在中性点经消弧线圈接地的三相系统中，与中性点不接地的系统一样，允许在发生单相接地故障时短时（一般规定为 2 h）继续运行，但保护装置要及时发出单相接地报警信号。运行值班人员应抓紧时间查找和处理故障；在暂时无法消除故障时，应设法将负荷特别是重要负荷转移到备用电源线路上去。如果发生单相接地危及人身和设备的安全时，则保护装置应跳闸。

中性点经消弧线圈接地的电力系统，在单相接地时，其他两相对地电压也要升高到线电压，即升高为原对地电压的 $\sqrt{3}$ 倍。

1.3.3　中性点直接接地或经低电阻接地的电力系统

电源中性点直接接地的电力系统发生单相接地时的电路图如图 1–12 所示。这种系统的单相接地，即通过接地中性点形成单相短路 $k^{(1)}$。单相短路电流 $I_{k}^{(1)}$ 比线路的负荷电流大得多，因此在系统发生单相短路时保护装置应跳闸，切除短路故障，使系统的其他部分恢复正常运行。

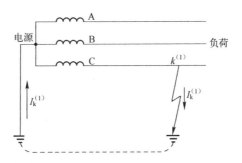

图 1–12　中性点直接接地的电力系统在发生单相接地时的电路

中性点直接接地的系统发生单相接地时，其他两完好相的对地电压不会升高，这与上述中性点非直接接地系统不同。因此，凡中性点直接接地系统中的供用电设备的绝缘只要按相电压考虑，而无须按线电压考虑。这对 110 kV 及以上的超高压系统是很有经济技术价值的。因为高压特别是超高压电器，其绝缘问题是影响电器设计和制造的关键问题。电器绝缘要求的降低，直接降低了电器的造价，同时改善了电器的性能。因此，我国 110 kV 及以上的超高压系统中性点通常都采取直接接地的运行方式。

❓**问题引入**　电力系统中用电设备的接地形式分为三种，这三种接地形式各有什么特点？

1.4 低压配电系统的接地形式

我国的 220/380 V 低压配电系统，广泛采用中性点直接接地的运行方式，而且引出有中性线（代号 N）、保护线（代号 PE）或保护中性线（代号 PEN）。

（1）中性线（N 线）。其功能一是用来连接额定电压为系统相电压的单相用电设备，二是用来传导三相系统中的不平衡电流和单相电流，三是减小负荷中性点的电位偏移。

（2）保护线（PE 线）。它是为保障人身安全、防止发生触电事故用的接地线。系统中所有电气设备的外露可导电部分（指正常时不带电但故障情况下可能带电的易被人身接触的导电部分，如金属外壳、金属构架等）通过 PE 线接地，可在设备发生接地故障时减少触电危险。

（3）保护中性线（PEN 线）。它兼有 N 线和 PE 线的功能。这种 PEN 线，我国过去习惯称为"零线"。

低压配电系统，按其保护接地形式分为 TN 系统、TT 系统和 IT 系统。

1.4.1 TN 系统

TN 系统的电源中性点直接接地，其中所有设备的外露可导电部分均接公共保护接地线（PE 线）或公共保护中性线（PEN 线）。这种接公共 PE 线或 PEN 线的方式，通称"接零"。TN 系统又分三种形式。

（1）TN – C 系统。该系统中的 N 线与 PE 线合为一根 PEN 线，所有设备的外露可导电部分均接 PEN 线，如图 1–13（a）所示。其 PEN 线中可有电流通过，因此通过 PEN 线可对有些设备产生电磁干扰。如果 PEN 断线，还可使断线侧接 PEN 线的设备外露可导电部分（如外壳）带电，对人可有触电危险。因此该系统不适用于对抗电磁干扰和安全要求较高的场所。但由于 N 线与 PE 线合一，从而可节约一些有色金属（导线材料）和投资。该系统过去在我国低压系统中的应用最为普遍，但现在在安全要求较高的场所包括住宅建筑、办公大楼及要求抗电磁干扰的场所均不允许采用了。

（2）TN – S 系统。该系统中的 N 线与 PE 线完全分开，所有设备的外露可导电部分均接 PE 线，如图 1–13（b）所示。PE 线中没有电流通过，因此对接 PE 线的设备不会产生电磁干扰。如果 PE 线断线，正常情况下也不会使接 PE 线的设备外露可导电部分带电，但在有设备发生单相接地故障时，将使其他接 PE 线的设备外露可导电部分带电，对人仍有触电

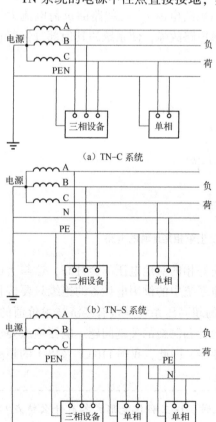

图 1–13 低压配电的 TN 系统

危险。由于 N 线与 PE 线分开，与上述 TN－C 系统相比，在有色金属和投资方面均有增加。该系统现广泛应用在对安全要求及抗电磁干扰要求较高的场所，如重要办公地点、实验场所和居民住宅等处。

（3）TN－C－S 系统。该系统的前一部分全为 TN－C 系统，而后面则有一部分为 TN－C 系统，另有一部分为 TN－S 系统，如图 1-13（c）所示。此系统比较灵活，对安全要求和抗电磁干扰要求较高的场所采用 TN－S 系统配电，而其他场所则采用较经济的 TN－C 系统。

1. 4. 2　TT 系统

TT 系统的电源中性点也直接接地。与上述 TN 系统不同的是，该系统的所有设备外露可导电部分均各自经 PE 线单独接地，如图 1-14 所示。由于各设备的 PE 线之间无电气联系，因此相互之间无电磁干扰。此系统适用于安全要求及抗电磁干扰要求较高的场所。国外这种系统应用比较普遍，现在我国也开始推广应用。GB 50096—2011《住宅设计规范》中规定：住宅供电系统应采用 TT、TN－C－S 或 TN－S 接地方式。

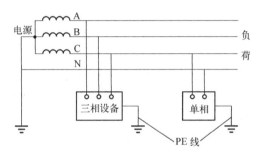

图 1-14　低压配电的 TT 系统

1. 4. 3　IT 系统

IT 系统的电源中性点不接地或经约 1000Ω 阻抗接地，其中所有设备的外露可导电部分也都各自经 PE 线单独接地，如图 1-15 所示。此系统中各设备之间也不会发生电磁干扰，且在发生单相接地故障时，三相用电设备及连接额定电压为线电压的单相设备仍可继续运行，但须装设单相接地保护，以便在发生单相接地故障时发出报警信号。该系统主要用于对连续供电要求较高及有易燃易爆危险的场所，如矿山、井下等地。

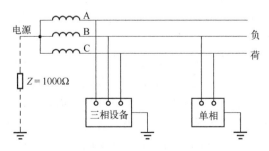

图 1-15　低压配电的 IT 系统

低压配电系统中，凡是引出有中性线（N线）的三相系统，包括TN系统（含TN-C、TN-S和TN-C-S系统）及TT系统，都属于"三相四线制"系统，正常情况下不通过电流的PE线不计算在内。没有中性线（N线）的三相系统，如IT系统，则属于"三相三线制"系统。

知识梳理与总结

本单元首先介绍了民用建筑供电及电力系统的基本知识，主要有民用建筑供电的意义和要求，大中型、中型、小型和应急柴油发电机组民用建筑供电系统、电力系统和不同能源的发电厂；在电力系统的电压和电能质量一节中，介绍了三相交流电网和电力设备的额定电压、电压偏差与电压调整、电压波动及其抑制、电网谐波及其抑制、三相不平衡及其改善及民用建筑供配电电压的选择；在电力系统中性点运行方式及低压配电系统接地形式一节中，介绍了电力系统的中性点运行方式，中性点不接地、中性点经消弧线圈接地、中性点直接接地的电力系统，低压配电系统的接地形式主要讲述了TN系统、TT系统和IT系统。

复习思考题1

1-1 民用建筑供电对工业生产有何重要作用？对民用建筑供电工作有哪些基本要求？

1-2 民用建筑供电系统包括哪些范围？高压配电所与总降压变电所各有哪些特点？高压深入负荷中心的直接配电方式又有哪些特点？

1-3 水电站、火电厂和核电站各利用何种能量？各如何转换为电能？风力发电、地热发电和太阳能发电各有何特点？

1-4 什么叫电力网、电力系统和动力系统？建立联合电网（大型电力系统）有哪些优越性？

1-5 在电力系统正常状况和非正常状况下，供电频率的允许偏差各为多少？

1-6 对民用建筑供电系统来说，提高电能质量主要指哪些方面的质量问题？

1-7 我国电网的额定电压等级有哪些？为什么用电设备额定电压一般规定与电网额定电压相同？为什么现在同一10 kV电网使用的高压开关有额定电压10 kV和12 kV两种规格？

1-8 为什么发电机额定电压高于电网额定电压5%？为什么电力变压器一次额定电压有的高于电网额定电压5%，有的等于电网额定电压？为什么电力变压器二次额定电压有的高于电网额定电压5%，有的高于电网额定电压10%？

1-9 电网电压的高压和低压如何划分？什么叫中压、高压、超高压和特高压？

1-10 什么叫电压偏差？电压偏差对感应电动机和照明光源各有什么影响？民用建筑供电系统中可有哪些电压调整措施？

1-11 什么叫电压波动？民用建筑供电系统中有哪些抑制电压波动的措施？

1-12 三相不平衡是如何产生的？有哪些危害？有哪些改善措施？

1-13 电网谐波是如何产生的？有哪些危害？有哪些抑制措施？

1-14 民用建筑的供电电压要考虑哪些因素？民用建筑的高压配电电压和低压配电电压的选择又各要考虑哪些因素？常用的高、低压配电电压各有哪些？

1-15 三相交流电力系统的电源中性点有哪些运行方式？中性点直接接地与中性点不直接接

地在电力系统发生单相接地时各有哪些特点？

1–16　中性点经消弧线圈接地与中性点不接地在电力系统发生单相接地时有哪些异同？

1–17　低压配电系统中的中性线（N线）、保护线（PE线）和保护中性线（PEN线）各有哪些功能？

1–18　低压配电的 TN－C 系统、TN－S 系统、TN－C－S 系统、TT 系统及 IT 系统各有哪些特点？

1–19　进行供电工程设计和施工时，主要应与哪一部门配合并接受其监督检查？为什么？

练习题 1

1–1　试确定图 1-16 所示供电系统中变压器 T_1 和线路 WL_1、WL_2 的额定电压。

图 1–16　练习题 1-1 的供电系统

1–2　试确定图 1-17 所示供电系统中发电机和所有变压器的额定电压。

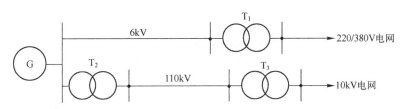

图 1–17　练习题 1-2 的供电系统

1–3　某厂有若干车间变电所，互有低压联络线相连。其中某一车间变电所装有一台无载调压型配电变压器，其高压绕组有 +5%、0、–5% 三个电压分接头，现调在主接头"0"的位置（即 U_{1N}）运行。但是白天生产时，低压母线电压只有 360 V（额定电压为 380 V），而晚上不生产时，低压母线电压又高达 415 V。试问此变电所低压母线昼夜电压偏差范围（%）为多少？宜采取哪些改善措施？

1–4　某 10 kV 电网，架空线路总长度 40 km，电缆线路总长度 23 km。试求此中性点不接地的电力系统发生单相接地时的接地电容通路，并判断此系统的中性点需不需要改为经消弧线圈接地。

学习单元 2

开关设备和配电设备

教学导航

教学任务	理论	开关设备和配电设备概述	课时分配	8
		低压开关设备		
		低压配电设备		
	实训	认识高压开关设备、低压开关设备 认识常见的高低压配电设备		2
教学目标	知识方面	掌握开关设备、配电设备的概念和作用 掌握电弧的产生与熄灭的方法 熟悉常见的高压开关设备名称、型号、规格、用途 掌握常见的低压开关设备名称、型号、规格、用途 熟悉常用的配电设备的方案及特点		
	技能方面	熟悉常见的高低压开关设备名称、型号、规格、用途		
重　点		高低压开关设备名称、型号、规格、用途 常见高低压配电装置的方案		
难　点		高低压开关设备用途的区分及应用 高低压配电装置的方案之间的区别		
教学载体与资源		教材，多媒体课件，一体化电工与电子实验室，工作页，课堂练习，课后作业		
教学方法建议		引导文法、讨论式、互动式教学，启发式、引导式教学，直观性、体验性教学，案例教学法，任务驱动法，项目导向法，多媒体教学，理实一体化教学		
教学过程设计		初步认识高压开关设备、低压开关设备、高压配电设备、低压配电设备→理论授课，开关设备和配电设备的概念和作用，电弧的产生与熄灭方法→常见的高压开关设备名称、型号、规格、用途，常见的低压开关设备名称、型号、规格、用途→常用的配电设备的方案及特点→实践操作，进一步认识高低压开关设备，并对开关设备的功能及用途进行比较→学生作业		
考核评价内容和标准		熟悉电弧的产生与熄灭的方法 掌握常见的高压开关设备名称、型号、规格、用途 掌握常见的低压开关设备名称、型号、规格、用途 熟悉常用的配电设备的方案及特点		

> **❓问题引入**　这是"雅各布天梯"模型，模型主要由一对上宽下窄，顶部呈羊角形的铜管电极构成，通以2～5万伏高压。照片中的两个学生正在操作着"雅各布天梯"的按钮，体验声响和不断升起的光芒。
>
> 　　这张照片是一种什么现象？
>
> 　　为什么会有这种现象产生？
>
> 　　光芒部分为什么会沿着两根铜棒上升？

　　开关设备：用于电路的通、断的设备为开关电器，其触头间电弧的产生和熄灭问题值得关注，因为开关的灭弧结构直接影响到开关的通断性能，如刀开关、断路器、接触器等。

　　配电设备：配电装置是按一定的线路方案将有关一、二次设备组装为成套设备的产品，供配电系统作控制、监测和保护之用，如配电箱、配电柜等。其中安装有开关电器、监测仪表、保护和自动装置以及母线、绝缘子等。配电装置分高压配电装置和低压配电装置两大类。

2.1　电弧的危害、产生和熄灭

2.1.1　电弧的危害

　　电弧是电气设备运行中经常发生的一种物理现象，其特点是光亮很强和温度很高。电弧的产生对供电系统的安全运行有很大影响。首先，电弧延长了电路开断的时间。在开关分断短路电流时，开关触头上的电弧就延长了短路电流通过电路的时间，使短路电流危害的时间延长，可能对电路设备造成更大的损坏。同时，电弧的高温可能烧损开关的触头，烧毁电气设备和导线电缆，甚至可能引起火灾和爆炸事故。此外，强烈的弧光可能损伤人的视力，严重的可致人失明。因此，开关设备在结构设计上要保证其操作时电弧能迅速地熄灭。为此，在讲述开关设备之前，有必要先简介电弧产生和熄灭的原理与方法，并提出对电气触头的一些基本要求。

2.1.2　电弧的产生

1. 产生电弧的根本原因

　　开关触头在分断电流时之所以会产生电弧，根本的原因在于触头本身及触头周围的介质中含有大量可被游离的电子。这样，在分断的触头之间存在足够大的外施电压的条件下，这些电子就有可能强烈电离而产生电弧。

2. 产生电弧的游离方式

　　(1) 热电发射。当开关触头分断电流时，阴极表面由于大电流逐渐收缩集中而出现炽热

的光斑，温度很高，因而使触头表面分子中外层电子吸收足够的热能而发射到触头的间隙中，形成自由电子。

（2）高电场发射。开关触头分断之初，电场强度很大。在这种高电场的作用下，触头表面的电子可能被强拉出来，使之进入触头间隙，也形成自由电子。

（3）碰撞游离。当触头间隙存在着足够大的电场强度时，其中的自由电子以相当大的动能向阳极移动。在高速移动中碰撞到中性质点，就可能使中性质点中的电子游离出来，从而使中性质点变为带电的正离子和自由电子。这些被碰撞游离出来的带电质点在电场力的作用下，继续参加碰撞游离，结果使触头间介质中的离子数越来越多，形成"雪崩"现象。当离子浓度足够大时，介质击穿而发生电弧。

（4）高温游离。电弧的温度很高，表面温度达 $3000 \sim 4000℃$，弧心温度可高达 $10000℃$。在这样的高温下，电弧中的中性质点可游离为正离子和自由电子（据研究，一般气体在 $9000 \sim 10000℃$ 时发生游离，而金属蒸气在 $4000℃$ 左右即发生游离），从而进一步加强了电弧中的游离。触头越分开，电弧越大，高温游离也越显著。

由于以上几种游离方式的综合作用，使得触头在带电开断时产生的电弧得以维持。

2.1.3 电弧的熄灭

1. 电弧熄灭的条件

要使电弧熄灭，必须使触头间电弧中的去游离率大于游离率，即其中离子消失的速率大于离子产生的速率。

2. 电弧熄灭的去游离方式

（1）正负带电质点的"复合"。复合就是正负带电质点重新结合为中性质点。这与电弧中的电场强度、电弧温度及电弧截面等因素有关。电弧中的电场强度越弱，电弧的温度越低，电弧的截面越小，则带电质点的复合越强。此外，复合与电弧所接触的介质性质也有关系。如果电弧接触的表面为固体介质，则由于较活泼的电子先使介质表面带一负电位，带负电位的介质表面就吸引电弧中的正离子而造成强烈的复合。

（2）正负带电质点的"扩散"。扩散就是电弧中的带电质点向周围介质中扩散开去，从而使电弧中的带电质点减少。扩散的原因，一个是电弧与周围介质的温度差，另一个是电弧与周围介质的离子浓度差。扩散也与电弧截面有关。电弧截面越小，离子扩散也越强。

上述带电质点的复合与扩散，都使电弧中的离子数减少，使去游离增强，从而有助于电弧的熄灭。

3. 开关电器中常用的灭弧方法

（1）速拉灭弧法。迅速拉长电弧，可使弧隙的电场强度骤降，正负离子的复合迅速增强，从而加快电弧的熄灭。这种灭弧方法是开关电器中普遍采用的最基本的一种灭弧法。高压开关中装设强有力的断路弹簧，目的就在于加快触头的分断速度，迅速拉长电弧。

（2）冷却灭弧法。降低电弧的温度，可使电弧中的高温游离减弱，正负离子的复合增强，有助于加速电弧的熄灭。这种灭弧方法在开关电器中也应用较普遍，同样是一种基本的灭弧方法。

（3）吹弧灭弧法。利用外力（如气流、油流或电磁力）来吹动电弧，使电弧加快冷却，同时拉长电弧，降低电弧中的电场强度，使离子的复合和扩散增强，从而加速电弧的熄灭。按吹弧的方向分，有横吹和纵吹两种，如图2-1所示。

按外力的性质分，有气吹、油吹、电动力吹和磁吹等方式。低压刀开关当迅速拉开其刀闸时，不仅迅速拉长了电弧，而且其本身回路电流产生的电动力作用于电弧，也吹动电弧使之加速拉长，如图2-2所示。有的开关采用专门的磁吹线圈来吹弧，如图2-3所示。也有的开关利用铁磁物质（如钢片）来吸动电弧，相当于反向吹弧，如图2-4所示。

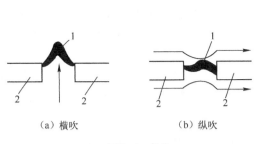

（a）横吹　　　　（b）纵吹

1—电弧；2—触头

图2-1　吹弧方式

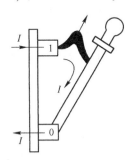

0—动触头；1—静触头

图2-2　电动力吹弧（刀开关断开时）

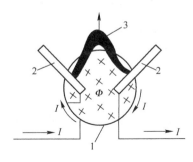

1—磁吹线圈；2—灭弧触头；3—电弧

图2-3　磁力吹弧

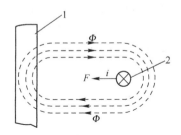

1—钢片；2—电弧

图2-4　铁磁吸弧

（4）长弧切短灭弧法。由于电弧的电压降主要降落在阴极和阳极上，其中阴极电压降又比阳极电压降大得多，而电弧的中间部分（弧柱）的电压降是很小的。因此，如果利用若干金属片（栅片）将长弧切割成若干短弧，则电弧的电压降相当于近似地增大若干倍。当外施电压小于电弧上的电压降时，电弧就不能维持而迅速熄灭。图2-5为钢灭弧栅（又称去离子栅）将长弧切成若干短弧的情形。它利用了图2-2所示的电动力吹弧，同时又利用了图2-4所示的铁磁吸弧，将电弧吸入钢灭弧栅。钢片对电弧还有一定的冷却降温作用。

（5）粗弧分细灭弧法。将粗大的电弧分成若干

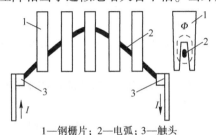

1—钢栅片；2—电弧；3—触头

图2-5　钢灭弧栅对电弧的作用

平行的细小电弧，使电弧与周围介质的接触面增大，改善电弧的散热条件，降低电弧的温度，从而使电弧中正负离子的复合和扩散都得到加强，使电弧加速熄灭。

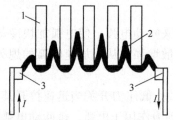

1—绝缘灭弧片；2—电弧；3—触头

图2-6 绝缘灭弧栅对电弧的作用

（6）狭沟灭弧法。使电弧在固体介质所形成的狭沟中燃烧，改善了电弧的冷却条件，同时由于电弧与固体表面接触使其带电质点的复合大大增强，从而加速电弧的熄灭。例如，有的熔断器熔管内充填石英砂，使熔丝在石英砂中熔断，就是利用狭沟灭弧原理。又如，采用图 2-6 所示绝缘灭弧栅，先利用电动力吹弧使电弧进入绝缘灭弧栅内，然后利用狭沟灭弧原理来加速电弧的熄灭。

（7）真空灭弧法。真空具有较高的绝缘强度。如果将开关触头装在真空容器内，则在触头分断时其间产生的电弧（称为真空电弧）一般较小，且在电流第一次过零时就能熄灭电弧。

（8）六氟化硫（SF_6）灭弧法。SF_6 气体具有优良的绝缘性能和灭弧性能，其绝缘强度约为空气的 3 倍，其绝缘强度恢复的速度约比空气快 100 倍，因此采用 SF_6 来灭弧，可以大大提高开关的断路容量和缩短灭弧时间。

在现代的开关电器中，常常根据具体情况综合地采用上述某几种灭弧法来达到迅速灭弧的目的。

> ❓问题引入　在高压电路中，线路要进行控制，同时还要进行保护，那么这些控制与保护的过程通过什么设备来完成？它们在操作过程中又有什么要求？

2.2 高压一次设备

变配电所中承担输送和分配电能任务的电路，称为一次电路或一次回路，亦称主电路。一次电路中所有的电气设备称为一次设备。

凡用来控制、指示、监测和保护一次设备运行的电路，称为二次电路或二次回路，亦称副电路。二次电路通常接在互感器的二次侧。二次电路中的所有设备称为二次设备。

一次设备按其功能来分，可分以下几类。

（1）变换设备。其功能是按电力系统工作的要求来改变电压或电流等，如电力变压器、电流互感器、电压互感器等。

（2）控制设备。其功能是按电力系统工作的要求来控制一次设备的投入和切除，如各种高低压开关。

（3）保护设备。其功能是用来对电力系统进行过电流和过电压等的保护，如熔断器和避雷器等。

（4）补偿设备。其功能是用来补偿电力系统的无功功率，以提高电力系统的功率因数，如并联电容器。

（5）成套设备。它是按一次电路接线方案的要求，将有关一次设备及二次设备组合为一体的电气装置，如高压开关柜、低压配电屏、动力和照明配电箱等。

本节只介绍一次电路中常用的高压熔断器、高压隔离开关、高压负荷开关、高压断路器及高压开关柜等。

2.2.1 高压隔离开关

主要是隔离高压电源，以保证其他设备和线路的安全检修。其结构特点：断开后有明显可见的断开间隙，而且断开间隙的绝缘及相间绝缘都是足够可靠的，能充分保证设备和线路检修人员的人身安全。但是隔离开关没有专门的灭弧装置，因此不允许带负荷操作。然而它可用来通断一定的小电流，如励磁电流不超过 2 A 的空载变压器、电容电流不超过 5 A 的空载线路以及电压互感器和避雷器等。

高压隔离开关按安装地点分为户内式和户外式两大类。文字符号为 QS，图形符号为 ⊢⟋。

户内式高压隔离开关通常采用 CS6 型（C—操作机构，S—手动，6—设计序号）手动操作机构进行操作（见图 2-7），而户外式则大多采用高压绝缘操作棒操作，也有的通过杠杆传动的手动操作机构进行操作。

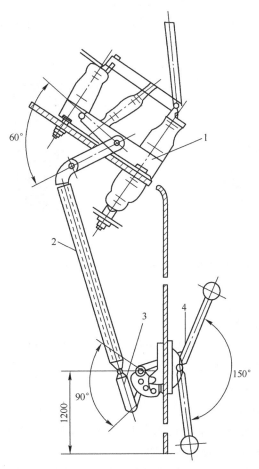

1—GN8 型隔离开关；2—传动连杆；3—调节杆；4—CS6 型手动操作机构

图 2-7　CS6 型手动操作机构与 GN8 型隔离开关配合的一种安装方式

下面介绍两种典型的隔离开关。

1. GN22-12(C)型隔离开关

适用范围：适用于三相交流 50 Hz，额定电压 12 kV 的户内装置，供高压设备在有电压而无负载的情况下接通、切断的转换线路用，如图 2-8 所示。

使用环境条件：

（1）海拔：不超过 1000 m。

（2）周围空气温度：$-30 \sim +40$℃。

（3）周围环境相对湿度：日平均值不大于 95%，月平均值不大于 90%。

（4）地震烈度不超过 8 度。

（5）安装场所：没有火灾、易燃、易爆、严重污秽、化学腐蚀及剧烈振动场所。

2. GW9-12(W)系列户外高压隔离开关

适用范围：为单极结构的高压开关设备，在户外 12 kV 线路网络中有电压无负载情况下，分、合电路之用。设有固定拉钩和自锁装置，灵活可靠，采用绝缘勾棒操作。其中，防污型户外高压隔离开关可满足严重污秽地区用户的要求，可以有效地解决隔离开关在运行中出现的污闪问题（见图 2-9）。

图 2-8　GN22-12(C)型隔离开关

图 2-9　GW9-12(W)系列户外高压隔离开关

使用环境条件：

（1）海拔高度不超过 1000 m。

（2）周围空气温度：上限为 +40℃，下限一般地区为 -30℃，高寒地区为 -40℃。

（3）风压不超过 700 Pa（相当于风速 34 m/s）。

（4）地震烈度不超过 8 度。

（5）无频繁剧烈振动场所。

（6）普通型安装场所应无严重影响隔离开关绝缘和导电能力的气体、蒸汽、化学性沉积、盐雾、灰尘及其他爆炸性、侵蚀性物质。

（7）防污型适用于重污秽地区，但不应有引起火灾及爆炸物质。

主要技术参数见表 2-1。

表 2-1　GW9-12（W）高压隔离开关技术参数

型　　号	额定电压/kV	额定电流/A	4S 热稳定电流（有效值）(4S)	动稳定电流（峰值）/kA	全波冲击耐压		工频耐压	
					相对地/kV	段口间	相对地/kV	段口间
GW-12/400-12.5	12	400	12.5	31.5	75	85	42	48
GW-12W/400-12.5								
GW9-12/630-20	12	630	10	50	75	85	42	48

高压隔离开关全型号的表示和含义如下：

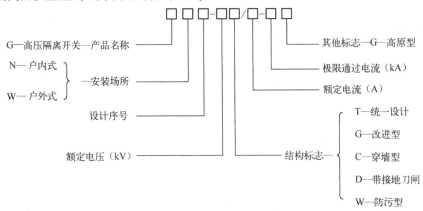

2.2.2　高压负荷开关

高压负荷开关具有简单的灭弧装置，能通断一定的负荷电流和过负荷电流，但不能断开短路电流，因此它必须与高压熔断器串联使用，以借助熔断器来切除短路故障。负荷开关断开后，与隔离开关一样，具有明显可见的断开间隙，因此它也具有隔离电源、保证安全检修的功能。

文字符号为 QL，图形符号为 ，如图 2-10 所示。

FZN21-12（D）/T125-31.5 型户内交流高压真空负荷开关-熔断器组合电器（简称"组合电器"）适用于交流 50 Hz、额定电压 10 kV 的电力系统中，作开断负荷电流、过载电流和短路电流之用，特别适用于无油化、不检修及频繁操作、环网供电单元与终端供电变压器控制和保护场所。

本产品性能符合 GB 16926—2009《高压交流负荷开关-熔断器组合电器》及IEC420《交流高压负荷开关-熔断器组合电器》的要求。本产品具有开断能力大、安全可靠、电寿命长、可频繁操作、基本不

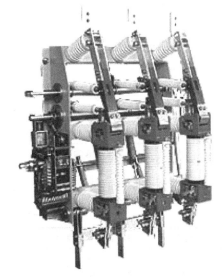

图 2-10　FZN21-12（D）/T125-31.5 型高压负荷开关

需要维护等优点。同时具有明显可见的隔离断口和具有关合能力的接地刀，配用电动弹簧操动机构，具有远程遥控能力。

1. 使用环境条件

（1）海拔高度：不超过2000 m。

（2）环境温度：−25 ～ +40℃（允许在−30℃时储运）。

（3）相对湿度：日平均值不大于95%，月平均值不大于90%。

（4）无火灾、爆炸危险、严重污秽、化学腐蚀及剧烈振动的场所。

2. 技术参数

技术参数见表2-2。

表2-2　组合电器技术参数

序号	名　称	单位	数据
1	额定电压	kV	12
2	额定频率	Hz	50
3	熔断器最大额定电流	A	125
4	额定转移电流	A	3150
5	额定短路开断电流（预期电流有效值）	kA	31.5
6	额定短路关合电流（预期电流峰值）	kA	80
7	工频耐受电压：断口、相间、相对地/隔离断口	kV	42/48
8	雷电冲击耐受电压：断口、相间、相对地/隔离断口	kV	75/85
9	熔断器撞击器输出能量	J	2～5

组合电器中真空负荷开关的技术参数见表2-3。

表2-3　真空负荷开关的技术参数

序　号	名　称	单　位	参　数
1	触头开距	mm	10 ± 1
2	触头弹簧压缩	mm	4 ± 1
3	平均合闸速度	m/s	0.6 ± 0.2
4	平均分闸速度（开距达6 mm前）	m/s	1.1 ± 0.2
5	三相触头分、合闸不同期	ms	≤ 2
6	触头合闸弹跳时间	ms	≤ 2
7	带电体之间驻相对地距离	mm	＞ 125
8	上、下支架间主回电阻	μΩ	≤ 75

组合电器所配熔断器的技术参数见表2-4。

表2-4　熔断器的技术参数

序号	额定电压（kV）	熔断器额定电流（A）	额定开断电流（kA）	熔体额定电流（A）
SDLAJ	12	40		63、10、16、20、25、31.5、40
SFLAJ	12	100	31.5	50、63、71、80、100
SKLAJ	12	125		125

3. 外形及安装尺寸（见图 2-11）

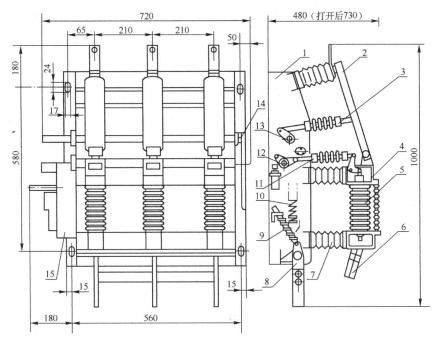

1—框架；2—隔离刀；3—绝缘拉杆；4—上支架；5—灭弧室；6—静触头；7—绝缘子；8—接地刀；
9—接地刀弹簧；10—分闸弹簧；11—绝缘拉杆；12—主轴；13—副轴；14—联动拉杆；15—操动机构

图 2-11　FZN21-12（D）/T125-31.5 型高压真空负荷开关外形及安装尺寸

4. 负载开关的型号含义

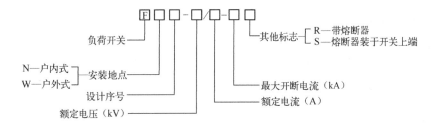

2.2.3　高压断路器

高压断路器的不仅能通断正常负荷电流，而且能通断一定的短路电流，并能在保护装置作用下自动跳闸，切除短路故障。文字符号为 QF，图形符号为 ⊸×⌐。

高压断路器的型号表示和含义如下：

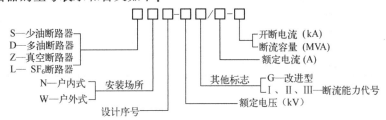

高压断路器按其采用的灭弧介质分，有油断路器、六氟化硫（SF_6）断路器、真空断路器以及压缩空气断路器、磁吹断路器等，其中，过去应用最广的是油断路器，但现在它已在很多场所被真空断路器和六氟化硫（SF_6）断路器所取代。油断路器现在主要在原有的老配电装置中继续使用。

油断路器按其油量多少和油的功能，又分为多油式和少油式两大类。

1. DW10–10 型户外高压多油断路器

DW10–10 型户外高压多油断路器是三相交流户外高压电气设备（见图 2–12），主要用于额定电压 10 kV、额定频率 50 Hz 的电力系统中，作发电厂、变电所及工矿企业电力设备和电力线路的控制和保护用。

图 2–12　DW10–10 型户外高压多油断路器

DW10–10 型多油断路器为户外装置，主要用于户外 10 kV 电网负荷操作，作为分、合负荷电流过载及短路故障保护。

断路器为三相共箱，每相有一个简单的开断器，油作为灭弧和导电部分对地绝缘用，套管上出线，在靠边的两相（A、C 相）装有一次串联自动过载脱扣器和延时装置，操作机构装置在箱盖前端与断路器本体连成一体。断路器在使用前，须揭开箱盖进行调整和检查。由于本断路器未带油出厂，绝缘纸板衬套极易受潮，绝缘纸板衬套必须烘干处理。

1）使用环境条件

（1）海拔不超过 2500 mm。

（2）周围介质温度：–30 ～ +40℃。

（3）无易燃、易爆及易腐蚀性的气体场所。

（4）产品装在电杆上，用钩或绳索在地面操作。

2）技术参数（见表 2–5）

表 2–5　DW10–10 型户外高压多油断路器技术参数

额定电压（kV）	最高工作电压（kV）	额定电流（A）	额定短路开断电流（kA）	额定断路关合电流（峰值 kA）	标准雷电冲击耐压（kV）	额定热稳定时间（s）	脱扣器动作电流倍数	产品质量（kg）	
								不带油	油重
10	12	50 100 200 400 600	3.15	8.0	75	4	1.2	90	35

注：断路器做耐压试验时，须注入合格的变压器油。

2. SN10 – 10 型高压少油断路器

高压少油断路器的油箱一般做成单极式，三相电路需要三个油箱。其灭弧介质是变压器油，油分装在三个油箱内。油量很少，一般只有几千克至十几千克。在每个油箱的外表面有一个油标管，用以观察油面和油色，如图 2-13 所示。正常时油面应在油标管上两条红线之间，油的颜色为亮黄色。油箱的外壳是金属的，外壳带电，一般涂成红颜色，严禁接地。油箱内油的作用主要是灭弧，其次可起到动静触头分闸时的绝缘作用。极间的绝缘以及各极对地的绝缘是靠空气和其他有机绝缘材料来完成的。少油断路器的灭弧方式采用横吹、纵吹和附加油流的机械油吹三种方式联合作用。

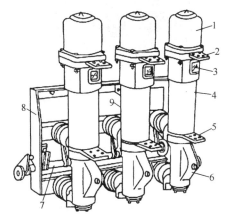

1—铝帽；2—上接线端子；3—油标；4—绝缘筒；5—下接线端子；

6—基座；7—主轴；8—框架；9—断路弹簧

图 2-13　SN10 – 10 型高压少油断路器

少油断路器具有开断电流大，全分断时间短，可满足开断空载长线路的要求，运行经验丰富，易于维护和检修，运行噪声低等优点。但也有额定电流不易做得很大，灭弧室内油易劣化，不允许频繁操作等缺点。它适用于各级电站的户内式变电站中。近年来，在高层建筑的主体内已实施无油化的进程，故有将其逐步淘汰的趋势。

SN10 – 10 型少油断路器是我国统一设计、曾推广应用的一种少油断路器。按其断流容量分，有Ⅰ、Ⅱ、Ⅲ型。SN10 – 10 Ⅰ型，Soc = 300 MVA；SN10 – 10 Ⅱ型，Soc = 500 MVA；SN10 – 10 Ⅲ型，Soc = 750 MVA。

3. 高压六氟化硫断路器

六氟化硫（SF_6）断路器，是利用 SF_6 气体作为灭弧和绝缘介质的一种断路器，如图 2-14 所示。

SF_6 是一种无色、无味、无毒且不易燃烧的惰性气体。在 150℃ 以下时，其化学性能相当稳定。SF_6 不含碳元素，这对于灭弧和绝缘介质来说，是极为优越的特性。SF_6 又不含氧元素，因此它也不存在使金属触头表面氧化的问题，所以 SF_6 断路器较之空气断路器，其触头的磨损较少，使用寿命增长。SF_6 除了具有上述优良的物理、化学性能外，还具有优良的电绝缘性能。在 300 kPa 下，其绝缘强度与一般绝缘油的绝缘强度大体相当，特别优越的是，

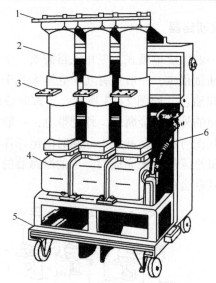

1—上接线端子；2—绝缘筒（内为气缸及触头、灭弧系统）；3—下接线端子；

4—操作机构箱；5—小车；6—断路弹簧

图2-14　LN2-10型高压六氟化硫断路器

SF_6在电流过零时，电弧暂时熄灭后，具有迅速恢复绝缘强度的能力，从而使电弧难以复燃而很快熄灭。

SF_6断路器与油断路器比较，具有以下优点：断流能力强，灭弧速度快，电绝缘性能好，检修周期（间隔时间）长，适于频繁操作，而且没有燃烧爆炸危险。但缺点是，要求制造加工精度高，对其密封性能要求更严，因此价格比较昂贵。

SF_6断路器适用于须频繁操作及有易燃易爆危险的场所，现在已开始广泛应用在高压配电装置中以取代油断路器，特别是广泛应用在封闭式组合配电装置中。

4. 高压真空断路器

高压真空断路器是利用"真空"灭弧的一种断路器，其触头装在真空灭弧室内。由于真空中不存在气体游离问题，所以这种断路器的触头断开时电弧很难发生。但是在实际的感性负荷电路中，灭弧速度过快，瞬间切断电流，将使截流陡度极大，从而使电路出现极高的过电压，这对电力系统是十分不利的。因此，"真空"不宜是绝对的真空，而能在触头断开时因高电场发射和热电发射产生一点电弧（称为"真空电弧"），且能在电流第一次过零时熄灭。这样，燃弧时间既短（至多半个周期），又不致产生很高的过电压。

图2-15是ZN3-10型高压真空断路器的外形。图2-16为ZN28系列真空断路器。图2-17为ZN63系列真空断路器。

真空断路器具有体积小、重量轻、动作快、使用寿命长、安全可靠和便于维护检修等优点，但价格较贵。过去主要应用于频繁操作和安全要求较高的场所，现在已开始取代少油断路器而广泛应用在高压配电装置中。

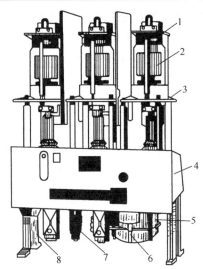

1—上接线端子；2—真空灭弧室（内有触头）；3—下接线端子（后面出线）；4—操作机构箱；
5—合闸电磁铁；6—分闸电磁铁；7—断路弹簧；8—底座
图 2-15　ZN3-10 型高压真空断路器

图 2-16　ZN28 系列真空断路器

图 2-17　ZN63 系列真空断路器

2.2.4　高压熔断器

1. RN1 和 RN2 型户内高压管式熔断器

熔断器是一种应用极广的过电流保护电器。其主要功能是对电路及电路设备进行短路保护，但有的也具有过载保护的功能，文字符号为 FU，图形符号为 ▭。

RN 系列高压熔断器主要用于室内供配电系统。RN1 型用于高压线路和设备短路保护，RN2 型用于电压互感器一次侧的短路保护，如图 2-18 所示。

RN2 型户内高压限流熔断器用于电压互感器的短路保护，其断流容量分为 1000、

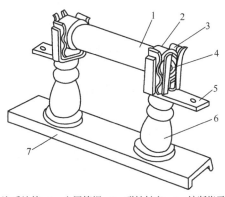

1—瓷质熔管；2—金属管帽；3—弹性触座；4—熔断指示器；
5—接线端子；6—瓷绝缘子；7—底座
图 2-18　RN1、RN2 型高压熔断器

2000 及 4000 MVA，1 min 内熔断电流为 0.6 ～ 1.8 A。RN1 型户内高压限流熔断器，用于电力线路的过载及短路保护，其熔体要通过主电路的电流，因此其结构尺寸较大，额定电流可达 100 A。所谓限流就是熔断器在短路电流达到峰值之前就将其切断的功能。

高压熔断器型号的表示和含义如下：

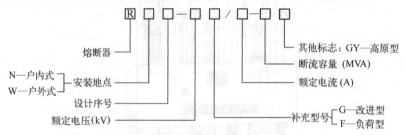

2. RW4 – 10 和 RW10 – 10F 型户外高压跌开式熔断器

跌开式熔断器（文字符号一般为 FD，负荷型为 FDL），又称跌落式熔断器，广泛应用于环境正常的室外场所。其功能是：既可作 6 ～ 10 kV 线路和设备的短路保护，又可在一定条件下，直接用高压绝缘操作棒（俗称令克棒）来操作熔管的分合。一般的跌开式熔断器如 RW4 – 10G 型等，只能在无负荷下操作，或通断小容量的空载变压器和空载线路等，其操作要求与高压隔离开关相同。而负荷型跌开式熔断器如 RW10 – 10F 型，则能带负荷操作，其操作要求与负荷开关相同。

图 2-19 是 RW4 – 10G 型跌开式熔断器的基本结构，它串接在线路上。正常运行时，其熔管上端的动触头借熔丝张力拉紧后，利用绝缘操作棒将此动触头推入上静触头内锁紧，同时下动触头与下静触头也相互压紧，从而使电路接通。当线路上发生短路时，短路电流使熔丝熔断，形成电弧。消弧管（熔管）由于电弧烧灼而分解出大量气体，使管内压力剧增，并沿管道形成强烈的气流纵向吹弧，使电弧迅速熄灭。熔管的上动触头因熔丝熔断后失去张力而下翻，使锁紧机构释放熔管，在触头弹力及熔管自重作用下，回转跌开，造成明显可见的断开间隙，兼起隔离开关的作用。

这种跌开式熔断器还采用了"逐级排气"的结构。由图 2-19 可以看出，其熔管上端在正常运行时是被一薄膜封闭的，可以防止雨水浸入。在分断小的短路电流时，由于上端封闭而形成单端排气，使管内保持足够大的压力，这有利于熄灭小的短路电流产生的电弧。而在分断大的短路电流时，由于管内产生的气压大，使上端薄膜冲开而形成两端排气，这有利于防止分断大的短路电流可能造成的熔管爆破，从而有效地解决了自产气熔断器分断大小故障电流的矛盾。

RW10 – 10F 型跌开式熔断器（负荷型）是在一般跌开式熔断器的上静触头上加装了简单的灭弧室，如图 2-20 所示，因而能带负荷操作。

跌开式熔断器依靠电弧燃烧使产气的消弧管分解产生的气体来熄灭电弧，即使是负荷型加装有简单的灭弧室，其灭弧能力也不是很强，灭弧速度都不快，都不能在短路电流达到冲击值之前熄灭电弧，因此属于"非限流"熔断器。

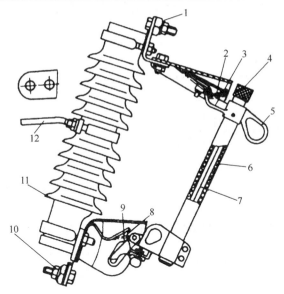

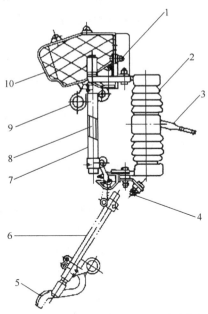

1—上接线端子；2—上静触头；3—上动触头；

4—管帽（带薄膜）；5—操作环；

6—熔管（外层为酚醛纸管或环氧玻璃布管，内套纤维质消弧管）；

7—铜熔丝；8—下动触头；9—下静触头；

10—下接线端子；11—绝缘瓷瓶；12—固定安装板

图 2-19　RW4-10G 型跌开式熔断器

1—上接线端子；2—绝缘瓷瓶；3—固定安装板；

4—下接线端子；5—动触头；6、7—熔管（内消弧管）；

8—铜熔丝；9—操作扣环；10—灭弧罩（内有静触头）

图 2-20　RW10-10F 负荷型跌开式熔断器

> **❓问题引入**　电流表、电压表如何扩大量程？如何增加安全性？

2.2.5　互感器

互感器按用途可分为电压互感器和电流互感器两类。

1. 电压互感器

一次绕组匝数多，二次绕组匝数少，相当于降压变压器。二次绕组的额定电压一般为 100 V，文字符号为 TV，是变换电压的设备，如图 2-21 所示。工作时，一次绕组并联在一次电路中，而二次绕组则并联电压表、电压继电器的电压线圈。由于这些电压线圈的阻抗很大，所以电压互感器工作时其二次绕组接近于空载状态。

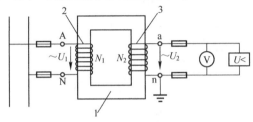

1—铁芯；2——次绕组；3—二次绕组

图 2-21　电压互感器的基本结构和接线

电压互感器按相数分为单相与三相两类。

电压互感器型号表示和含义如下：

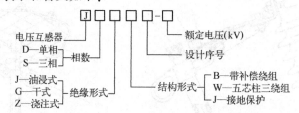

接线方式：

（1）采用一个单相电压互感器的接线［见图2-22（a）］，供仪表、继电器接于一个线电压。

（2）采用两个单相电压互感器接成V/V形接线［见图2-22（b）］，供仪表、继电器接于三相三线制电路的各个线电压，它广泛应用在工厂变配电所的6～10kV高压配电装置中。

（3）采用三个单相电压互感器接成Y_0/Y_0形［见图2-22（c）］，供电给要求线电压的仪表、继电器，并供电给接相电压的绝缘监视电压表。

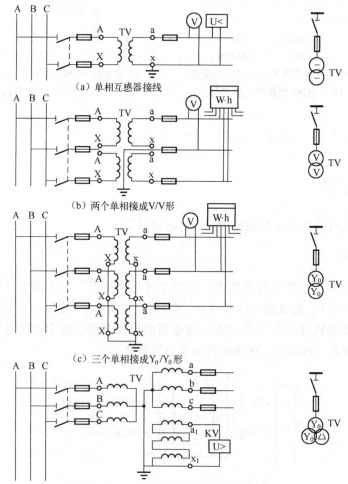

（a）单相互感器接线

（b）两个单相接成V/V形

（c）三个单相接成Y_0/Y_0形

（d）三个单相三绕组或三相五芯柱式三绕组电压互感器接成$Y_0/Y_0/\triangle$

图2-22　电压互感器的接线方式

（4）采用三个单相三绕组电压互感器或一个三相五芯柱式电压互感器接成 $Y_0/Y_0/\triangle$（开口三角形）［见图 2-22（d）］，其接成 Y_0 的二次绕组，供电给仪表、继电器及绝缘监视用电压表，与图 2-22（c）的二次接线相同。接成 $\triangle$（开口三角形）的辅助二次绕组，接电压继电器。当一次电压正常时，由于三个相电压对称，因此开口三角形开口的两端电压接近于零。但当一次电路有一相接地时，开口三角形开口的两端将出现近 100 V 的零序电压，使电压继电器动作，发出故障信号。

注意事项：

（1）一次、二次侧必须加熔断器保护，二次侧不能短路。

（2）电压互感器二次侧有一端必须接地，以防止一次侧高电压窜入到二次侧。

（3）二次侧并接的电压线圈不能太多，以防止二次侧因为电阻减小而使电流增大。

2. 电流互感器

电流互感器的基本结构原理图如图 2-23 所示。它是变换电流的设备。它的结构特点是：其一次绕组的匝数很少，有的形式的电流互感器还没有一次绕组，而是利用穿过其铁芯的一次电路作为一次绕组（相当于一次绕组匝数为 1），且一次绕组导体相当粗，而二次绕组匝数很多，导体较细。二次绕组的额定电流一般为 5 A。工作时，一次绕组串联在一次电路中，而二次绕组则与仪表、继电器等的电流线圈相串联，形成一个闭合回路。由于这些电流线圈的阻抗很小，因此电流互感器工作时二次回路接近于短路状态。

电流互感器的一次电流 I_1 与其二次电流 I_2 之间有下列关系：

$$I_1 \approx \frac{N_2}{N_1} I_2 \approx K_i I_2$$

图 2-23　电流互感器

式中　N_1、N_2——电流互感器一次和二次绕组的匝数；

　　　K_i——电流互感器的变流比，$K_i = I_{1N}/I_{2N}$，例如 $K_i = 100\ \mathrm{A}/5\ \mathrm{A}$ 等。

接线方式：

（1）一相式接线［见图 2-24（a）］。电流线圈通过的电流，反映一次电路对应相的电流。这种接线通常用于负荷平衡的三相电路，如在低压动力线路中，供测量电流或接过负荷保护装置之用。

（2）两相 V 形接线［见图 2-24（b）］。这种接线也称两相不完全星形接线。在继电保护装置中，这种接线称为两相两继电器接线。它适用于中性点不接地的三相三线制电路中（如一般的 6～10 kV 电路中），广泛用于三相电流、电能的测量和过电流继电保护。

（3）两相电流差接线。这种接线又叫两相一继电器式接线。如图 2-24（c）所示，二次侧公共线上的电流为 $\dot{I}_a - \dot{I}_c$，其量值为相电流的 $\sqrt{3}$ 倍。这种接线也适用于中性点不接地的三相三线制电路（如一般的 6～10 kV 电路）中的过电流继电保护。

（4）三相星形接线［见图 2-24（d）］。这种接线中的三个电流线圈，正好反映各相电流，广泛应用在负荷一般不平衡的三相四线制系统中，也用在负荷可能不平衡的三相三线制系统中，用于三相电流、电能测量和过电流继电保护等。

电流互感器的类型很多。按其一次绕组的匝数分，有单匝式（包括母线式、芯柱式、套管式）和多匝式（包括线圈式、线环式、串级式）。按一次电压高低分，有高压和低压两大

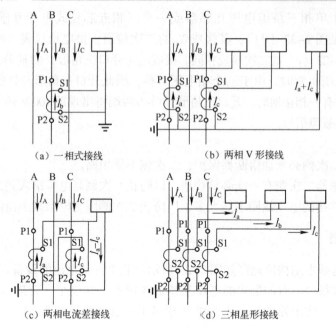

（a）一相式接线　　　　　　（b）两相 V 形接线

（c）两相电流差接线　　　　　（d）三相星形接线

图 2-24　电流互感器的接线方式

类。按绝缘及冷却方式分，有干式（含树脂浇注绝缘式）和油浸式两大类。按用途分，有测量用和保护用两大类。按准确度等级分，测量用电流互感器有 0.1、0.2、0.5、1、3、5 等级。保护用电流互感器有 5P 和 10P 两级。

高压电流互感器多制成不同准确度级的两个铁芯和两个绕组，分别接测量仪表和继电器，以满足测量和保护的不同准确度要求。电气测量对电流互感器的准确度要求较高，且要求在短路时仪表受的冲击小，因此测量用电流互感器的铁芯在一次电路短路时应易于饱和，以限制二次电流的增长倍数。而继电保护用电流互感器的铁芯则要求在一次电路短路时不应饱和，使二次电流能与一次短路电流成比例地增长，以适应保护灵敏度的要求。

图 2-25 是应用广泛的树脂浇注绝缘的户内高压 LQJ-10 型电流互感器的外形图。它有两个铁芯和两个二次绕组，分别为 0.5 级和 3 级，0.5 级用于测量，3 级用于保护。

图 2-26 是应用广泛的树脂浇注绝缘的户内低压 LMZJ-0.5 型（500 ～ 800/5 A）的外形图。它不含一次绕组，穿过其铁芯的母线就是其一次绕组（相当于 1 匝）。它用于 500 V 及以下的配电装置中测量电流和电能。

电流互感器型号的表示和含义如下：

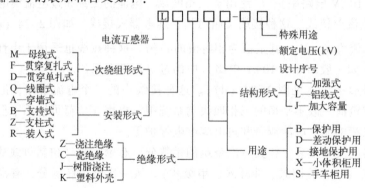

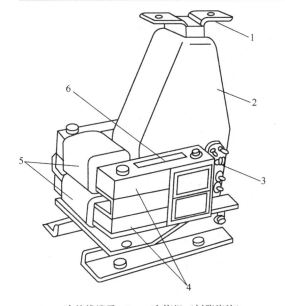

1——一次接线端子；2——一次绕组（树脂浇注）；
3—二次接线端子；4—铁芯；5—二次绕组；
6—警示牌（上写"二次侧不得开路"等字样）
图 2-25　LQJ-10 型电流互感器

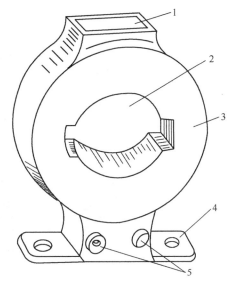

1—铭牌；2——一次母线穿孔；
3—铁芯（外绕二次绕组，树脂浇注）；
4—安装板；5—二次接线端子
图 2-26　LMZJ-0.5 型电流互感器

注意事项：
（1）二次侧不得开路，二次侧不允许串接熔断器和开关。
（2）电流互感器二次侧有一端必须接地。

2.2.6　高压开关柜

高压开关柜是按一定的线路方案将有关一、二次设备组装而成的一种高压成套配电装置。在发电厂和变配电所中作控制和保护发电机、变压器和高压线路之用，并向其供电；也可作大型高压电动机的启动和保护之用。高压开关柜中安装有高压开关设备、保护设备，监测仪表和母线、绝缘子等。

高压开关柜有固定式和手车式（移开式）两大类型。在一般中小型工厂中，普遍采用较为经济的固定式高压开关柜。我国现在大量生产和广泛应用的固定式高压开关柜主要为 GG-1A（F）型。这种防误型开关柜具有"五防"功能：
（1）防止误分误合断路器；
（2）防止带负荷误拉误合隔离开关；
（3）防止带电误挂接地线；
（4）防止带接地线误合隔离开关；
（5）防止人员误入带电间隔。
图 2-27 是 GG-1A(F-07S)型固定式高压开关柜结构图。

手车式（又称移开式）开关柜的特点是，其中高压断路器等主要电气设备是装在可以拉出和推入开关柜的手车上的。断路器等设备需要检修时，可随时将其手车拉出，然后推入同

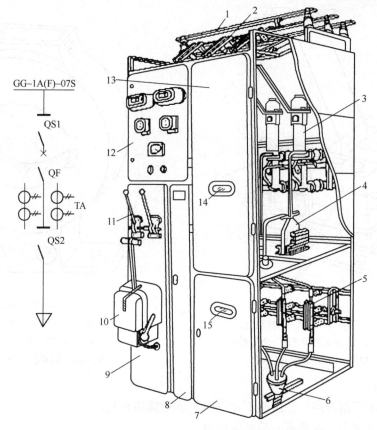

1—母线；2—母线隔离开关（QS1，GN8－10型）；3—少油断路器（QF，SN10－10型）；
4—电流互感器（TA，LQJ－10型）；5—线路隔离开关（QS2，GN6－10型）；6—电缆头；
7—下检修门；8—端子箱门；9—操作板；10—断路器的手动操作机构（CS2型）；
11—隔离开关的操作机构（CS6型）手柄；12—仪表继电器屏；13—上检修门；14、15—观察窗口

图2-27　GG－1A(F－07S)型固定式高压开关柜

类备用手车，即可恢复供电。因此采用手车式开关柜，较之采用固定式开关柜，具有检修安全、供电可靠性高等优点，但其价格较贵。图2-28是GC□－10(F)型手车式高压开关柜的外形结构图。

20世纪80年代以来，我国设计生产了一些符合IEC（国际电工委员会）标准的新型开关柜，例如，KGN型铠装式固定柜、XGN型箱式固定柜、JYN型间隔式手车柜、KYN型铠装式手车柜以及HXGN型环网柜等。其中环网柜适用于环形电网供电，广泛应用于城市电网的改造和建设中，见表2-6。

表2-6　型号及其含义

型　号	型号含义
JYN2－10、35	J—间隔式金属封闭，Y—移开式，N—户内，2—设计序号，10、35—额定电压为10、35 kV（下同）
GFC－7B(F)	G—固定式，F—封闭式，C—手车式，7B—设计序号，(F)—防误型
KYN□－10、35	K—金属铠装，Y—移开式，N—户内（下同），□—（内填）设计序号（下同）
KGN－10	K—金属铠装，G—固定式，其他同上

型　　号	型号含义
XGN2-10	X—箱型开关柜，G—固定式
HXGN□－12Z	H—环网柜，其他含义同上，12—最高工作电压为12 kV，Z—带真空负荷开关
GR－1	G—高压固定式开关柜，R—电容器，1—设计序号
PJ1	PJ—电能计量柜（全国统一设计），1—（整体式）仪表安装方式

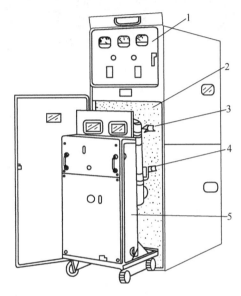

1—仪表屏；2—手车室；3—上触头（兼有隔离开关功能）；

4—下触头（兼有隔离开关功能）；5—SN10－10型断路器手车

图2-28　GC□－10(F)型高压开关柜（断路器手车柜未推入）

> ❓**问题引入**　在低压电路中，设备与线路同样要进行控制与保护，那么这些控制与保护设备与高压设备有什么不同？它们在操作过程中又有什么要求？

2.3　低压开关设备

2.3.1　低压刀开关

低压刀开关按操作方式分为单投和双投两种；按极数分为单极、双极和三极三种；按灭弧结构分为不带灭弧罩和带灭弧罩两种。

不带灭弧罩的刀开关一般只能在无负荷下操作。由于刀开关断开后有明显可见的断开间隙，因此可作隔离开关使用。带灭弧罩的刀开关（见图2-29）能通断一定的负荷电流，能使负荷电流产生的电弧有效地熄灭。

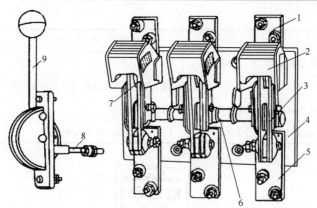

1—上接线端子；2—钢栅片灭弧罩；3—闸刀；4—底座；5—下接线端子；6—主轴；
7—静触头；8—连杆；9—操作手柄

图2-29　HD13型低压刀开关

低压刀开关全型号的表示和含义如下：

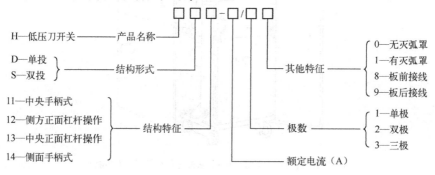

2.3.2　低压刀熔开关

低压刀熔开关又称"熔断器式刀开关"，是一种由低压刀开关与低压熔断器相组合的开关电器，如图2-30所示。常见的 HR3 型刀熔开关，就是将 HD 型开关的闸刀换以 RT0 型熔断器的具有刀形触头的熔断管。刀熔开关具有刀开关和熔断器的双重功能。采用这种组合型开关电器，可以简化低压配电装置的结构，经济实用，因此广泛应用在低压配电装置上。

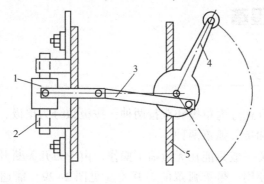

1—RT0 型熔断器的熔管；2—弹性触座；3—连杆；4—操作手柄；5—配电屏面板

图2-30　低压刀熔开关的结构示意图

低压刀熔开关全型号的表示和含义如下：

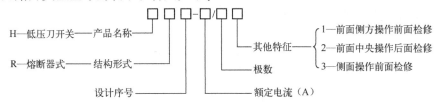

2.3.3 低压负荷开关

低压负荷开关由低压刀开关与低压熔断器串联组合而成，外装封闭式铁壳或开启式胶盖。装铁壳的俗称"铁壳开关"，装胶盖的俗称"胶壳开关"。低压负荷开关具有带灭弧罩的刀开关和熔断器的双重功能，既可带负荷操作，又能进行短路保护，但熔断后，要更换熔体后才能恢复供电。

低压负荷开关全型号的表示和含义如下：

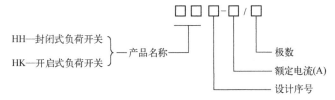

2.3.4 低压断路器

低压断路器又称"低压自动开关"，文字符号为 QF。低压断路器既能带负荷通断电路，又能在短路、过负荷和低电压（或失压）时自动跳闸，其功能与高压断路器类似。

按其灭弧介质分为空气断路器和真空断路器。

按其用途分为配电用断路器、电动机保护用断路器、照明用断路器和漏电保护断路器等。

按保护性能分为非选择型断路器、选择型断路器和智能型断路器。

非选择型断路器的特点一般为瞬时动作，只作短路保护用。选择型断路器有两段保护和三段保护。两段保护指瞬时和长延时保护。三段保护指具有瞬时、短延时和长延时保护或瞬时、短延时和长延时三种动作特性，如图 2-31 所示。智能型断路器脱扣器为微机控制，其保护功能很多，其保护性能的整定非常方便灵活。

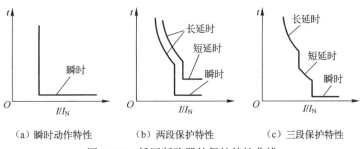

（a）瞬时动作特性　　　（b）两段保护特性　　　（c）三段保护特性

图 2-31 低压断路器的保护特性曲线

按结构形式分有万能式断路器和塑料外壳式断路器。

国产低压断路器全型号的表示和含义如下：

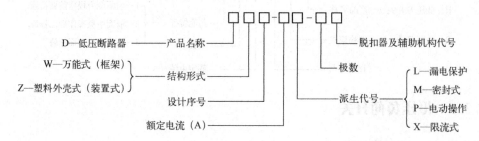

低压断路器的原理结构和接线如图2-32所示。当线路上出现短路故障时，其过电流脱扣器动作，使开关跳闸。如果出现过负荷，其串联在一次线路上的电阻发热，使双金属片弯曲，也使开关跳闸。当线路电压严重下降和电压消失时，其失压脱扣器动作，同样使开关跳闸。如果按下按钮6或7，使失压脱扣器失压或使分励脱扣器通电，则可使开关远距离跳闸。

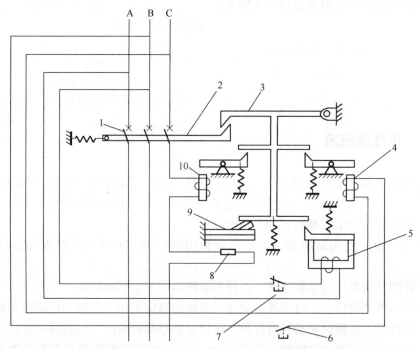

1—主触头；2—跳钩；3—锁扣；4—分励脱扣器；
5—失压脱扣器；6、7—脱扣按钮；8—电阻；9—热脱扣器；10—过流脱扣器

图2-32　低压断路器的原理结构和接线

1. 塑料外壳式低压断路器

塑料外壳式低压断路器简称塑壳式低压断路器，原称装置式自动空气断路器。国产型号为"DZ"。

DZ10型断路器的操作手柄有三个位置：合闸位置、自由脱扣位置、分闸和再扣位置。DZ10型断路器内装设的电磁脱扣器作短路保护用，装设的热脱扣器（双金属片式）作过负

荷保护用。DZ10 型断路器采用钢片作灭弧栅（见图 2-33）。

2. 万能式低压断路器

万能式低压断路器又称框架式断路器。由于其保护方案和操动方式较多，装设地点也很灵活，因此有"万能式"之称。其型号为"DW"，如 DW15 型低压断路器；按操动方式分，有直接手动、电磁铁操动和电动机操动三种方式；按保护性能分，有选择和非选择型两类。DW15 型断路器可装设的脱扣器类型有过电流脱扣器、欠电压脱扣器和分励脱扣器。万能式断路器在自动跳闸后，也必须经再扣位置才能重新合闸，与塑壳式断路器的操作要求一样。万能式低压断路器均采用钢片灭弧栅，灭弧能力很强，但由于其操作机构比较复杂，影响其动作速度，一般断路时间在一个周期（0.02s）以上。

图 2-33　DZ10 型断路器

低压断路器型号的表示和含义如下：

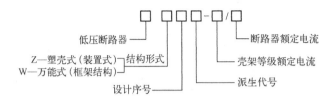

3. 模数化小型断路器

塑料外壳式断路器中，有一类是 63 A 及以下的小型断路器。它具有模数化结构和小型尺寸，因此通常称为模数化小型断路器。它现在广泛应用在低压配电系统的终端，作为各种工业和民用建筑特别是住宅中照明线路和家用电器等的通断控制以及过负荷、短路和漏电保护等之用。

模数化小型断路器具有下列优点：体积小，分断能力高，机电寿命长，具有模数化的结构尺寸和通用型导轨式安装结构，组装灵活方便，安全性能好。

模数化小型断路器由操作机构、热脱扣器、电磁脱扣器、触头系统和灭弧室等部件组成，所有部件都装在一塑料外壳之内。有的小型断路器还备有分励脱扣器、失压脱扣器、漏电脱扣器和报警触头等附件，供需要时选用，以拓展断路器的功能。

模数化小型断路器的外形尺寸和安装导轨的尺寸如图 2-34 所示。

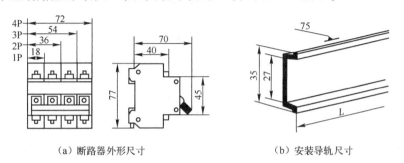

（a）断路器外形尺寸　　　　　　（b）安装导轨尺寸

图 2-34　模数化小型断路器的外形尺寸和安装导轨的尺寸

2.3.5 低压熔断器

低压熔断器主要用于低压系统中设备及线路的过载和短路保护，其类型比较多，大致可分为表2-7所列的几种类型。

表 2-7　低压熔断器的分类及用途

主要类型	主要型号	用　途
无填料密闭管式	RM10、RM7 （无限流特性）	用于低压电网、配电设备中，作短路保护和防止连续过载之用
有填料封闭管式	RL 系列如 RL6、RL7、RL96 （有限流特性）	用于 500 V 以下导线和电缆及电动机控制线路 RLS2 为快速式
	RT 系列如 RT0、RT11、RT14 等系列 （有限流特性）	用于要求较高的导线和电缆及电气设备的过载和短路保护
	RS0、RS3 系列快速熔断器 （有较强的限流特性）	RS0 适用于 750 V、480 A 以下线路晶闸管元件及成套装置的短路保护 RS3 适用于 1000 V、700 A 以下线路晶闸管元件及成套装置的短路保护
自复式	RZ1 型	与断路器配合使用

注：R—熔断器；M—密闭管式；L—螺旋式；T—有填料式；S—快速式；Z——自复式。

低压熔断器型号表示和含义如下：

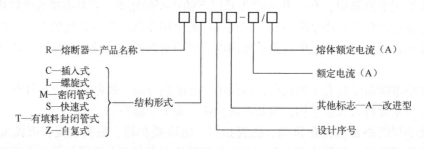

1. RM10 型低压密闭管式熔断器

RM10 型熔断器由纤维熔管、变截面锌熔片和触头底座等几部分组成。其熔管和熔片的结构如图2-35所示。其熔片之所以冲制成宽窄不一的变截面，目的在于改善熔断器的保护特性。短路时，短路电流首先使熔片窄部（其电阻较大）加热熔化，使熔管内形成几段串联电弧，而且由于各段熔片跌落，迅速拉长电弧，使短路电弧加速熄灭。当过负荷电流通过时，由于电流加热时间较长，熔片窄部的散热较好，因此往往不在窄部熔断，而在宽窄之间的斜部熔断。根据熔片熔断的部位，可以大致判断熔断器熔断的故障电流性质。

当其熔片熔断时，纤维管的内壁将有极少部分纤维物质被电弧烧灼而分解，产生高压气体，压迫电弧，加强离子的复合，从而改善了灭弧性能。但是其灭弧断流能力仍然较差，不能在短路电流达到冲击值之前完全灭弧，所以这种熔断器属于非限流熔断器。但由于这种熔断器结构简单、价格低廉及更换熔片方便，因此仍普遍地应用在低压配电装置中。

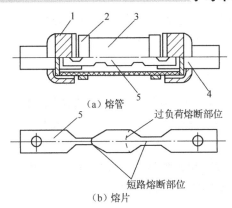

（a）熔管

过负荷熔断部位

短路熔断部位

（b）熔片

1—铜帽；2—管夹；3—纤维熔管；4—变截面熔片；5—触刀

图2-35 RM10型低压熔断器

2. RL1B系列熔断器

RL1B系列熔断器是一种实用新型的具有断相保护的填料封闭管式熔断器，其主要结构由载熔件（瓷帽）、熔断体（芯子）、底座及微动开关组成。

3. RT0型有填料封闭管式熔断器

这种熔断器主要由瓷熔管、熔体（栅状）和底座三部分组成，具有较强的灭弧能力，因而有限流作用。熔体还具有"锡桥"，利用"冶金效应"可使熔体在较小的短路电流和过负荷时熔断。

RT0型低压有填料封闭管式熔断器主要由瓷熔管、栅状铜熔体和触头底座等几部分组成，如图2-36所示。其栅状铜熔体系由薄铜片冲压弯制而成，具有引燃栅。由于引燃栅的等电位作用，可使熔体在短路电流通过时形成多根并列电弧。同时熔体又具有变截面小孔，可使熔体在短路电流通过时又将长弧分割为多段短弧。而且所有的电弧都在石英砂内燃烧，可使电弧中的正负离子强烈复合。因此这种熔断器的灭弧断流能力很强，属限流熔断器。由于该熔体中段弯曲处具有"锡桥"，利用其"冶金效应"来实现对较小短路电流和过负荷的保护。熔体熔断后，红色的熔断指示器从一端弹出，便于运行人员检视。

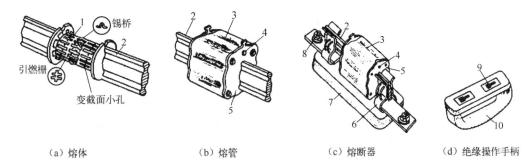

（a）熔体　　　　　　（b）熔管　　　　　　（c）熔断器　　　　（d）绝缘操作手柄

1—栅状铜熔体；2—刀形触头（触刀）；3—瓷熔管；4—熔断指示器；5—盖板；

6—弹性触座；7—瓷质底座；8—接线端子；9—扣眼；10—绝缘拉手手柄

图2-36 RT0型低压有填料密闭管式熔断器

RT0 型低压有填料密闭管式熔断器由于其保护性能好和断流能力大，因此广泛应用在低压配电装置中。但是其熔体为不可拆式，熔断后更换整个熔管，不够经济。

4. NT 系列熔断器

NT 系列熔断器（国内型号为 RT16 系列）是引进德国 AEG 公司制造技术生产的一种高分断能力熔断器，现广泛应用于低压开关柜中，适用于 660 V 及以下电力网络，以及在配电装置上做过载和保护之用。

该系列熔断器由熔管、熔体和底座组成，外形结构与 RT0 有些相似，熔管为高强度陶瓷管，内装优质石英砂，熔体采用优质材料制成。主要特点为体积小、重量轻、功耗小、分断能力高。

5. RZ1 型低压自复式熔断器

一般熔断器包括上述 RM 型和 RT 型熔断器，都有一个共同缺点，就是在熔体一旦熔断后，必须更换熔体才能恢复供电，因而使停电时间延长，给配电系统和用电负荷造成一定的停电损失。这里介绍的自复式熔断器弥补了这一缺点，既能切断短路电流，又能在故障消除后自动恢复供电，无须更换熔体。

我国设计生产的 RZ1 型低压自复式熔断器如图 2-37 所示。它采用金属钠（Na）作为熔体。在常温下，钠的电阻率很小，可以顺畅地通过正常负荷电流，但在短路时，钠受热迅速气化，其电阻率变得很大，从而可限制短路电流。在金属钠气化限流的过程中，装在熔断器一端的活塞将压缩氩气而迅速后退，降低由于钠气化产生的压力，以防熔管爆裂。在限流动作结束后，钠蒸气冷却，又恢复为固态钠；而活塞在被压缩的氩气作用下，迅速将金属钠推回原位，使之恢复正常工作状态。这就是自复式熔断器能自动切断（限制）短路电流后又能自动恢复正常工作状态的基本原理。

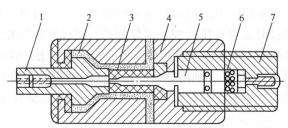

1—接线端子；2—云母玻璃；3—氧化铍瓷管；4—不锈钢外壳；
5—钠熔体；6—氩气；7—接线端子
图 2-37 RZ1 型低压自复式熔断器

自复式熔断器通常与低压断路器配合使用，甚至组合为一种电器。我国生产的 DZ10 - 100R 型低压断路器，就是 DZ10 - 100 型低压断路器与 RZ1 - 100 型自复式熔断器的组合，利用自复式熔断器来切断短路电流，而利用低压断路器来通断电路和实现过负荷保护，从而既能有效地切断短路电流，又能减轻低压断路器的工作，提高供电可靠性。不过目前尚未得到推广应用。

2.3.6　低压配电屏和配电箱

低压配电屏和低压配电箱，都是按一定的线路方案将有关一、二次设备组装而成的一种成套配电装置，在低压配电系统中作动力和照明配电之用，两者没有实质的区别。不过低压配电屏的结构尺寸较大，安装的开关电器较多，一般装设在变电所的低压配电室内，而低压配电箱的结构尺寸较小，安装的开关电器不多，通常安装在靠近低压用电设备的车间或其他建筑的进线处。

1. 低压配电屏

低压配电屏也称低压配电柜，其结构形式有固定式、抽屉式和组合式三类。其中组合式配电屏采用模数化组合结构，标准化程度高，通用性强，柜体外形美观，而且安装灵活方便，但价格高。由于固定式配电屏比较价廉，因此一般中小型工厂多采用固定式。我国现在广泛应用的固定式配电屏主要为 PGL1、2、3 型和 GGD、GGL 等型。抽屉式配电屏主要有 BFC、GCL、GCK、GCS、GHT1 等型。组合式配电屏有 GZL1、2、3 型及引进国外技术生产的多米诺（DOMINO）、科必可（CUBIC）等型。图 2-38 是 PGL1、2 型固定式低压配电屏的外形结构图。

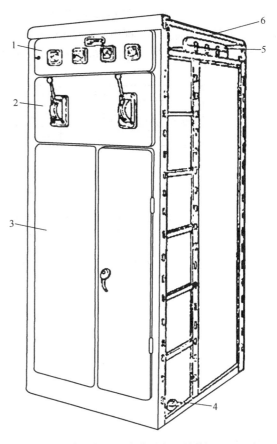

1—仪表板；2—操作板；3—检修门；
4—中性母线绝缘子；5—母线绝缘框；6—母线防护罩
图 2-38　PGL1、2 型固定式低压配电屏的外形

国产新系列低压配电屏全型号的表示和含义如下：

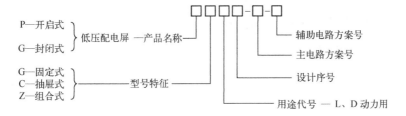

2. 低压配电箱

低压配电箱按用途分为动力配电箱和照明配电箱。动力配电箱主要用于对动力设备配电，但也可以兼向照明设备配电。照明配电箱主要用于照明配电，但也可以给一些小容量的单相动力设备（包括家用电器）配电。

低压配电箱按安装方式分为靠墙式、悬挂式和嵌入式等。靠墙式是靠墙安装，悬挂式是挂墙明装，嵌入式是嵌墙暗装。

低压配电箱常用的型号很多。动力配电箱有 XL–3、10、20 等，照明配电箱有 XM4、7、10 等。此外，还有多用途配电箱如 DYX(R) 型，它兼有上述动力和照明配电箱的功能。图 2–39 是 DYX(R) 型多用途低压配电箱的箱面布置示意图。

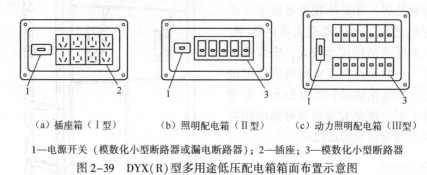

（a）插座箱（Ⅰ型）　　　（b）照明配电箱（Ⅱ型）　　　（c）动力照明配电箱（Ⅲ型）

1—电源开关（模数化小型断路器或漏电断路器）；2—插座；3—模数化小型断路器

图 2–39　DYX(R) 型多用途低压配电箱箱面布置示意图

国产低压配电箱全型号的表示和含义如下：

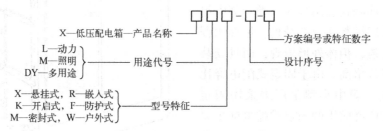

知识梳理与总结

本单元首先介绍了开关设备与配电设备，然后介绍了电弧的产生和熄灭的方法；在高压设备一节里主要介绍了高压隔离开关、高压负荷开关、高压断路器与高压熔断器名称、用途、规格型号含义及操作要求；介绍了电压互感器与电流互感器的选用范围、接线方式与注意事项，同时还介绍了高压开关柜的结构形式。在低压开关一节里介绍了低压刀开关、低压刀熔开关、低压负荷开关、低压断路器和低压熔断器名称、用途、规格型号含义与操作要求，还介绍了低压开关柜的结构形式。

复习思考题 2

2–1　什么是开关设备与配电设备？

2–2　开关触头间发生电弧的根本原因是什么？发生电弧的原因有哪几种游离方式？使电弧维持的游离方式主要是什么？

2–3　电弧熄灭必须满足什么条件？空气中灭弧、真空中灭弧、绝缘油中灭弧及填充石英砂的熔管中灭弧，各有哪些特点？

2-4　长弧切短和粗弧分细，为什么能加速电弧的熄灭？为什么迅速拉长电弧也能加速电弧的熄灭？

2-5　熔断器的主要功能是什么？什么是"限流"熔断器？什么叫"冶金效应"？

2-6　一般跌开式熔断器与一般高压熔断器在功能方面有何异同？负荷型跌开式熔断器与一般跌开式熔断器在功能方面又有什么区别？

2-7　油断路器、真空断路器和六氟化硫（SF_6）断路器，各自的灭弧介质是什么？灭弧性能各如何？这三种断路器各适用于哪些场合？

2-8　电流互感器和电压互感器各有哪些功能？电流互感器工作时开路有哪些问题？

2-9　低压断路器的工作原理是怎样的？

练习题 2

2-1　电弧产生的原因及熄灭方法有哪些？

2-2　高压断路器、熔断器、隔离开关、负荷开关的功能是什么？

2-3　高压隔离开关有哪些功能？它为什么不能带负荷操作？它为什么能作为隔离电器来保证安全检修？

2-4　高压负荷开关有哪些功能？它本身能装设什么脱扣器？如何实现短路保护？

2-5　高压断路器有哪些功能？少油断路器中的油和多油断路器中的油各起什么作用？

2-6　电流互感器有哪些功能？有哪些常用接线方案？为什么电流互感器二次侧不得开路？

2-7　电压互感器有哪些功能？有哪些常用接线方案？为什么电压互感器二次侧必须有一端接地？

学习单元 3

电力负荷及其计算

教学任务	理论	单相用电设备与三相用电设备组计算负荷的确定	课时分配	10学时
		无功补偿的计算		
		尖峰电流及其计算		
教学目标	知识方面	掌握用需要系数法进行负荷计算 掌握无功补偿的计算 掌握尖峰电流的计算		
	技能方面	具有三相负荷统计计算的能力 具有进行无功补偿计算的能力		
重 点		需要系数法进行负荷计算 无功补偿计算		
难 点		需要系数选取方法 负荷统计方法的运用		
教学载体与资源		教材，多媒体课件，一体化电工与电子实验室，工作页，课堂练习，课后作业		
教学方法建议		引导文法，讨论式、互动式教学，启发式、引导式教学，直观性、体验性教学，案例教学法，任务驱动法，项目导向法，多媒体教学，理实一体化教学		
教学过程设计		初步认识电力负荷的分级及其对供电的要求、用电设备的工作制、负荷曲线及有关的物理量→按需要系数法确定计算负荷→按二项式法确定计算负荷→单相设备组等效三相负荷的计算→工厂供电系统的功率损耗与电能损耗，工厂计算负荷的确定，工厂的功率因数、无功补偿及补偿后的工厂计算负荷，工厂年耗电量的计算→用电设备尖峰电流的计算		
考核评价内容和标准		认识电力负荷的分级及其对供电的要求、用电设备的工作制		

❓ **问题引入** 用电单位消耗的电能称为电力负荷，不同的单位对电力供应的要求是不同的，也就是说，电力负荷是分等级的，那么电力负荷的等级怎么分？不同等级的负荷对供电有什么要求？用户在用电时其用电设备又会以什么样的工作制运行呢？

3.1 电力负荷的概念与物理量

3.1.1 电力负荷的分级及供电要求

1. 电力负荷的概念

电力负荷又称电力负载，有两种含义：

（1）电力负荷指耗用电能的用电设备或用电单位（用户），如重要负荷、动力负荷、照明负荷等。

（2）电力负荷指用电设备或用电单位所耗用的电功率或电流大小，如轻负荷（轻载）、重负荷（重载）、空负荷（空载、无载）、满负荷（满载）等。

电力负荷的具体含义，视其使用的具体场合而定。

2. 电力负荷的分级

按 GB 50052—2003《供配电系统设计规范》规定，电力负荷根据其对供电可靠性的要求及其中断供电造成的损失或影响分为三级。

1）一级负荷

一级负荷为中断供电将造成人身伤亡者；或者中断供电将在政治、经济上造成重大损失者，如重大设备损坏、重大产品报废、用重要原料生产的产品大量报废、国民经济中重点企业的连续生产过程被打乱需要长时间才能恢复等。

在一级负荷中，当中断供电将发生中毒、爆炸和火灾等情况的负荷，以及特别重要场所的不允许中断供电的负荷，应视为特别重要的负荷。

2）二级负荷

二级负荷为中断供电将在政治、经济上造成较大损失者，如主要设备损坏、大量产品报废、连续生产过程被打乱需要较长时间才能恢复、重点企业大量减产等。

3）三级负荷

三级负荷为一般电力负荷，指所有不属于上述一、二级负荷者。

3. 各级负荷对供电电源的要求

1）一级负荷对供电电源的要求

由于一级负荷属于重要负荷，如果中断供电造成的后果十分严重，因此要求由两个独立电源供电，当其中一个电源发生故障时，另一个电源应不致同时受到损坏。

一级负荷中特别重要的负荷，除上述两个电源外，还必须增设应急电源。常用的应急电源可使用下列几种电源：

（1）独立于正常电源的柴油发电机组；

（2）供电网络中独立于正常电源的专门供电线路；

（3）蓄电池；

（4）干电池。

2）二级负荷对供电电源的要求

二级负荷要求由两回路供电，供电变压器也应有两台。在其中一回路或一台变压器发生常见故障时，二级负荷应不致中断供电，或中断供电后能迅速恢复供电。只有当负荷较小或者当地供电条件困难时，二级负荷可由 6 kV 及以上的专用架空线路供电。

3）三级负荷对供电电源的要求

三级负荷属于不重要的一般负荷，对供电电源没有特殊要求。

3.1.2 用电设备的工作制

工厂的用电设备，按其工作制分为以下三类。

1. 连续工作制

这类设备在恒定负荷下运行，能长期连续运行，每次连续工作时间超过 8 小时，运行时间长到足以使之达到热平衡状态，如通风机、水泵、空气压缩机、电动发电机组、电炉和照明灯等。

2. 短时工作制

这类设备在恒定负荷下运行的时间短（短于达到热平衡所需的时间），而停歇的时间长（长到足以使设备温度冷却到周围介质的温度），如机床上的某些辅助电动机以及控制闸门的控制电动机等。

3. 断续周期工作制

这类设备周期性地时而工作，时而停歇，如此反复运行，而工作周期一般不超过 10 min，无论工作或停歇，均不足以使设备达到热平衡，如电焊机和吊车电动机等。

断续周期工作制的设备，可用"负荷持续率"（又称暂载率）来表征其工作特征。

负荷持续率为一个工作周期内工作时间与工作周期的百分比值，用 ε 表示，即

$$\varepsilon = \frac{t}{T} \times 100\% = \frac{t}{t + t_o} \times 100\% \tag{3-1}$$

式中　T——工作周期；

　　　t——工作周期内的工作时间；

　　　t_o——工作周期内的停歇时间。

设：断续周期工作制设备的额定容量（铭牌功率）为 P_N，对应于某一额定负荷持续率为 ε_N；如果实际运行的负荷持续率为 ε，实际设备容量为 P_e，则设备容量与负荷持续率的平方根成反比：

$$P_e = P_N \sqrt{\frac{\varepsilon_N}{\varepsilon}} \tag{3-2}$$

3.1.3　负荷曲线及有关的物理量

负荷曲线是表征电力负荷随时间变动情况的一种图形，绘在直角坐标纸上，纵坐标表示负荷（有功功率或无功功率）值，横坐标表示对应的时间，一般以小时（h）为单位。

负荷曲线按负荷对象分，有工厂的、车间的和设备的负荷曲线。按负荷的功率性质分，有有功和无功负荷曲线。按所表示的负荷变动的时间分，有年的、月的、日的和工作班的负荷曲线。图3-1是一班制工厂的日有功负荷曲线，其中图3-1（a）是依点连成的平滑的负荷曲线，图3-1（b）是依点绘成的梯形的负荷曲线。为便于计算，负荷曲线多绘成梯形，横坐标一般按半小时分格，以便确定"半小时最大负荷"（即"计算负荷"）。

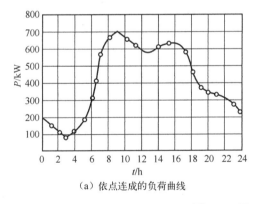

（a）依点连成的负荷曲线

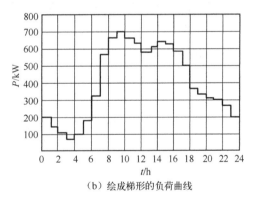

（b）绘成梯形的负荷曲线

图3-1　日有功负荷曲线

年负荷曲线，是按全年每日的最大负荷（通常取每日最大负荷的半小时平均值）绘制的，称为年每日最大负荷曲线，如图3-2所示。横坐标依次以全年12个月的日期来分格。这种年最大负荷曲线可用来确定多台变压器在一年中的不同时期宜投入几台运行，即所谓经济运行方式，以降低电能损耗，提高供电系统的经济效益。

从各种负荷曲线上，可以直观地了解电力负荷变动的

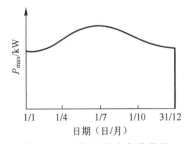

图3-2　年每日最大负荷曲线

情况。通过对负荷曲线的分析，可以更深入地掌握负荷变动的规律，并从中可获得一些对设计和运行有用的资料。因此了解负荷曲线对于从事供电工程设计和运行的人员来说，都是很必要的。下面介绍与负荷曲线及负荷计算有关的几个物理量。

1. 年最大负荷和年最大负荷利用小时

1）年最大负荷

年最大负荷 P_{max} 就是全年中负荷最大的工作班内消耗电能最大的半小时的平均功率。因此年最大负荷也称半小时最大负荷 P_{30}。

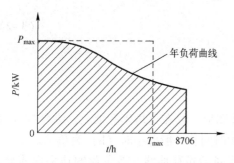

图 3-3　年最大负荷和年最大负荷利用小时

2）年最大负荷利用小时

年最大负荷利用小时又称年最大负荷使用时间 T_{max}，它是一个假想时间，在此时间内，电力负荷按年最大负荷 P_{max}（或 P_{30}）持续运行所消耗的电能，恰好等于该负荷全年实际消耗的电能，如图 3-3 所示。

年最大负荷利用小时按下式计算：

$$T_{max} = \frac{W_a}{P_{max}} \qquad (3-3)$$

式中　W_a——全年消耗的电能量。

年最大负荷利用小时是反映电力负荷特征的一个重要参数，它与工厂的生产班制有明显的关系。例如，一班制工厂，$T_{max}=1800 \sim 3000\,h$；两班制工厂，$T_{max}=3500 \sim 4800\,h$；三班制工厂，$T_{max}=5000 \sim 7000\,h$。

2. 平均负荷和负荷系数

1）平均负荷

平均负荷 P_{av}，就是电力负荷在一定时间内平均消耗的功率，即

$$P_{av} = \frac{W_t}{t} \qquad (3-4)$$

式中　W_t——时间 t 内消耗的电能量。

年平均负荷 P_{av} 按全年（8760 h）消耗的电能 W_a 来计算（图 3-4），即

$$P_{av} = \frac{W_a}{8760\,h} \qquad (3-5)$$

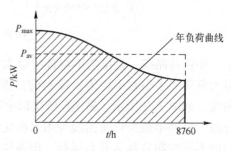

图 3-4　年平均负荷

2）负荷系数

负荷系数又称负荷率，是用电负荷的平均负荷 P_{av} 与其最大负荷 P_{max} 的比值来表征的，即

$$K_{L} = \frac{P_{av}}{P_{max}} \tag{3-6}$$

对负荷曲线来说，负荷系数亦称负荷曲线填充系数，它表征负荷曲线不平坦的程度，即负荷起伏变动的程度。从充分发挥供电设备的能力、提高供电效率来说，希望此系数越高越趋近于1越好。从发挥整个电力系统的效能来说，应尽量使用户的不平坦的负荷曲线"削峰填谷"，提高负荷系数。

对用电设备来说，负荷系数是设备的输出功率 P 与设备额定容量 P_N 的比值，即

$$K_{L} = \frac{P}{P_{N}} \tag{3-7}$$

负荷系数（负荷率）有时用符号 β 表示。在需要区分有功和无功时，则用 α 表示有功负荷系数，用 β 表示无功负荷系数。

> ❓**问题引入**　电能分配与使用过程中要进行负荷的计算，供电电源都是三相电源，用电设备也以三相设备为主，那么三相负荷是如何计算的呢？

3.2　三相用电设备组计算负荷的确定

供电系统要能够可靠地正常运行，就必须正确地选择系统中的所有元件，包括电力变压器、开关设备和导线电缆等。所选元件除应满足工作电压和频率的要求外，最重要的是要满足负荷电流的要求，因此有必要对系统中各个环节的电力负荷进行统计计算。

通过负荷的统计计算求出的、用以按发热条件选择供电系统中各元件的负荷值，称为计算负荷。根据计算负荷选择的电气设备和导线电缆，如以计算负荷持续运行，其发热温度不会超过允许值。

导体通过电流达到稳定温升的时间大约为 30 min，即大约半小时后可达到稳定温升值。由此可见，计算负荷实际上与从负荷曲线上查得的半小时最大负荷 P_{30}（亦即年最大负荷 P_{max}）是基本相当的。所以计算负荷也可以认为就是半小时最大负荷 P_{30}。本书用半小时最大负荷 P_{30} 来表示有功计算负荷，而无功计算负荷表示为 Q_{30}，视在计算负荷表示为 S_{30}，计算电流表示为 I_{30}。

我国普遍采用的确定计算负荷的方法，主要是需要系数法和二项式法。需要系数法是国际上通用的确定计算负荷的方法，最为简便实用。二项式法应用的局限性较大，但在确定设备台数较少而容量差别悬殊的分支线路的计算负荷时，较之采用需要系数法合理，且其计算也较简便。本书只介绍这两种计算方法。其他确定计算负荷的方法，限于篇幅就不予介绍了。

3.2.1　按需要系数法确定计算负荷

1. 需要系数法的基本公式

用电设备组的计算负荷是指用电设备组从供电系统中取用的半小时最大负荷 P_{30}。

用电设备组的设备容量 P_e 是指用电设备组所有设备（不含备用设备）的额定容量 P_N 之和，即 $P_e = \sum P_N$。而设备的额定容量，是设备在额定条件下的最大输出功率。但是用电设备组的设备实际上不一定都同时运行，运行的设备也不太可能都满负荷，同时设备本身和配电线路都有功率损耗，因此用电设备组的有功计算负荷应为

$$P_{30} = \frac{K_\Sigma K_L}{\eta_e \eta_{WL}} P_e \tag{3-8}$$

式中　K_Σ——设备组的同时系数，即设备组在最大负荷时运行的设备容量与全部设备容量之比；

　　　K_L——设备组的负荷系数，即设备组在最大负荷时输出的功率与运行的设备容量之比；

　　　η_e——设备组的平均效率，即设备在最大负荷时输出的功率与取用的功率之比；

　　　η_{WL}——配电线路的平均效率，即配电线路在最大负荷时的末端功率（即设备组取用的功率）与首端功率（即计算负荷）之比。

令式（3-8）中的 $K_\Sigma K_L/(\eta_e \cdot \eta_{WL}) = K_d$，$K_d$ 就是"需要系数"。由式（3-8）可知，需要系数的定义式为

$$K_d = \frac{P_{30}}{P_e} \tag{3-9}$$

即用电设备组的需要系数，是用电设备组在最大负荷时需用的有功功率与其设备容量的比值。

由此可得需要系数法确定三相用电设备组有功计算负荷的基本公式为

$$P_{30} = K_d P_e \tag{3-10}$$

实际上，需要系数 K_d 值不仅与用电设备组的工作性质、设备台数、设备效率和线路损耗等因素有关，而且与操作人员的技能熟练程度及生产组织等多种因素有关。因此应尽可能地通过实测分析确定，使之尽量接近实际。

表 A-1 列出了工厂各种用电设备组的需要系数参考值，供参考。

必须注意：表 A-1 所列需要系数值是按车间范围内设备台数较多的情况来确定的，所以需要系数值一般都比较低，如冷加工机床组的需要系数平均只有 0.2 左右。因此需要系数法一般比较适用于确定车间范围内的计算负荷。如果采用需要系数法来计算分支干线上用电设备组的计算负荷，则表 A-1 中的需要系数值往往偏小，宜适当取大。只有 1、2 台设备时，可取 $K_d = 1$，即 $P_{30} = P_e$。对于电动机，由于它本身的损耗较大，因此当只有一台电动机时，应计入电动机的效率 η，其 $P_{30} = P_N/\eta$（P_N 为电动机额定容量）。在 K_d 适当取大的同时，$\cos\varphi$ 也宜适当取大。

这里还要指出：需要系数值与用电设备的类别和工作状态有很大关系，因此在计算时首先要正确判明用电设备的类别和工作状态，否则将造成错误。例如，机修车间的金属切削机床电动机，应属于小批生产的冷加工机床电动机，因为金属切削就是冷加工，而机修车间不可能是大批生产。又如压塑机、拉丝机和锻锤等，应属于热加工机床。再如起重机、行车或电葫芦，应属于吊车类。

在求出有功计算负荷 P_{30} 后，可按下列公式分别求出其余的计算负荷。

无功计算负荷为

$$Q_{30} = P_{30}\tan\varphi \tag{3-11}$$

式中　$\tan\varphi$——对应于用电设备组 $\cos\varphi$ 的正切值。

视在计算负荷为
$$S_{30}=\frac{S_{30}}{\cos\varphi} \tag{3-12}$$

式中　$\cos\varphi$——用电设备组的平均功率因数。

计算电流为
$$I_{30}=\frac{S_{30}}{\sqrt{3}\,U_{\mathrm{N}}} \tag{3-13}$$

式中　U_{N}——用电设备组的额定电压。

如果只有一台三相电动机，则此电动机的计算电流就取为其额定电流，即
$$I_{30}=I_{\mathrm{N}}=\frac{P_{\mathrm{N}}}{\sqrt{3}\,U_{\mathrm{N}}\eta\cos\varphi} \tag{3-14}$$

负荷计算中常用的单位：有功功率为"千瓦"（kW），无功功率为"千乏"（kvar），视在功率为"千伏安"（kVA），电流为 A，电压为 kV。

> **【实例 3-1】**　已知某机修车间的金属切削机床组，拥有电压为 380 V 的三相电动机 7.5 kW 3 台，4 kW 8 台，3 kW 17 台，1.5 kW 10 台。试求其计算负荷。
>
> **解**：此机床组电动机的总容量为
>
> $P_{\mathrm{e}}=7.5\,\mathrm{kW}\times3+4\,\mathrm{kW}\times8+3\,\mathrm{kW}\times17+1.5\,\mathrm{kW}\times10=120.5\,\mathrm{kW}$
>
> 查表 A-1 中"小批生产的金属冷加工机床电动机"项，取 0.2，因此可求得：
>
> 有功计算负荷　　$P_{30}=0.2\times120.5\,\mathrm{kW}=24.1\,\mathrm{kW}$
>
> 无功计算负荷　　$Q_{30}=24.1\,\mathrm{kW}\times1.73=41.7\,\mathrm{kvar}$
>
> 视在计算负荷　　$S_{30}=\dfrac{24.1\,\mathrm{kW}}{0.5}=48.2\,\mathrm{kVA}$
>
> 计算电流　　　　$I_{30}=\dfrac{48.2\,\mathrm{kVA}}{\sqrt{3}\times0.38\,\mathrm{kV}}=73.2\,\mathrm{A}$

2. 设备容量的计算

需要系数法基本公式中的设备容量，不包含备用设备的容量，而且要注意，此容量的计算与用电设备组的工作制有关。

1）对一般连续工作制和短时工作制的用电设备组

设备容量就是其所有设备（不含备用设备）的额定容量之和。

2）对断续周期工作制的用电设备组

设备容量就是将所有设备（不含备用设备）在不同负荷持续率下的铭牌额定容量换算到一个统一的负荷持续率下的功率之和。换算的公式如式（3-2）所示。

（1）电焊机组。其容量要求统一换算到 $\varepsilon=100\%$，因此由式（3-2）可得换算后的设备容量为

$$P_{\mathrm{e}}=P_{\mathrm{N}}\sqrt{\frac{\varepsilon_{\mathrm{N}}}{\varepsilon_{100}}}=S_{\mathrm{N}}\cos\varphi\sqrt{\frac{\varepsilon_{\mathrm{N}}}{\varepsilon_{100}}}$$

即

$$P_e = P_N \sqrt{\varepsilon_N} = S_N \cos\varphi \sqrt{\varepsilon_N} \qquad (3-15)$$

式中　P_N、S_N——电焊机的铭牌容量（前者为有功功率，后者为视在功率）；

　　　　ε_N——与铭牌容量相对应的负荷持续率（计算中用小数）；

　　　　ε_{100}——其值等于 100% 的负荷持续率；

　　　　$\cos\varphi$——铭牌规定的功率因数。

（2）吊车电动机组。其容量要求统一换算到 $\varepsilon = 100\%$，因此由式（3-2）可得换算后的设备容量为

$$P_e = P_N \sqrt{\frac{\varepsilon_N}{\varepsilon_{25}}} = 2P_N \sqrt{\varepsilon_N} \qquad (3-16)$$

式中　P_N——吊车电动机的铭牌容量；

　　　　ε_N——与 P_N 对应的负荷持续率；

　　　　ε_{25}——其值等于 25% 的负荷持续率。

3. 多组用电设备计算负荷的确定

确定拥有多组用电设备的干线上或车间变电所低压母线上的计算负荷时，应考虑各组用电设备的最大负荷不同时出现的因素。因此在确定多组用电设备的计算负荷时，应结合具体情况对其有功负荷和无功负荷分别计入一个同时系数（又称参差系数或综合系数）$K_{\Sigma p}$ 和 $K_{\Sigma q}$：

对车间干线取
$$K_{\Sigma p} = 0.85 \sim 0.95$$
$$K_{\Sigma q} = 0.90 \sim 0.97$$

对低压母线：

（1）由用电设备组的计算负荷直接相加来计算时取
$$K_{\Sigma p} = 0.80 \sim 0.90$$
$$K_{\Sigma q} = 0.85 \sim 0.95$$

（2）由车间干线的计算负荷直接相加来计算时取
$$K_{\Sigma p} = 0.90 \sim 0.95$$
$$K_{\Sigma q} = 0.93 \sim 0.97$$

总的有功计算负荷为

$$P_{30} = K_{\Sigma p} \sum P_{30} \qquad (3-17)$$

总的无功计算负荷为

$$Q_{30} = K_{\Sigma q} \sum Q_{30} \qquad (3-18)$$

总的视在计算负荷为

$$S_{30} = \sqrt{P_{30}^2 + Q_{30}^2} \qquad (3-19)$$

总的计算电流为

$$I_{30} = \frac{S_{30}}{\sqrt{3}\, U_N} \qquad (3-20)$$

注意：由于各组设备的功率因数不一定相同，因此总的视在计算负荷和计算电流一般不能用各组的视在计算负荷或计算电流之和来计算，总的视在计算负荷也不能按式（3-12）计算。

此外应注意：在计算多组设备总的计算负荷时，为了简化和统一，各组的设备台数无论多少，各组的计算负荷均按表 A–1 所列的计算系数来计算，而不必考虑设备台数少而适当增大 K_d 和 $\cos\varphi$ 值的问题。

【实例 3–2】 某机修车间 380 V 线路上，接有金属切削机床电动机 20 台共 50 kW（其中较大容量电动机有 7.5 kW 1 台，4 kW 3 台，2.2 kW 7 台），通风机 2 台共 3 kW，电阻炉 1 台 2 kW。试确定此线路上的计算负荷。

解： 先求各组的计算负荷。

（1）金属切削机床组。

查表 A–1，取　　　　　$K_d = 0.2, \cos\varphi = 0.5, \tan\varphi = 1.73$

故　　　　　　　　　　$P_{30(1)} = 0.2 \times 50\,\text{kW} = 10\,\text{kW}$

$$Q_{30(1)} = 10\,\text{kW} \times 1.73 = 17.3\,\text{kvar}$$

（2）通风机组。

查表 A–1，取　　　　　$K_d = 0.8, \cos\varphi = 0.8, \tan\varphi = 0.75$

$$P_{30(2)} = 0.8 \times 3\,\text{kW} = 2.4\,\text{kW}$$

$$Q_{30(2)} = 2.4\,\text{kW} \times 0.75 = 1.8\,\text{kvar}$$

（3）电阻炉。

查表 A–1，取

$$K_d = 0.7, \cos\varphi = 1, \tan\varphi = 0$$

故　　　　　　　　　　$P_{30(3)} = 0.7 \times 2\,\text{kW} = 1.4\,\text{kW}$

$$Q_{30(3)} = 0$$

则 380 V 线路上的总计算负荷为（取 $K_{\Sigma p} = 0.95$，$K_{\Sigma q} = 0.97$）

$$P_{30} = 0.95 \times (10 + 2.4 + 1.4)\,\text{kW} = 13.1\,\text{kW}$$

$$Q_{30} = 0.97 \times (17.3 + 1.8)\,\text{kvar} = 18.5\,\text{kvar}$$

$$S_{30} = \sqrt{13.1^2 + 18.5^2}\,\text{kVA} = 22.7\,\text{kVA}$$

$$I_{30} = \frac{22.7\,\text{kVA}}{\sqrt{3} \times 0.38\,\text{kV}} = 34.5\,\text{A}$$

在供电工程设计说明书中，为了使人一目了然，便于审核，常采用计算表格的形式，见表 3–1。

表 3–1　电力负荷计算表（按需要系数法）

序号	设备名称	台数 n	容量 P_e/kW	需要系数 K_d	$\cos\varphi$	$\tan\varphi$	计算负荷			
							P_{30}/kW	Q_{30}/kvar	S_{30}/kVA	I_{30}/A
1	切削机床	20	50	0.2	0.5	1.73	10	17.3		
2	通风机	2	3	0.8	0.8	0.75	2.4	1.8		
3	电阻炉	1	2	0.7	1	0	1.4	0		
车间总计		23	55				13.8	19.1		
		取 $K_{\Sigma p} = 0.95$，$K_{\Sigma q} = 0.97$					13.1	18.5	22.7	34.5

3.2.2　按二项式法确定计算负荷

1. 二项式法的基本公式

二项式法的基本公式是

$$P_{30} = bP_e + cP_x \qquad (3-21)$$

式中　bP_e——二项式第一项，表示设备组的平均负荷，其中 P_e 是用电设备组的设备总容量，其计算方法如前需要系数法中所述；

　　　　cP_x——二项式第二项，表示设备组中 x 台容量最大的设备投入运行时增加的附加负荷，其中 P_x 是 x 台最大容量的设备总容量；

　　　　b、c——二项式系数。

其余的计算负荷 Q_{30}、S_{30} 和 I_{30} 的计算，与上述需要系数法的计算相同。

表 A–1 中也列有部分用电设备组的二项式系数 b、c 和最大容量的设备台数 x 值，供参考。

但必须注意：按二项式法确定设备组的计算负荷时，如果设备总台数 n 少于表 A–1 中规定的最大容量设备台数 x 的 2 倍（即 $n<2x$ 时），其最大容量设备台数 x 宜适当取小，建议取为 x = $n/2$ 且按四舍五入修约规则取整数。例如，某机床电动机组只有 7 台时，则其 $x = 7/2 \approx 4$。

如果用电设备组只有 1 或 2 台设备时，就可认为 $P_{30} = P_e$。对于一台电动机则 $P_{30} = P_N/\eta$（P_N 为电动机额定容量，η 为其额定效率）。在设备台数较少时，$\cos\varphi$ 值也宜适当取大。

由于二项式法不仅考虑了用电设备组最大负荷时的平均负荷，而且考虑了其中少数容量最大的设备投入运行时对总计算负荷的额外影响，因此二项式法更适于确定设备台数较少而容量差别较大的低压分支干线的计算负荷。但是二项式系数主要只有机械加工工业用电设备组的数据，其他行业的这方面数据尚缺，从而使其应用受到一定的局限。

【实例 3–3】　试用二项式法来确定实例 3–1 所示机床组的计算负荷。

解：由表 A–1 查得

$$b = 0.14, c = 0.4, x = 5, \cos\varphi = 0.5, \tan\varphi = 1.73$$

而设备总容量为

$$P_e = 120.5\,\text{kW}$$

x 台最大容量的设备容量为

$$P_x = P_5 = 7.5\,\text{kW} \times 3 + 4\,\text{kW} \times 2 = 30.5\,\text{kW}$$

因此按式 (3–21) 可求得其有功计算负荷为

$$P_{30} = 0.14 \times 120.5\,\text{kW} + 0.4 \times 30.5\,\text{kW} = 29.1\,\text{kW}$$

按式 (3–11) 可求得其无功计算负荷为

$$Q_{30} = 29.1\,\text{kW} \times 1.73 = 50.3\,\text{kvar}$$

按式 (3–12) 可求得其视在计算负荷为

$$S_{30} = \frac{29.1\,\text{kW}}{0.5} = 58.2\,\text{kVA}$$

按式（3-13）可求得其计算电流为

$$I_{30} = \frac{58.2\,\text{kVA}}{\sqrt{3} \times 0.38\,\text{kV}} = 88.4\,\text{A}$$

比较实例 3-1 和实例 3-3 的计算结果可以看出，按二项式法计算的结果比按需要系数法计算的结果稍大，特别是在设备台数较少的情况下。供电设计的经验说明，选择低压分支干线时，按需要系数法计算的结果往往偏小，以采用二项式法计算为宜。我国建筑行业标准 JGJ/T 16—2008《民用建筑电气设计规范》也规定："用电设备台数较少、各台设备容量相差悬殊时，宜采用二项式法。"

2. 多组用电设备计算负荷的确定

采用二项式法确定多组用电设备总的计算负荷时，亦应考虑各组设备的最大负荷不同时出现的因素，但不是计入一个同时系数，而是在各组设备中取其中一组最大的附加负荷 $(cP_x)_{\max}$，再加上各组的平均负荷 bP_e，即

总的有功计算负荷为

$$P_{30} = \sum_{i=1}^{n} (bP_e)_i + (cP_x)_{\max} \tag{3-22}$$

总的无功计算负荷为

$$Q_{30} = \sum_{i=1}^{n} (bP_e \tan\varphi)_i + (cP_x)_{\max} \tan\varphi_{\max} \tag{3-23}$$

式中　$\tan\varphi_{\max}$——最大的附加负荷 $(cP_x)_{\max}$ 的设备组的平均功率因数角的正切值。

关于总的视在计算负荷 S_{30} 和总的计算电流 I_{30}，仍按式（3-19）和式（3-20）计算。

为了简化和统一，按二项式法计算多组设备总的计算负荷时，无论各组设备台数的多少，各组的计算系数 b、c、x 和 $\cos\varphi$ 等均按表 A-1 所列数值计算。

【实例 3-4】　试用二项式法确定实例 3-2 所述机修车间 380 V 线路的计算负荷。

解： 先求各组的 bP_e 和 cP_x。

（1）金属切削机床组。

查表 A-1，取

$$b = 0.14, c = 0.4, x = 5, \cos\varphi = 0.5, \tan\varphi = 1.73$$

故

$$bP_{e(1)} = 0.14 \times 50\,\text{kW} = 7\,\text{kW}$$

$$cP_{x(1)} = 0.4 \times (7.5\,\text{kW} \times 1 + 4\,\text{kW} \times 3 + 2.2\,\text{kW} \times 1) = 8.68\,\text{kW}$$

（2）通风机组。

查表 A-1，取

$$b = 0.65, c = 0.25, x = 3, \cos\varphi = 0.8, \tan\varphi = 0.75$$

故

$$bP_{e(2)} = 0.65 \times 3\,\text{kW} = 1.95\,\text{kW}$$

$$cP_{x(2)} = 0.25 \times 3\,\text{kW} = 0.75\,\text{kW}$$

（3）电阻炉。

查表 A-1，取

$$b = 0.7, c = 0, \cos\varphi = 1, \tan\varphi = 0$$

故

$$bP_{e(3)} = 0.7 \times 2\,\text{kW} = 1.4\,\text{kW}$$

$$cP_{x(3)} = 0$$

以上各组设备中，附加负荷以 $cP_{x(1)}$ 为最大，因此总计算负荷为

$$P_{30} = (7 + 1.95 + 1.4)\,\text{kW} + 8.68\,\text{kW} = 19\,\text{kW}$$

$$Q_{30} = (7 \times 1.73 = 1.95 \times 0.75 + 0)\,\text{kvar} + 8.68 \times 1.73\,\text{kvar} = 28.6\,\text{kvar}$$

$$S_{30} = \sqrt{19^2 + 28.6^2}\,\text{kVA} = 34.3\,\text{kVA}$$

$$I_{30} = \frac{34.3\,\text{kVA}}{\sqrt{3} \times 0.38\,\text{kV}} = 52.1\,\text{A}$$

在供电工程设计说明书中，以上计算可列成电力负荷计算表（表3-2）。

表3-2   电力负荷计算表（按二项式法）

序号	设备组名称		设备容量		二项式系数		$\cos\varphi$	$\tan\varphi$	计算负荷			
	总台数	大容量台数	P_e/kW	P_x/kW	b	c			P_{30}/kW	Q_{30}/kvar	S_{30}/kVA	I_{30}/A
1	切削机床	20	50	21.7	0.14	0.4	0.5	1.73	7 + 8.68	12.1 + 15		
2	通风机	2	3		0.65	0.25	0.8	0.75	1.95 + 0.75	1.46 + 0.56		
3	电阻炉	1	2		0.7	0	1		1.4 + 0	0		
	总计	23	55						19	28.6	34.3	52.1

> **？问题引入** 在民用建筑中，人们所使用的设备都是单相设备，但电源仍是三相电，那么这些单相设备的用电负荷该如何计算呢？

3.3 单相用电设备组计算负荷的确定

在工厂里，除了广泛应用的三相设备外，还有电焊机、电炉、电灯等各种单相设备。单相设备接在三相线路中，应尽可能地均衡分配，使三相尽可能平衡。如果三相线路中单相设备的总容量不超过三相设备总容量的15%，则无论单相设备如何分配，单相设备可与三相设备综合按三相负荷平衡计算。如果单相设备容量超过三相设备容量15%时，则应将单相设备容量换算为等效三相设备容量，再与三相设备容量相加。

由于确定计算负荷的目的，主要是为了选择线路上的设备和导线电缆，使设备和导线电缆在计算电流通过时不致过热或烧毁，因此在接有较多单相设备的三相线路中，无论单相设备接于相电压还是接于线电压，只要三相负荷不平衡，就应以最大负荷相的有功负荷的3倍作为等效三相有功负荷，以满足系统安全运行的要求。

单相设备组等效三相负荷的计算有以下三种方法。

1. 单相设备接于相电压时的负荷计算

等效三相设备容量 P_e 应按最大负荷相所接的单相设备容量 $P_{e.\,m\varphi}$ 的 3 倍计算，即

$$P_e = 3P_{e.\,m\varphi} \tag{3-24}$$

等效三相计算负荷则按前述需要系数法计算。

2. 单相设备接于线电压时的负荷计算

1）单相设备接于同一线电压时

由于容量为 $P_{e.\varphi}$ 的单相设备在线电压上产生的电流 $I = P_{e.\varphi}/(U\cos\varphi)$，此电流应与等效三相设备容量 P_e 产生的电流相等，因此其等效三相设备容量

$$P_e = \sqrt{3}P_{e.\varphi} = \sqrt{3}P_{e.\varphi} \tag{3-25}$$

2）单相设备接于不同线电压时

假设 $P_1 > P_2 > P_3$，且 $\cos\varphi_1 \neq \cos\varphi_2 \neq \cos\varphi_3$，$P_1$ 接于 U_{AB}，P_2 接于 U_{BC}，P_3 接于 U_{CA}，按等效发热原理，可等效为三种接线的叠加。

（1）U_{AB}、U_{BC}、U_{CA} 间各接 P_3，其等效三相容量为 $3P_3$；

（2）U_{AB}、U_{BC} 间各接 $P_2 - P_3$，其等效三相容量为 $3(P_2 - P_3)$；

（3）U_{AB} 间接 $P_1 - P_2$，其等效三相容量为 $\sqrt{3}(P_1 - P_2)$。

因此 P_1、P_2、P_3 接于不同线电压时的等效三相设备容量为

$$P_e = \sqrt{3}P_1 + (3 - \sqrt{3})P_2 \tag{3-26}$$

$$Q_e = \sqrt{3}P_1\tan\varphi_1 + (3 - \sqrt{3})P_2\tan\varphi_2 \tag{3-27}$$

等效三相计算负荷同样按前述需要系数法计算。

3. 单相设备分别接于线电压和相电压时的负荷计算

首先应将接于线电压的单相设备容量换算为接于相电压的设备容量，然后分相计算各相的设备容量和计算负荷。而总的等效三相有功计算负荷为其最大有功负荷相的有功计算负荷 $P_{30.\,m\varphi}$ 的 3 倍计算，即

$$P_{30} = 3P_{30.\,m\varphi} \tag{3-28}$$

总的等效三相无功计算负荷则为最大有功负荷相的无功计算负荷 $Q_{30.\,m\varphi}$ 的 3 倍，即

$$Q_{30} = 3Q_{30.\,m\varphi} \tag{3-29}$$

关于将接于线电压的单相设备容量换算为接于相电压的设备容量的问题，可按下列换算公式进行换算（推导从略）：

A 相

$$P_A = P_{AB-A}P_{AB} + p_{CA-A}P_{CA} \tag{3-30}$$

$$Q_A = q_{AB-A}P_{AB} + q_{CA-A}P_{CA} \tag{3-31}$$

B 相

$$P_B = p_{BC-B}P_{BC} + p_{AB-B}P_{AB} \tag{3-32}$$

$$Q_B = q_{BC-B}P_{BC} + q_{AB-B}P_{AB} \tag{3-33}$$

C 相

$$P_C = p_{CA-C}P_{CA} + p_{BC-C}P_{BC} \tag{3-34}$$

$$Q_C = q_{CA-C}P_{CA} + q_{BC-C}P_{BC} \qquad (3-35)$$

式中　P_{AB}、P_{BC}、P_{CA}——接于 AB、BC、CA 相间的有功设备容量；

　　　P_A、P_B、P_C——换算为 A、B、C 相的有功设备容量；

　　　Q_A、Q_B、Q_C——换算为 A、B、C 相的无功设备容量；

　　　p_{AB-A}、q_{AB-A} 等——接于 AB 等相间的设备容量换算为 A 等相设备容量的有功和无功功率换算系数，见表3-3。

表3-3　相间负荷换算为相负荷的功率换算系数

功率换算系数	负荷功率因数								
	0.35	0.4	0.5	0.6	0.65	0.7	0.8	0.9	1.0
p_{AB-A}, p_{BC-B}, p_{CA-C}	1.27	1.27	1.0	0.89	0.84	0.8	0.72	0.64	0.5
p_{AB-B}, p_{BC-C}, p_{CA-A}	−0.27	−0.17	0	0.11	0.16	0.2	0.28	0.36	0.5
q_{AB-A}, q_{BC-B}, q_{CA-C}	1.05	0.86	0.58	0.38	0.22	0.22	0.09	−0.05	−0.29
q_{AB-B}, q_{BC-C}, q_{CA-A}	1.63	1.44	1.16	0.96	0.88	0.8	0.67	0.53	0.29

【实例3-5】　某 220/380 V 三相四线制线路上，装有 220 V 单相电热干燥箱6台、单相电加热器2台和 380 V 单相对焊机6台。其在线路上的连接情况为：电热干燥箱2台 20 kW 接于 A 相，1台 30 kW 接于 B 相，3台 10 kW 接于 C 相；电加热器2台 20 kW 分别接于 B 相和 C 相；对焊机3台 14 kW（$\varepsilon = 100\%$）接于 AB 相，2台 20 kW（$\varepsilon = 100\%$）接于 BC 相，1台 46 kW（$\varepsilon = 60\%$）接于 CA 相。试求该线路的计算负荷。

解：（1）电热干燥箱及电加热器的各相计算负荷。

查表 A-1 得 $K_d = 0.7$，$\cos\varphi = 1$，$\tan\varphi = 0$，因此只要计算有功计算负荷

A 相　　　　　$P_{cA1} = K_d P_{eA} = 0.7 \times 20 \times 2 = 28\,kW$

B 相　　　　　$P_{cB1} = K_d P_{eB} = 0.7 \times (30 \times 1 + 20 \times 1) = 35\,kW$

C 相　　　　　$P_{cC1} = K_d P_{eC} = 0.7 \times (10 \times 3 + 20 \times 1) = 35\,kW$

（2）对焊机的各相计算负荷。

查表 A-1 得 $K_d = 0.35$，$\cos\varphi = 0.7$，$\tan\varphi = 1.02$

先将接于 CA 相的 46 kW（$\varepsilon = 60\%$）换算至 $\varepsilon = 100\%$ 的设备容量。

即各相的设备容量为

A 相　　　　　$P_{eA} = p_{AB-A}P_{AB} + p_{CA-A}P_{CA}$

　　　　　　　　　$= 0.8 \times 14 \times 3 + 0.2 \times 35.63 = 40.73\,kW$

　　　　　　　$Q_{eA} = q_{AB-A}P_{AB} + q_{CA-A}P_{CA}$

　　　　　　　　　$= 0.22 \times 14 \times 3 + 0.8 \times 35.63 = 37.74\,kvar$

B 相　　　　　$P_{eB} = 0.8 \times 20 \times 2 + 0.2 \times 14 \times 3 = 40.4\,kW$

　　　　　　　$Q_{eB} = 0.22 \times 20 \times 2 + 0.8 \times 14 \times 3 = 42.4\,kvar$

C 相　　　　　$P_{eC} = 0.8 \times 35.63 + 0.2 \times 20 \times 2 = 36.5\,kW$

　　　　　　　$Q_{eC} = 0.22 \times 35.63 + 0.8 \times 20 \times 2 = 39.84\,kvar$

各相的计算负荷为

A 相　　　　　$P_{cA2} = K_d P_{eA} = 0.35 \times 40.73 = 14.26\,kW$

$$Q_{cA2} = K_d Q_{eA} = 0.35 \times 37.74 = 13.21 \text{ kvar}$$

B 相　　$$P_{cB2} = K_d P_{eB} = 0.35 \times 40.4 = 14.14 \text{ kW}$$

$$Q_{cB2} = K_d Q_{eB} = 0.35 \times 42.4 = 14.84 \text{ kvar}$$

C 相　　$$P_{cC2} = K_d P_{eC} = 0.35 \times 36.5 = 12.78 \text{ kW}$$

$$Q_{cC2} = K_d Q_{eC} = 0.35 \times 39.84 = 13.94 \text{ kvar}$$

各相总的计算负荷为（设同时系数为 0.95）

A 相　　$$P_{cA} = K_{\sum}(P_{cA1} + P_{cA2})$$

$$= 0.95 \times (28 + 14.26) = 40.15 \text{ kW}$$

$$Q_{cA} = K_{\sum}(Q_{cA1} + Q_{cA2})$$

$$= 0.95 \times (0 + 13.21) = 12.55 \text{ kvar}$$

B 相　　$$P_{cB} = K_{\sum}(P_{cB1} + P_{cB2})$$

$$= 0.95 \times (35 + 14.14) = 46.68 \text{ kW}$$

$$Q_{cB} = K_{\sum}(Q_{cB1} + Q_{cB2})$$

$$= 0.95 \times (0 + 14.84) = 14.10 \text{ kvar}$$

C 相　　$$P_{cC} = K_{\sum}(P_{cC1} + P_{cC2})$$

$$= 0.95 \times (35 + 12.78) = 45.39 \text{ kW}$$

$$Q_{cC} = K_{\sum}(Q_{cC1} + Q_{cC2})$$

$$= 0.95 \times (0 + 13.94) = 13.24 \text{ kvar}$$

因为 B 相的有功计算负荷最大，所以总的等效三相计算负荷为

$$P_{cm\varphi} = P_{cB} = 46.68 \text{ kW}$$

$$Q_{cm\varphi} = Q_{cB} = 14.10 \text{ kvar}$$

$$P_c = 3P_{cm\varphi} = 3 \times 46.68 = 140.04 \text{ kW}$$

$$Q_c = 3Q_{cm\varphi} = 3 \times 14.10 = 42.3 \text{ kvar}$$

$$S_c = \sqrt{P_c^2 + Q_c^2} = \sqrt{140.04^2 + 42.3^2} = 146.3 \text{ kVA}$$

$$I_c = \frac{S_c}{\sqrt{3}\,U_N} = \frac{146.3}{\sqrt{3} \times 0.38} = 222 \text{ A}$$

> **❓问题引入**　电能在使用过程中会有能量的损耗，那么在工厂供电系统中，能量的损耗主要来自哪些设备与环节？

3.4　工厂供电系统的功率损耗和电能损耗

3.4.1　工厂供电系统的功率损耗

在确定各用电设备组的计算负荷后，如果要确定车间或工厂的计算负荷，就需要逐级计入有关线路和变压器的功率损耗，如图 3-5 所示。例如，要确定车间变电所低压配电线 WL2

首端的计算负荷 $P_{30(4)}$，就应将其末端计算负荷 $P_{30(5)}$ 加上线路损耗 ΔP_{WL2}。如果要确定高压配电线 WL1 首端的计算负荷 $P_{30(2)}$，就应将车间变电所低压侧计算负荷 $P_{30(3)}$ 加上变压器 T 的损耗 ΔP_T，再加上高压配电线 WL1 的功率损耗 ΔP_{WL1}。为此，下面要讲述线路和变压器功率损耗的计算。

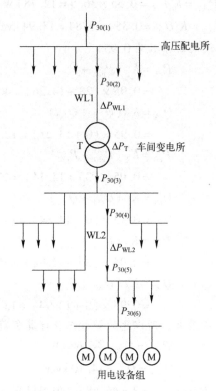

图 3-5　工厂供电系统中各部分的计算负荷和功率损耗

1. 线路功率损耗的计算

线路功率损耗包括有功和无功两部分。

1）线路的有功功率损耗

线路的有功功率损耗是电流通过线路电阻所产生的，按下式计算：

$$\Delta P_{WL} = 3I_{30}^2 R_{WL} \tag{3-36}$$

式中　I_{30}——线路的计算电流；

　　　R_{WL}——线路每相的电阻。

电阻 $R_{WL} = R_0 l$，这里 l 为线路长度，R_0 为线路单位长度的电阻值，可查有关手册或产品样本。表 A-3 列出了三相线路导线和电缆单位长度每相阻抗值，可查得 R_0 值。

2）线路的无功功率损耗

线路的无功功率损耗是电流通过线路电抗所产生的，按下式计算：

$$\Delta Q_{WL} = 3I_{30}^2 X_{WL} \tag{3-37}$$

式中　I_{30}——线路的计算电流；

　　X_{WL}——线路每相的电抗。

电抗

$$X_{WL} = X_0 l \tag{3-38}$$

这里 l 为线路长度，X_0 为线路单位长度的电抗值，也可查表 A-3 得到。

2. 变压器功率损耗的计算

变压器功率损耗也包括有功和无功两部分。

1）变压器的有功功率损耗

变压器的有功功率损耗又由两部分组成。

（1）变压器铁芯中的有功功率损耗，即铁损 ΔP_{Fe}。铁损在变压器一次绕组外施加电压和频率恒定的条件下是固定不变的，与负荷大小无关。铁损可由变压器空载实验测定。变压器的空载损耗 ΔP_0 可认为就是铁损，因为变压器的空载电流 I_0 很小，在其一次绕组中产生的有功损耗可略去不计。

（2）变压器有负荷时其一、二次绕组中的有功功率损耗，即铜损 ΔP_{Cu}。铜损与负荷电流（或功率）的平方成正比。铜损可由变压器短路实验测定。变压器的短路损耗 ΔP_k（亦称负载损耗）可认为就是铜损，因为变压器二次侧短路时一次侧短路电压 U_k 很小，在铁芯中产生的有功损耗可略去不计。

因此，变压器的有功功率损耗为

$$\Delta P_T \approx \Delta P_0 + \Delta P_k \beta^2 \tag{3-39}$$

式中　$\beta = S_{30}/S_N$，称为变压器的负荷率；

　　S_N——变压器额定容量；

　　S_{30}——变压器计算容量。

2）变压器的无功功率损耗

变压器的无功功率损耗也由两部分组成。

（1）用来产生主磁通即产生励磁电流的一部分无功功率，用 ΔQ_0 表示。它只与绕组电压有关，与负荷无关。它与励磁电流（或近似地与空载电流）成正比，即

$$\Delta Q_0 \approx \frac{I_0\%}{100} S_N \tag{3-40}$$

式中　$I_0\%$——变压器空载电流占额定电流的百分值。

（2）消耗在变压器一、二次绕组电抗上的无功功率。额定负荷下的这部分无功功率损耗用 ΔQ_N 表示。由于变压器绕组的电抗远大于电阻，因此 ΔQ_N 近似地与短路电压（即阻抗电压）成正比，即

$$\Delta Q_N \approx \frac{U_k\%}{100} S_N \tag{3-41}$$

式中　$U_k\%$——变压器短路电压占额定电压的百分值。

因此，变压器的无功损耗为

$$\Delta Q_{\mathrm{T}} = S_{\mathrm{N}} \left(\frac{I_0\%}{100} + \frac{U_{\mathrm{k}}\%}{100} \beta^2 \right) \tag{3-42}$$

以上各式中的 ΔP_0、ΔP_{k}、$I_0\%$ 和 $U_{\mathrm{k}}\%$ 等参数均可从有关手册或产品样本中查得。表 A–8 列出了 10 kV 级 S9 和 SC9 系列电力变压器的主要技术数据，供参考。

在负荷计算中，对 S9、SC9 等新系列低损耗电力变压器，可按下列简化公式计算。
有功功率损耗

$$\Delta P_{\mathrm{T}} \approx 0.01 S_{30} \tag{3-43}$$

无功功率损耗

$$\Delta Q_{\mathrm{T}} \approx 0.05 S_{30} \tag{3-44}$$

3.4.2　工厂供电系统的电能损耗

工厂供电系统中的线路和变压器由于常年持续运行，其电能损耗相当可观，直接关系到供电系统的经济效益。作为供电人员，应设法降低供电系统的电能损耗。

1. 线路的电能损耗

线路上全年的电能损耗 ΔW_{a} 可按下式计算：

$$\Delta W_{\mathrm{a}} = 3 I_{30}^2 R_{\mathrm{WL}} \tau \tag{3-45}$$

式中　I_{30}——通过线路的计算电流；

　　　R_{WL}——线路每相的电阻；

　　　τ——年最大负荷损耗小时。

年最大负荷损耗小时 τ 是一个假想时间，在此时间内，系统中的元件（含线路）持续通过计算电流 I_{30} 所产生的电能损耗。恰好等于实际负荷电流全年在元件（含线路）上产生的电能损耗。年最大负荷损耗小时 τ 与年最大负荷利用小时 $T_{\max}$ 有一定的关系，关系如下：

$$\tau = \frac{T_{\max}^2}{8760\ \mathrm{h}} \tag{3-46}$$

2. 变压器的电能损耗

变压器的电能损耗包括两部分。

（1）变压器铁损 ΔP_{Fe} 引起的电能损耗。只要外施电压和频率不变，它就是固定不变的。ΔP_{Fe} 近似地等于其空载损耗 ΔP_0，因此其全年电能损耗为

$$\Delta W_{\mathrm{a1}} = \Delta P_{\mathrm{Fe}} \times 8760\ \mathrm{h} \approx \Delta P_0 \times 8760\ \mathrm{h} \tag{3-47}$$

（2）变压器铜损 ΔP_{Cu} 引起的电能损耗。它与负荷电流（或功率）的平方成正比，即与变压器负荷率 β 的平方成正比。而 ΔP_{Cu} 近似地等于其短路损耗 ΔP_{k}，因此其全年电能损耗为

$$\Delta W_{\mathrm{a2}} = \Delta P_{\mathrm{Cu}} \beta^2 \tau \approx \Delta P_{\mathrm{k}} \beta^2 \tau \tag{3-48}$$

式中　τ——变压器的年最大负荷损耗小时。

由此可得变压器全年的电能损耗为

$$\Delta W_{\mathrm{a}} = \Delta W_{\mathrm{a1}} + \Delta W_{\mathrm{a2}} \approx \Delta P_0 \times 8760 \,\mathrm{h} + \Delta P_k \beta^2 \tau \tag{3-49}$$

❓**问题引入**　三相用电设备与单相设备的负荷计算仅仅是某一线路上用电设备的负荷计算，但对于一个工厂来说，有大量的用电设备，相应地会有大量的线路，最后须确定一个总的计算负荷，同时还须确定工厂的年耗电量。

3.5　工厂的计算负荷与年耗电量

3.5.1　工厂计算负荷的确定

工厂计算负荷是选择工厂电源进线及其一、二次设备的基本依据，也是计算工厂功率因数和工厂需电容量的基本依据。确定工厂计算负荷的方法很多，可按具体情况选用。

1. 按逐级计算法确定工厂计算负荷

如图 3-5 所示，工厂的计算负荷 $P_{30(1)}$，应该是高压母线上所有高压配电线计算负荷之和，再乘上一个同时系数。高压配电线的计算负荷 $P_{30(2)}$，应该是该线路所供车间变电所低压侧的计算负荷 $P_{30(3)}$，加上变压器损耗 ΔP_T 和高压配电线损耗 P_{WL1} 等，如此逐级计算。但对一般中小工厂来说，因其配电线路不长，在确定计算负荷时其损耗往往略去不计。

2. 按需要系数法确定工厂计算负荷

将全厂用电设备的总容量 P_{e}（不计备用设备容量）乘上一个需要系数 K_{d}，即得全厂的有功计算负荷，即

$$P_{30} = K_{\mathrm{d}} P_{\mathrm{e}} \tag{3-50}$$

表 A-2 列出了部分工厂的需要系数值，供参考。

全厂的无功计算负荷、视在计算负荷和计算电流，则按式（3-11）～式（3-13）计算。

3. 按年产量估算工厂计算负荷

将工厂年产量 A 乘上单位产品耗电量 a，就可得到工厂全年的需电量

$$W_{\mathrm{a}} = Aa \tag{3-51}$$

各类工厂的单位产品耗电量可由有关设计手册或根据实测资料确定。

在求出年需电量 W_{a} 后，将它除以工厂的年最大负荷利用小时 $T_{\max}$，就可求出工厂的有功计算负荷

$$P_{30} = \frac{W_{\mathrm{a}}}{T_{\max}} \tag{3-52}$$

其他计算负荷 Q_{30}、S_{30} 和 I_{30} 的计算，与上述需要系数法相同。

3.5.2　工厂的功率因数、无功补偿及补偿后的工厂计算负荷

1. 工厂的功率因数

（1）瞬时功率因数。

它可由功率因数表直接测量，亦可由功率表、电压表和电流表间接测量，再按（式3-53）求出

$$\cos\varphi = \frac{P}{\sqrt{3}\,UI} \tag{3-53}$$

式中　P——功率表测出的三相功率（kW）；

　　　U——电压表测出的线电压（kV）；

　　　I——电流表测出的电流（A）。

瞬时功率因数只用来了解和分析工厂或设备在运行中无功功率的变化情况，以便采取适当的补偿措施。

（2）平均功率因数。

它也称加权平均功率因数，按式（3-54）计算

$$\cos\varphi = \frac{W_{\mathrm{p}}}{\sqrt{W_{\mathrm{p}}^2 + W_{\mathrm{q}}^2}} = \frac{1}{\sqrt{1 + \left(\dfrac{W_{\mathrm{q}}}{W_{\mathrm{p}}}\right)^2}} \tag{3-54}$$

式中　W_{p}——某一段时间（通常为一个月）内消耗的有功电能，由有功电能表读取；

　　　W_{q}——同一段时间内消耗的无功电能，由无功电能表读取。

我国供电企业每月向用户计收电费，就规定电费要按月平均功率因数的高低来调整。平均功率因数低于规定标准时，要增收一定比例的电费，而高于规定标准时，可适当减收一定比例的电费。

（3）最大负荷时的功率因数。

它是负荷计算中按有功计算负荷 P_{30} 和视在计算负荷 S_{30} 计算而得的功率因数，即

$$\cos\varphi = \frac{P_{30}}{S_{30}} \tag{3-55}$$

《供电营业规则》规定："用户在当地供电企业规定的电网高峰负荷时的功率因数，应达到下列规定：100 kVA 及以上高压供电的用户功率因数为 0.90 以上。其他电力用户和大中型电力排灌站、趸购转售企业，功率因数为 0.85 以上。农业用电，功率因数为 0.80。凡功率因数不能达到上述规定的新用户，供电企业可拒绝接电。对已送电的用户，供电企业应督促和帮助用户采取措施，提高功率因数。对在规定期限内仍未采取措施达到上述要求的用户，供电企业可终止或限制供电。这里所指的功率因数，从供电设计上考虑，应视为最大负荷时的功率因数。

2. 无功功率补偿

工厂中由于有大量的感应电动机、电焊机、电弧炉及气体放电灯等感性负荷，从而使功

率因数降低。如果在充分发挥设备潜力、改善设备运行性能、提高其自然功率因数的情况下，尚达不到规定的功率因数要求时，则需要考虑人工的无功功率补偿。

假设补偿前的功率因数为 $\cos\varphi$，补偿后的功率因数为 $\cos\varphi'$，相应的它们的正切值分别为 $\tan\varphi$ 和 $\tan\varphi'$，在负荷需要的有功功率 P_{30} 不变的条件下，无功功率将由 Q_{30} 减小到 Q'_{30}，视在功率将由 S_{30} 减小到 S'_{30}，相应地负荷电流 I_{30} 也得以减小，这将使系统的电能损耗和电压损耗相应降低，既节约了电能，又提高了电压质量，而且可选择较小容量的供电设备和导线电缆，因此提高功率因数对电力系统大有好处。

使功率因数由 $\cos\varphi$ 提高到 $\cos\varphi'$，必须装设的无功补偿装置容量为

$$Q_C = Q_{30} - Q'_{30} = P_{30}(\tan\varphi - \tan\varphi') \tag{3-56}$$

或

$$Q_C = \Delta q_C P_{30} \tag{3-57}$$

其中，$\Delta q_C = \tan\varphi - \tan\varphi'$，称为无功补偿率，或比补偿容量。无功补偿率表示要使 1 kW 的有功功率由 $\cos\varphi$ 提高到 $\cos\varphi'$ 所需要的无功补偿容量 kvar 值，其单位为"kvar"。在确定了总的补偿容量后，即可根据所选并联电容器的单个容量 q_C 来确定电容器的个数：

$$n = \frac{Q_C}{q_C} \tag{3-58}$$

部分常用的并联电容器的主要技术数据，如表 A-10 所列。

由式（3-58）计算所得的电容器个数 n，对于单相电容器（电容器全型号后面标"1"者）来说，应取 3 的倍数，以便三相均衡分配。

3. 无功补偿后的工厂计算负荷

工厂（或车间）装设了无功补偿装置以后，则在确定补偿装置装设地点以前的总计算负荷时，应扣除无功补偿的容量，即总的无功计算负荷为

$$Q'_{30} = Q_{30} - Q_C \tag{3-59}$$

因此补偿后总的视在计算负荷为

$$S_{30} = \sqrt{P_{30}^2 + (Q_{30} - Q_C)^2} \tag{3-60}$$

由式（3-60）可以看出，在变电所低压侧装设了无功补偿装置以后，由于低压侧总的计算负荷减小，从而可使变电所主变压器的容量选得小一些。这不仅降低了变电所的初投资，而且减少了工厂的电费开支。由于我国供电企业对工业用户实行"两部电费制"：一部分为基本电费，按所装用的主变压器容量来计费，另一部分为电度电费，按每月实际耗用的电能来计费，因此主变压器容量的减小，可以减少基本电费的开支，而且功率因数提高了，又按国家规定的《功率因数调整电费办法》可以减少电度电费的开支，从而使工厂获得一定的经济实惠。

【实例3-6】 某厂拟建一座降压变电所，装设一台主变压器。已知变电所低压侧有功计算负荷为 650 kW，无功计算负荷为 800 kvar。为了使工厂变电所高压侧的功率因数不低于 0.9，如果在低压侧装设并联电容器补偿时，须装设多少补偿容量？补偿前后工厂变电所所选主变压器容量有什么变化？

解：（1）补偿前应选变压器的容量及功率因数值。

变电所低压侧的视在计算负荷为

$$S_{30} = \sqrt{650^2 + 800^2} \text{ kVA} = 1031 \text{ kVA}$$

变电所容量选择应满足的条件为 $S_{NT} > S_{30(2)}$，因此在未进行无功补偿时，变压器容量应选为 1250 kVA（参看表 A-8）。

这时变电所低压侧的功率因数为

$$\cos\varphi_{(2)} = 650/1031 = 0.63$$

（2）无功补偿容量。

按规定变电所高压侧的 $\cos\varphi \geq 0.9$，考虑到变压器的无功功率损耗 ΔQ_T 远大于有功功率损耗 ΔP_T，一般 $\Delta Q_T = (4 \sim 5)\Delta P_T$，因此在变压器低压侧进行无功补偿时，低压侧补偿后的功率因数应略大于高压侧补偿后的功率因数 0.90，这里取 $\cos\varphi_{(2)} = 0.92$。为使低压侧功率因数由 0.63 提高到 0.92，低压侧须装设的并联电容器容量应为

$$Q_C = 650 \times (\tan\arccos 0.63 - \tan\arccos 0.92) \text{ kvar} = 525 \text{ kvar}$$

$$Q_C = 530 \text{ kvar}$$

（3）补偿后的变压器容量和功率因数。

补偿后变电所低压侧的视在计算负荷为

$$S'_{30(2)} = \sqrt{650^2 + (800 - 530)^2} \text{ kVA} = 704 \text{ kVA}$$

因此补偿后变压器容量可选为 800 kVA（参看表 A-8）。

变压器的功率损耗为

$$\Delta P_T \approx 0.01 S'_{30(2)} = 0.01 \times 704 = 7.04 \text{ kW}$$

$$\Delta Q_T \approx 0.05 S'_{30(2)} = 0.05 \times 704 = 35.2 \text{ kvar}$$

变电所高压侧的计算负荷为

$$P'_{30(1)} = 650 \text{ kW} + 7.04 \text{ kW} = 657 \text{ kW}$$

$$Q'_{30(1)} = (800 - 530) \text{ kvar} + 35.2 \text{ kvar} = 305 \text{ kvar}$$

$$S'_{30(1)} = \sqrt{657^2 + 305^2} \text{ kVA} = 724 \text{ kVA}$$

无功补偿后，工厂的功率因数（最大负荷时）为

$$\cos\varphi' = P'_{30(1)}/S'_{30(1)} = 657/724 = 0.907$$

这一功率因数值符合规定。

（4）无功补偿前后比较。

变电所主变压器在无功补偿后减少容量为

$$S'_{N.T} - S_{N.T} = 1250 \text{ kVA} - 800 \text{ kVA} = 450 \text{ kVA}$$

这不仅会减少基本电费开支，而且由于提高了功率因数，还会减少电度电费开支。

3.5.3 工厂年耗电量的计算

工厂的年耗电量可用工厂的年产量和单位产品耗电量进行估算。

工厂年耗电量的较精确的计算，可用工厂的有功和无功计算负荷 P_{30} 和 Q_{30} 按下列公式计算：

年有功耗电量

$$W_{p.a} = \alpha P_{30} T_a \tag{3-61}$$

年无功耗电量 $$W_{q.a} = \beta Q_{30} T_a \qquad (3\text{-}62)$$

式中 α——年平均有功负荷系数，一般取为年平均无功负荷系数，即取 $0.7 \sim 0.75$；

β——年平均无功负荷系数，一般取 $0.76 \sim 0.82$；

T_a——年实际工作小时数，按每周 5 个工作日计，一班制可取 2000 h，两班制可取 4000 h，三班制可取 6000 h。

【实例 3-7】 假设实例 3-6 所示工厂为两班制生产，试计算其年耗电量。

解：按式（3-61）和式（3-62）计算。取 $\alpha = 0.7$，$\beta = 0.8$，$T_a = 4000$ h

工厂年有功耗电量为

$$W_{p.a} = 0.7 \times 657 \text{ kW} \times 4000 \text{ h} = 1.84 \times 10^6 \text{ kW} \cdot \text{h}$$

工厂年无功耗电量为

$$W_{q.a} = 0.8 \times 305 \text{ kvar} \times 4000 \text{ h} = 0.976 \times 10^6 \text{ kvar} \cdot \text{h}$$

❓**问题引入** 电动机在启动时会产生很大的启动电流，过大的启动电流可能会引起保护装置动作，从而电动机无法启动，因此，整定保护装置的电流时须考虑电动机的启动电流，即尖峰电流。

3.6 尖峰电流及其计算

尖峰电流是指持续时间 $1 \sim 2\,\text{s}$ 的短时最大负荷电流。

尖峰电流主要用来选择熔断器和低压断路器、整定继电保护装置及检验电动机自启动条件等。

用电设备尖峰电流的计算分以下两种。

1. 单台设备尖峰电流的计算

单台设备的尖峰电流就是其启动电流，因此尖峰电流为

$$I_{pk} = I_{st} = K_{st} I_N \qquad (3\text{-}63)$$

式中 I_N——设备的额定电流；

I_{st}——设备的启动电流；

K_{st}——设备的启动电流倍数，笼型电动机为 $5 \sim 7$，绕线型电动机为 $2 \sim 3$，直流电动机约为 1.7，电焊变压器为 3 或稍大。

2. 多台设备尖峰电流的计算

引至多台设备的线路上的尖峰电流按式（3-64）和式（3-65）计算：

$$I_{pk} = K_\Sigma \sum_{i=1}^{n-1} I_{N.i} + I_{st.max} \qquad (3\text{-}64)$$

或 $$I_{pk} = I_{30} + (I_{st} - I_N)_{max} \qquad (3\text{-}65)$$

式中 $I_{st.max}$ 和 $(I_{st} - I_N)_{max}$——用电设备中启动电流与额定电流之差为最大的那台设备的启动电流及其启动电流与额定电流之差；

$$\sum_{i=1}^{n=1} I_{N.i}$$——除启动电流与额定电流之差为最大的那台设备之外的其他 $n-1$ 台设备的

额定电流之和；

K_Σ——上述 $n-1$ 台的同时系数，按台数的多少选取，一般为 $0.7 \sim 1$；

I_{30}——全部设备投入运行时线路的计算电流。

【实例 3-8】 有一 380 V 三相线路，供电给表 3-4 所列 4 台电动机。试计算该线路的尖峰电流。

表 3-4 实例 3-8 的负荷资料

参　　数	电　动　机			
	M1	M2	M3	M4
额定电流 I_N/A	5.8	5	35.8	27.6
启动电流 I_{st}/A	40.6	35	197	193.2

解：由表 3-4 可知，电动机 M4 的 $I_{st} - I_N = 193.2\,A - 27.6\,A = 165.6\,A$ 为最大，因此该线路的尖峰电流为（取 $K_\Sigma = 0.9$）

$$I_{pk} = 0.9 \times (5.8 + 5 + 35.8)\,A + 193.2\,A = 235\,A$$

知识梳理与总结

本单元首先介绍电力负荷的含义、分级及其对供电电源的要求，用电设备的工作制及负荷曲线和有关物理量的概念，然后重点讲述用电设备组计算负荷的计算，工厂供电系统功率损耗、电能损耗及其计算负荷和耗电量的计算，最后讲述尖峰电流的计算，功率因数的确定及补偿。

负荷曲线是表征电力负荷随时间变动情况的一种图形，与负荷曲线有关的物理量有年最大负荷曲线、年最大负荷利用小时、计算负荷、年平均负荷和负荷系数等；确定负荷计算的方法主要有需要系数法和二项式法，需要系数法适用于求多组三相用电设备的计算负荷，二项式法适用于确定设备台数较少而容量差别较大的分支干线的较少负荷；在进行用户负荷计算时，应计入供配电线路和变压器的损耗，通常采用需要系数法逐级进行计算；尖峰电流是指单台或多台用电设备持续 $1 \sim 2\,s$ 的短时最大负荷电流，计算尖峰电流的目的是用于选择熔断器和低压断路器、整定继电保护装置、检验电动机自启动条件等；提高功率因数的方法是首先提高自然功率因数，然后进行人工补偿，其中人工补偿最常用的是并联电容器补偿。

复习思考题 3

3-1　电力负荷按重要性分为哪几级？各级电力负荷对供电电源有什么要求？

3-2　工厂用电设备的工作制分为哪几类？各有哪些特点？

3-3　什么叫负荷持续率？它表征哪一类工作制设备的工作特性？

3-4　什么叫最大负荷利用小时？什么叫年最大负荷和年平均负荷？什么叫负荷系数？

3-5　什么叫计算负荷？为什么计算负荷采用半小时最大负荷？正确确定计算负荷有何意义？

3-6　确定计算负荷的需要系数法和二项式法各有什么特点？各适用于哪些场合？

3-7　在确定多组用电设备总的视在计算负荷和计算电流时，可否将各组的视在计算负荷和计算电流分别直接相加？为什么？应如何正确计算？

3-8　在接有单相用电设备的三相线路中，什么情况下可将单相设备直接与三相设备综合按三相负荷的计算方法来确定计算负荷？而在什么情况下应先将单相设备容量换算为等效三相设备容量然后与三相设备混合进行计算负荷的计算？

3-9　电力线路的电阻和电抗各如何计算？什么叫线间几何均距？如何计算？

3-10　电力变压器的有功和无功功率损耗各如何计算？其中哪些损耗与负荷无关？哪些损耗与负荷有关？

3-11　什么叫年最大负荷损耗小时？它与年最大负荷利用小时有什么区别和关系？

3-12　进行无功功率补偿、提高功率因数有什么意义？如何确定无功功率补偿容量？

3-13　什么叫尖峰电流？如何计算供多台用电设备的线路尖峰电流？

练习题 3

3-1　已知某机修车间的金属切削机床组，拥有额定电压 380 V 的三相电动机 15 kW 1 台，11 kW 3 台，7.5 kW 8 台，4 kW 15 台，其他更小容量电动机容量共 35 kW。试分别用需要系数法和二项式法计算其 P_{30}、Q_{30}、S_{30} 和 I_{30}。

3-2　某 380 V 线路供电给 1 台 132 kW Y 型电动机，其效率 $\eta = 91\%$，功率因数 $\cos\varphi = 0.9$。试求该线路的计算负荷 P_{30}、Q_{30}、S_{30} 和 I_{30}。

3-3　某机械加工车间的 380 V 线路上，接有流水作业的金属切削机床组电动机 30 台共 85 kW（其中较大容量电动机有 11 kW 1 台，7.5 kW 3 台，4 kW 6 台，其他为更小容量电动机）。另外有通风机 3 台，共 5 kW；电葫芦 1 个，3 kW（$\varepsilon = 40\%$）。试分别按需要系数法和二项式法确定各组的计算负荷及总的计算负荷 P_{30}、Q_{30}、S_{30} 和 I_{30}。

3-4　现有 9 台 220 V 单相电阻炉，其中 4 台 4 kW，3 台 1.5 kW，2 台 2 kW。试合理分配上述各电阻炉于 220/380 V 的 TN-C 线路上，并计算其计算负荷 P_{30}、Q_{30}、S_{30} 和 I_{30}。

3-5　某 220/380 V 线路上，接有表 3-5 所列的用电设备。试确定该线路的计算负荷 P_{30}、Q_{30}、S_{30} 和 I_{30}。

表 3-5　练习题 3-5 的负荷资料

设备名称	380 V 单头手动弧焊机			220 V 电热箱		
接入相序	AB	BC	CA	A	B	C
设备台数	1	1	2	2	1	1
单台设备容量	21 kVA ($\varepsilon = 65\%$)	17 kVA ($\varepsilon = 100\%$)	10.3 kVA ($\varepsilon = 50\%$)	3 kW	6 kW	4.5 kW

3-6　有一条长 2 km 的 10 kV 高压线路供电给两台并列运行的电力变压器。高压线路采用 LJ-70 铝绞线，等距水平架设，线距 1 m。两台变压器均为 S9-800/10 型，Dyn11 连接，总的计算负荷为 900 kW，$\cos\varphi = 0.86$，$T_{max} = 4500$ h。试分别计算此高压线路和电力变压器的功率损耗和年电能损耗。

学习单元4

短路电流及其计算

教 学 任 务	理论	短路电流的种类及特点	课时分配	10
		短路电流的危害		
		短路电流的计算		
教 学 目 标	知识方面	掌握用标幺制法进行短路计算及应用 掌握短路电流的效应和稳定度校验		
	技能方面	具有用标幺制法进行短路计算及应用的能力 具有进行短路电流的效应和稳定度校验的能力		
重 点		用标幺制法进行短路计算及应用 掌握短路电流的效应和动热稳定度校验		
难 点		用标幺制法进行短路计算及应用 掌握短路电流的效应和动热稳定度校验		
教学载体与资源		教材，多媒体课件，一体化电工与电子实验室，工作页，课堂练习，课后作业		
教学方法建议		引导文法，讨论式、互动式教学，启发式、引导式教学，直观性、体验性教学，案例教学法，任务驱动法，项目导向法，多媒体教学，理实一体化教学		
教学过程设计		短路的原因、后果及其形式→无限大容量电力系统中三相短路的物理量→采用标幺制法进行三相短路计算→两相短路电流的计算→单相短路电流的计算→短路电流的电动效应和动稳定度校验→短路电流的热效应和热稳定度校验		
考核评价内容和标准		用标幺制法进行短路计算 进行热稳定度与动稳定度校验		

❓**问题引入** 上一单元电力系统的负荷计算讲的是系统在正常运行状态下的有关电流、负荷等方面问题的计算，而本单元讲的是系统在故障状态下，特别是在短路状态下如何进行电流与有关参数的计算，本单元内容也是工厂供电系统运行分析和设计计算的基础。

4.1 短路的概念与物理量

4.1.1 短路的原因、后果及其形式

1. 短路的原因

工厂供电系统要求正常、不间断地对用电负荷供电，以保证工厂生产和生活的正常进行。但是由于各种原因，总难免出现故障，而使系统的正常运行遭到破坏。系统中最常见的故障就是短路。短路就是指不同电位的导体之间的低阻性短接。

造成短路的主要原因是电气设备载流部分的绝缘损坏。这种损坏可能是由于设备长期运行，绝缘自然老化，或由于设备本身不合格，绝缘强度不够而被正常电压击穿，或设备绝缘正常而被过电压（包括雷电过电压）击穿，或设备绝缘受到外力损伤而造成短路。

工作人员由于违反安全操作规程而发生误操作，或者误将低电压的设备接入较高电压的电路中，也可能造成短路。

鸟兽跨越在裸露的相线之间或相线与接地物体之间，或者设备和导线的绝缘被鸟兽咬坏，也是导致短路的一个原因。

2. 短路的后果

短路后，短路电流比正常电流大得多。在大电力系统中，短路电流可达几万安甚至几十万安。如此大的短路电流可对供电系统产生极大的危害。

（1）短路时要产生很大的电动力和很高的温度，而使故障元件和短路电路中的其他元件损坏。

（2）短路时短路电路中的电压要骤然降低，严重影响其中电气设备的正常运行。

（3）短路时保护装置动作，要造成停电，而且越靠近电源，停电的范围越大，造成的损失也越大。

（4）严重的短路要影响电力系统运行的稳定性，可使并列运行的发电机组失去同步，造成系统解列。

（5）不对称短路包括单相短路和两相短路，其短路电流将产生较强的不平衡交变磁场，对附近的通信线路、电子设备等产生干扰，影响其正常运行，甚至使之发生误动作。

由此可见，短路的后果是十分严重的，因此必须尽力设法消除可能引起短路的一切因素；同时需要进行短路电流的计算，以便正确地选择电气设备，使设备有足够的动稳定性和热稳定性，以保证在发生可能有的最大短路电流时不致损坏。为了选择切除短路故障的开关

电器、整定短路保护的继电保护装置和选择限制短路电流的元件如电抗器等，也必须计算短路电流。

3. 短路的形式

在三相系统中，可能发生三相短路、两相短路、单相短路和两相接地短路。三相短路，用文字符号 $k^{(3)}$ 表示，如图 4-1（a）所示。两相短路，用 $k^{(2)}$ 表示，如图 4-1（b）所示。单相短路，用 $k^{(1)}$ 表示，如图 3-1（c）和（d）所示。两相接地短路，一般用 $k^{(1.1)}$ 表示，如图 4-1（e）和（f）所示，不过它实质上是两相短路，因此也可用 $k^{(2)}$ 表示。

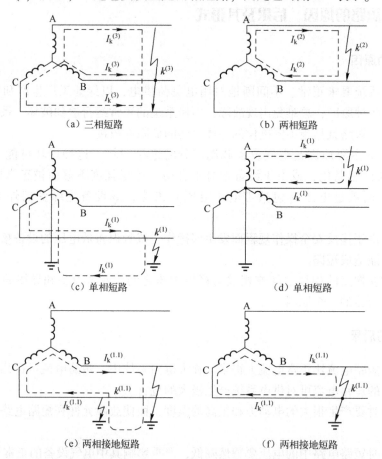

图 4-1　短路的形式（虚线表示短路电流路径）

上述的三相短路，属于对称性短路，其他形式短路，属于不对称短路。

电力系统中，发生单相短路的几率最大，而发生三相短路的可能性最小，但是三相短路造成的危害一般来说最为严重。为了使电气设备在最严重的短路状态下也能可靠地工作，因此在作为选择和校验电气设备用的短路计算中，常以三相短路计算为主。实际上，不对称短路也可以按对称分量法将其物理量分解为对称的正序、负序和零序分量，然后按对称分量法来研究。所以对称的三相短路分析也是分析研究不对称短路的基础。

4.1.2　无限大容量电力系统中三相短路的物理量

无限大容量电力系统是指其供电容量相对于用户供电系统的用电容量大得多的电力系统。当用户供电系统的负荷变动甚至发生短路时，电力系统变电所馈电母线上的电压能基本维持不变。如果电力系统的电源距离短路计算点较远，电源总阻抗不超过短路电路总阻抗的 $5\% \sim 10\%$，或者电力系统容量大于用户供电系统容量 50 倍，可将电力系统视为无限大容量系统。

图 4-2 是无限大容量系统中发生三相短路时的电压、电流曲线变化图，图中 u 是供电线路上的电压，i 是正常状态下电路流过的电流、i_k 是线路发生短路后的短路电流，i_p 为短路电流周期分量、i_{np} 为短路电流非周期分量。从图 4-2 可以看出，短路电流 i_k 实际上是短路电流周期分量 i_p 与短路电流非周期分量 i_{np} 的叠加。

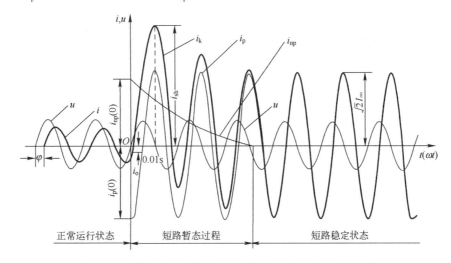

图 4-2　无限大容量系统发生三相短路时的电压、电流曲线

从物理概念上讲，短路电流周期分量 i_p 是由于短路后电路阻抗突然减小很多倍，因此按欧姆定律规则会突然增大很多倍的电流；当电压不变时，此电流幅值也不变。而短路电流非周期分量 i_{np}，则是由于短路电路含有电感（或感抗），电路电流不可能突变，因此按楞次定律感生的用以维持短路初瞬间（$t=0$ 时）电路电流不致突变的一个反向衰减性电流。衰减完毕以后（一般经 $t\approx0.2\,\mathrm{s}$），短路电流 i_k 达到稳定状态。

与短路有关的物理量介绍如下。

1. 短路电流周期分量

假设在电压 $u=0$ 时发生三相短路，如图 4-2 所示。短路电流周期分量为

$$i_p = I_{km}\sin(\omega t - \varphi_k) \tag{4-1}$$

由于短路电路的电抗一般远大于电阻，即 $X_\Sigma \gg R_\Sigma$，$\varphi_k = \arctan(X_\Sigma/R_T) \approx 90°$，$I_{km} = \sqrt{2}\,I''$
式中 I'' 为短路次暂态电流有效值，它是短路后第一个周期性短路电流分量 i_p 的有效值。

在无限大容量系统中，由于系统馈电母线上的电压维持不变，所以其短路电流周期分量

的有效值（习惯上用 I_k 表示）在短路的全过程中也维持不变，即 $I''=I_\infty=I_k$（I_∞ 为短路电流非周期分量衰减完毕以后的稳态短路电流有效值）。

2. 短路电流非周期分量

短路电流非周期分量 i_{np}，是用以维持短路初瞬间的电流不致突变而由电感上的自感电动势所产生的一个反向电流，如图 4-2 所示。短路电流非周期分量

$$i_{np} \approx I_{km} e^{-\frac{t}{\tau}} = \sqrt{2} I'' e^{-\frac{t}{\tau}} \tag{4-2}$$

式中　τ——短路电路的时间常数，实际上它就是 i_{np} 由最大值按指数函数衰减到最大值的 $1/e=0.3679$ 倍时所需的时间。

3. 短路全电流

短路全电流为短路电流周期分量与非周期分量之和，即

$$i_k = i_p + i_{np} \tag{4-3}$$

某一瞬时 t 的短路全电流有效值 $I_{k(t)}$，是以时间 t 为中点的一个周期内 i_p 的有效值与 i_{np} 在 t 的瞬时值 $i_{np(t)}$ 的方均根值，即

$$I_{k(t)} = \sqrt{I_{p(t)}^2 + i_{np(t)}^2} \tag{4-4}$$

4. 短路冲击电流

短路冲击电流为短路全电流中的最大瞬时值。由图 4-2 所示短路全电流 i_k 的曲线可以看出，短路后经过半个周期（即 0.01 s），i_k 达到最大值，此时的短路电流就是短路冲击电流 i_{sh}。

短路冲击电流按式（4-5）计算：

$$i_{sh} \approx K_{sh} \sqrt{2} I'' \tag{4-5}$$

式中　K_{sh}——短路电流冲击系数。

在高压电路发生三相短路时，一般可取 $K_{sh}=1.8$，因此

$$i_{sh}^{(3)} = 2.55 I''^{(3)} \tag{4-6}$$

$$I_{sh}^{(3)} = 1.51 I''^{(3)} \tag{4-7}$$

在 1000 kVA 及以下的电力变压器二次侧及低压电路中发生三相短路时，可取 $K_{sh}=1.3$，因此

$$i_{sh}^{(3)} = 1.84 I''^{(3)} \tag{4-8}$$

$$I_{sh}^{(3)} = 1.09 I''^{(3)} \tag{4-9}$$

5. 短路稳态电流

短路稳态电流是短路电流非周期分量衰减完毕以后的短路全电流，其有效值用 I_∞ 表示。

为了表明短路的类别，凡是三相短路电流，可在相应的三相短路电流符号右上角加注（3），如三相短路稳态电流写作 $I_\infty^{(3)}$。同样地，两相或单相短路电流，则在相应的短路电流符号右上角加注（2）或（1），而两相接地短路电流，则在其符号右上角加注（1.1）。在不致引起混淆时，三相短路电流各量可不加注（3）。

❓**问题引入**　系统在正常运行状态下的负荷计算讲的是对电路中的有关电流、功率、功率因数等方面的问题进行计算。而系统在短路状态下，由于线路的电阻极小，瞬间会产生极大的短路冲击电流，从而产生强烈的高温和极大的电动冲击力，那么短路电流该如何计算呢？高温与电动冲击力对电路中的设备会产生哪些影响？

4.2　无限大容量电力系统中三相短路电流的计算

进行短路电流计算，首先要绘出计算电路图，在计算电路图上，将短路计算所需考虑的各元件的额定参数都表示出来，并将各元件依次编号，然后确定短路计算点。短路计算点要选择得使需要进行短路校验的电气元件有最大可能的短路电流通过。

接着，按所选择的短路计算点绘出等效电路图，并计算短路电路中各主要元件的阻抗。在等效电路图上，只要将被计算的短路电流所流经的一些主要元件表示出来，并标明其序号和阻抗值，一般是分子标序号，分母标阻抗值（既有电阻又有电抗时，用复数式 $R+jX$ 来表示）。然后将等效电路化简。对于一般工厂供电系统来说，大多只要采用阻抗串并联的方法即可将电路化简，求出短路电路的总阻抗。最后计算短路电流和短路容量。

短路电流计算的方法，常用的有欧姆法（又称有名单位制法）和标幺制法（又称相对单位制法）。

短路计算中有关物理量在工程中常用的单位如下：电流单位为"千安"（kA），电压单位为"千伏"（kV），短路容量和断路容量单位为"兆伏安"（MVA），设备容量单位为"千瓦"（kW）或"千伏安"（kVA），阻抗单位为"欧姆"（Ω）等。本书计算公式中各物理量单位，除个别经验公式或简化公式外，一律采用国际单位制（SI 制）的单位，如"安"（A）、"伏"（V）、"瓦"（W）、"伏安"（VA）、"欧"（Ω）等。因此后面导出的各个公式一般不标注物理量的单位。如果采用工程中常用的单位来计算，则须注意所用公式中各物理量的换算系数。

采用标幺制法进行三相短路计算的方法如下。

1. 标幺制的概念

在电路计算中，一般比较熟悉的是有名单位。在电力系统计算短路电流时，如计算低压系统的短路电流，常采用有名单位制，但计算高压系统的短路电流，由于有多个电压等级，存在着阻抗换算问题，为使计算简化，常采用标幺制。

标幺制中各元件的物理量不用有名单位值，而用相对值来表示。相对值（A_d^*）就是实际有名值（A）与选定的基准值（A_d）的比值，即

$$A_d^* = \frac{A}{A_d} \tag{4-10}$$

从式（4-10）看出，标幺值是没有单位的。另外，采用标幺制法计算时必须先选定基准值。

按标幺制法进行短路计算时，一般先选定基准容量 S_d 和基准电压 U_d。

基准容量，工程设计中通常取 $S_d = 100\,\text{MVA}$。

基准电压，通常取元件所在处的短路计算电压，即取 $U_d = U_c$（U_c 为短路点线路的额定电压）。

确定了基准容量 S_d 和基准电压 U_d 以后，根据三相交流电路的基本关系，基准电流 I_d 就可按式（4-11）计算：

$$I_d = \frac{S_d}{\sqrt{3}\,U_d} \tag{4-11}$$

基准电抗则按式（4-12）计算：

$$X_d = \frac{U_d}{\sqrt{3}\,I_d} = \frac{U_c^2}{S_d} \tag{4-12}$$

据此，可以直接写出以下标幺值表示式

容量标幺值 $\qquad\qquad\qquad\qquad S^* = S/S_d \tag{4-13}$

电压标幺值 $\qquad\qquad\qquad\qquad U^* = U/U_d \tag{4-14}$

电流标幺值 $\qquad\qquad\qquad I^* = I/I_d = \sqrt{3}\,\pi I_d/S_d \tag{4-15}$

电抗标幺值 $\qquad\qquad\qquad X^* = X/X_d = \sqrt{3}\,S_d/U_d^2 \tag{4-16}$

2. 标幺制法计算的优点

（1）在三相电路中，标幺值相量等于线量。

（2）三相功率和单相功率的标幺值相同。

（3）当电网的电源电压为额定值时（$U^* = 1$），功率标幺值与电流标幺值相等，且等于电抗标幺值的倒数。

（4）两个标幺值相加或相乘，仍得同一基准下的标幺值。

由于以上优点，用标幺制法计算短路电流可使计算简便，且结果明显，便于迅速及时地判断计算结果的正确性。

下面分别讲述供电系统中各主要元件的电抗标幺值的计算（取 $S_d = 100\,\text{MVA}$，$U_d = U_c$）。

（1）电力系统的电抗标幺值

$$X_S^* = \frac{X_S}{X_d} = \frac{U_c^2}{S_{oc}} \div \frac{U_c^2}{S_d} = \frac{S_d}{S_{oc}} \tag{4-17}$$

（2）电力变压器的电抗标幺值

$$X_T^* = \frac{X_T}{X_d} = \frac{U_k\% U_c^2}{100 S_N} \div \frac{U_c^2}{S_d} = \frac{U_k\% S_d}{100 S_N} \tag{4-18}$$

（3）电力线路的电抗标幺值

$$X_{WL}^* = \frac{X_{WL}}{X_d} = X_0 l \div \frac{U_c^2}{S_d} = X_0 l \frac{S_d}{U_c^2} \tag{4-19}$$

由于标幺制法一般只用于高压系统的短路计算，而高压系统中 $X_\Sigma \gg R_\Sigma$，因此通常只计算电抗标幺值。

求出短路电路中各主要元件的电抗标幺值以后，即可利用其等效电路图进行电路化简，计算其总电抗标幺值 X_Σ^*。由于各元件电抗均采用标幺值，与短路计算点的电压无关，因此无须进行电压换算，这也是标幺制法较之欧姆法优越之处。也由于标幺值具有相对值的特性，与短路计算点的电压无关，因此工程上通用的短路计算图表往往都按标幺值编制。

无限大容量系统三相短路电流周期分量有效值的标幺值按式（4-20）计算：

$$I_k^{(3)*} = \frac{I_k^{(3)}}{I_d} = \frac{U_c}{\sqrt{3} X_\Sigma} \div \frac{S_d}{\sqrt{3} U_c} = \frac{U_c^2}{S_d X_\Sigma} = \frac{1}{X_\Sigma^*} \tag{4-20}$$

由此可求得三相短路电流周期分量有效值为

$$I_k^{(3)} = I_k^{(3)*} I_d = \frac{I_d}{X_\Sigma^*} \tag{4-21}$$

求得 $I_k^{(3)}$ 后即可利用前面的公式求出 $I''^{(3)}$、$I_\infty^{(3)}$、$i_{sh}^{(3)}$、和 $I_{sh}^{(3)}$ 等。

三相短路容量的计算公式为

$$S_k^{(3)} = \sqrt{3} U_c I_k^{(3)} = \sqrt{3} U_c \frac{I_d}{X_\Sigma^*} = \frac{S_d}{X_\Sigma^*} \tag{4-22}$$

3. 标幺制法短路计算的步骤

按标幺制法进行短路电流计算的步骤如下。

（1）绘出短路的计算电路图，并根据短路计算目的确定短路计算点，如图 4-3 所示。

（2）确定基准值，取 $S_d = 100\,\text{MVA}$，$U_d = U_c$（有几个电压级就取几个 U_d），并求出所有短路计算点电压下的 I_d。

（3）计算短路电路中所有主要元件的电抗标幺值。

（4）绘出短路电路的等效电路图，也用分子标元件序号，分母标元件的电抗标幺值，并在等效电路图上标出所有短路计算点，如图 4-4 所示。

（5）针对各短路计算点分别简化电路，并求其总电抗标幺值，然后按有关公式计算其所有短路电流和短路容量。

【**实例 4-1**】 某供电系统如图 4-3 所示。已知电力系统出口断路器的断流容量为 500 MVA 试求用户配电所 10 kV 母线上 $k-1$ 点短路和车间变电所低压 380 V 母线上 $k-2$ 点短路的三相短路电流和短路容量。

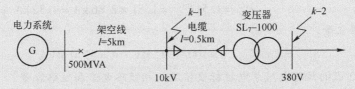

图 4-3　实例 4-1 的短路计算电路图

解：（1）确定基准值。

取 $S_d = 100\,\text{MVA}$，$U_{c1} = 10.5\,\text{kV}$，$U_{c2} = 0.4\,\text{kV}$

而

$$I_{d1} = S_d / \sqrt{3} U_{c1} = 100 / \sqrt{3} \times 10.5\,\text{kA} = 5.50\,\text{kA}$$

$$I_{d2} = S_d / \sqrt{3} U_{c2} = 100 / \sqrt{3} \times 0.4\,\text{kA} = 144\,\text{kA}$$

（2）计算短路电路中各主要元件的电抗标幺值。

① 电力系统（已知 $S_{oc} = 500\,\text{MVA}$）

$$X_1^* = 100/500 = 0.2$$

② 架空线路：查手册得 $X_0 = 0.38\,\Omega/\text{km}$，因此

$$X_2^* = X_0 \cdot l = 0.38 \times 5 \times 100/10.52 = 1.72$$

③ 电缆线路的电抗：查手册得 $X_0 = 0.08\,\Omega/\text{km}$，因此

$$X_3^* = 0.08 \times 0.5 \times 100/10.52 = 0.036$$

④ 电力变压器（由手册得 $U_k\% = 4.5$）

$$X_4^* = \frac{U_k\% S_d}{100 S_N} = 4.5 \times 100 \times 10^3/100 \times 1000 = 4.5$$

然后绘制短路电路的等效电路，如图4-4所示，在图上标出各元件的序号及电抗标幺值。

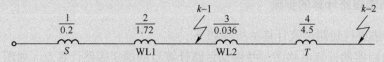

图4-4　实例4-1的等效电路图（标幺制法）

（3）求 $k-1$ 点的短路电路总电抗标幺值及三相短路电流和短路容量。

① 总电抗标幺值：

$$X_{\Sigma(k-1)}^* = X_1^* + X_2^* = 0.2 + 1.72 = 1.92$$

② 三相短路电流周期分量有效值：

$$I_{k-1}^{(3)} = I_{d1}/X_{\Sigma(k-1)}^* = 5.50/1.92 = 2.86\,\text{kA}$$

③ 其他三相短路电流：

$$I''^{(3)} = I_\infty^{(3)} = I_{k-1}^{(3)} = 2.86\,\text{kA}$$

$$i_{sh}^{(3)} = 2.55 I''^{(3)} = 2.55 \times 2.86\,\text{kA} = 7.29\,\text{kA}$$

$$I_{sh}^{(3)} = 1.51 I''^{(3)} = 1.51 \times 2.86\,\text{kA} = 4.32\,\text{kA}$$

④ 三相短路容量：

$$S_{k-1}^{(3)} = S_d/X_{\Sigma(k-1)}^* = 100/1.92\,\text{MV}\cdot\text{A} = 52.0\,\text{MVA}$$

（4）求 $k-2$ 点的短路电路总电抗标幺值及三相短路电流和短路容量。

① 总电抗标幺值：

$$X_{\Sigma(k-2)}^* = X_1^* + X_2^* + X_3^* + X_4^* = 0.2 + 1.72 + 0.036 + 4.5 = 6.456$$

② 三相短路电流周期分量有效值：

$$I_{k-2}^{(3)} = I_{d2}/X_{\Sigma(k-2)}^* = 144/6.456\,\text{kA} = 22.3\,\text{kA}$$

③ 其他三相短路电流：

$$I''^{(3)} = I_\infty^{(3)} = I_{k-2}^{(3)} = 22.3\,\text{kA}$$

$$i_{sh}^{(3)} = 1.84 I''^{(3)} = 1.84 \times 22.3\,\text{kA} = 41.0\,\text{kA}$$

$$I_{sh}^{(3)} = 1.09 I''^{(3)} = 1.09 \times 22.3\ \mathrm{kA} = 24.3\ \mathrm{kA}$$

④ 三相短路容量：

$$S_{k-2}^{(3)} = S_d / X_{\Sigma(k-2)}^* = 100 / 6.456\ \mathrm{MV \cdot A} = 15.5\ \mathrm{MVA}$$

在工程设计说明书中，往往只列短路计算表，见表4-1。

表4-1 短路计算表

短路计算点	三相短路电流/kA					三相短路容量/MVA
	$I_k^{(3)}$	$I''^{(3)}$	$I_\infty^{(3)}$	$i_{sh}^{(3)}$	$I_{sh}^{(3)}$	$S_k^{(3)}$
$k-1$ 点	2.86	2.86	2.86	7.29	4.32	52.0
$k-2$ 点	22.3	2.3	22.3	41.0	24.3	15.5

❓**问题引入** 上一节介绍的是无限大容量电力系统中三相短路电流的计算，那么在无限大容量电力系统中只出现两相短路或单相短路，那又该如何计算呢？

4.3 无限大容量电力系统中两相和单相短路电流的计算

4.3.1 两相短路电流的计算

在无限大容量系统中发生两相短路时（图4-5），其短路电流周期分量有效值可按式（4-23）

计算： $$I_k^{(2)} = \frac{U_c}{2|Z_\Sigma|} \tag{4-23}$$

式中 U_c——短路计算电压（线电压），比短路点线路额定电压高5%。

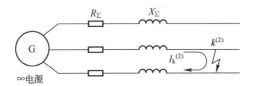

图4-5 无限大容量系统中发生两相短路

如果只计电抗，则短路电流为

$$I_k^{(2)} = \frac{U_c}{2 X_\Sigma} \tag{4-24}$$

其他两相短路电流 $I''^{(2)}$、$I_\infty^{(2)}$、$i_{sh}^{(2)}$ 和 $I_{sh}^{(2)}$ 等，都可按前面三相短路的对应公式计算。

$$\frac{I_k^{(2)}}{I_k^{(3)}} = \frac{\sqrt{3}}{2} = 0.866$$

关于两相短路电流与三相短路电流的关系，可由 $I_k^{(2)} = U_c / 2|Z_\Sigma|$ 和 $I_k^{(3)} = U_c / \sqrt{3}|Z_\Sigma|$ 求得，

因此 $$I_k^{(2)} = \frac{\sqrt{3}}{2} I_k^{(3)} = 0.866 I_k^{(3)} \tag{4-25}$$

上式说明，无限大容量系统中，同一地点的两相短路电流为其三相短路电流的 0.866 倍。因此无限大容量系统中的两相短路电流，可在求出三相短路电流后利用式（4-25）直接求得。

4.3.2 单相短路电流的计算

在大接地电流系统或三相四线制系统中发生单相短路时［见图 4-1（c）、（d）］，根据对称分量法可求得其单相短路电流为

$$\dot{I}_k^{(1)} = \frac{3\,\dot{U}_\varphi}{Z_{1\Sigma} + Z_{2\Sigma} + Z_{0\Sigma}} \tag{4-26}$$

式中　U_φ——电源相电压；

$Z_{1\Sigma}$、$Z_{2\Sigma}$、$Z_{3\Sigma}$——单相短路回路的正序、负序和零序阻抗。

在工程设计中，常利用式（4-27）计算单相短路电流：

$$I_k^{(1)} = \frac{U_\varphi}{|Z_{\varphi-0}|} \tag{4-27}$$

式中　U_φ——电源相电压；

$|Z_{\varphi-0}|$——单相短路回路的阻抗［模］，可查有关手册或按式（4-28）计算：

$$|Z_{\varphi-0}| = \sqrt{(R_T + R_{\varphi-0})^2 + (X_T + X_{\varphi-0})^2} \tag{4-24}$$

式中　R_T、X_T——变压器单相等效电阻和电抗；

$R_{\varphi-0}$、$X_{\varphi-0}$——相线与 N 线（或 PE 线、PEN 线）的短路回路电阻和电抗，包括短路回路中低压断路器过电流线圈的阻抗、电流互感器一次线圈的阻抗和各开关触头的接触电阻等，可查有关手册或表 A-5 ～表 A-7。

单相短路电流与三相短路电流的关系如下。

在远离发电机的用户变电所低压侧发生单相短路时，$Z_{1\Sigma} \approx Z_{2\Sigma}$，因此由式（4-26）得单相短路电流

$$\dot{I}_k^{(1)} = \frac{3\,\dot{U}_\varphi}{2Z_{1\Sigma} + Z_{0\Sigma}} \tag{4-29}$$

而三相短路时，三相短路电流为

$$\dot{I}_k^{(3)} = \frac{\dot{U}_\varphi}{Z_{1\Sigma}} \tag{4-30}$$

因此

$$\frac{\dot{I}_k^{(1)}}{\dot{I}_k^{(3)}} = \frac{3}{2 + \dfrac{Z_{0\Sigma}}{Z_{2\Sigma}}} \tag{4-31}$$

由于远离发电机发生短路时，$Z_{0\Sigma} > Z_{1\Sigma}$，因此

$$I_k^{(1)} < I_k^{(3)} \tag{4-32}$$

由式（4-25）和式（4-32）可知，在无限大容量系统中或远离发电机处发生短路时，两相短路电流和单相短路电流都比三相短路电流小，因此用于选择电气设备和导体的短路动、热稳定度校验的短路电流，应采用三相短路电流。而两相短路电流主要用于相间短路保

护的灵敏度校验，单相短路电流主要用于单相短路保护的整定和单相热稳定度的校验。

> **❓问题引入**　系统在短路时，瞬间会产生极大的短路冲击电流，伴随着强烈的高温与冲击力，对设备造成危害。尽管保护装置会动作、切断线路，且设备有承受瞬间冲击电流的能力，但瞬间的冲击波可能会使设备损坏。因此，系统中的所有设备必须能承受瞬间的高温与电动冲击力，即系统中的设备须进行动稳定度和热稳定度的校验。

4.4　短路电流的效应和稳定度校验

通过上述短路计算可知，电力系统发生短路故障时，短路电流是相当大的，如此大的短路电流通过电器和导体，一方面要产生很大的电动力，即电动效应；另一方面要产生很高的温度，即热效应。这两种短路效应，对电器和导体的安全运行威胁极大，必须给予充分重视。

4.4.1　短路电流的电动效应和动稳定度校验

供电系统短路时，短路电流特别是短路冲击电流将使相邻导体之间产生很大的电动力，可使电器和载流导体遭受严重的机械性破坏。为此，要使电路元件能承受短路时最大电动力的作用，电路元件必须具有足够的电动稳定度。

1. 短路时的最大电动力

由电工原理可知，处在空气中的两平行导体分别通以电流 i_1、i_2（单位为 A）时，两导体间产生的电磁互作用力即电动力（单位为 N）为

$$F = \mu_0 i_1 i_2 \frac{1}{2\pi a} = 2 i_1 i_2 \frac{l}{a} \times 10^{-7} \tag{4-33}$$

式中　l——两导体的轴线间距离；

　　　a——导体的两相邻支持点距离，即档距；

　　　μ_0——真空和空气的磁导率，$\mu_0 = 4\pi \times 10^{-7} \text{N/A}^2$。

如果三相线路中发生两相短路，则两相短路冲击电流 $i_{sh}^{(2)}$ 通过两相导体时产生的电动力最大，其值为

$$F^{(2)} = 2 i_{sh}^{(2)2} \frac{l}{a} \times 10^{-7} \text{N} \tag{4-34}$$

如果三相线路中发生三相短路，则三相短路冲击电流 $i_{sh}^{(3)}$ 在中间相（水平放置或垂直放置，如图 4-6 所示）产生的电动力最大，其值为

$$F^{(3)} = \sqrt{3} i_{sh}^{(3)2} \frac{l}{a} \times 10^{-7} \text{N} \tag{4-35}$$

由于三相短路冲击电流与两相短路冲击电流的关系为 $i_{sh}^{(3)}/i_{sh}^{(2)} = 2/\sqrt{3}$，因此三相短路与两相短路产生的最大电动力之比为

$$\frac{F^{(3)}}{F^{(2)}} = \frac{2}{\sqrt{3}} = 1.15 \tag{4-36}$$

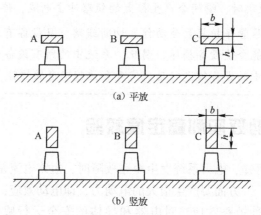

(a) 平放

(b) 竖放

图 4-6　水平放置的母线

由此可见，三相线路发生三相短路时中间相导体所受电动力比两相短路时导体所受的电动力大，因此校验电器和载流导体的动稳定度，一般应选用三相短路冲击电流 $i_{sh}^{(3)}$ 或其有效值 $I_{sh}^{(3)}$。

2. 短路动稳定度的校验条件

电器和导体的动稳定度校验，依校验对象的不同而采用不同的校验条件。

1）一般电器的动稳定度校验条件

满足动稳定度的校验条件为

$$i_{max} \geqslant i_{sh}^{(3)} \tag{4-37}$$

$$I_{max} \geqslant I_{sh}^{(3)} \tag{4-38}$$

式中　i_{max}——电器的极限通过电流（或称动稳定电流）峰值；

　　　I_{max}——电器的极限通过电流（动稳定电流）有效值。

以上 i_{max} 和 I_{max} 可由有关手册或产品样本查得。表 A-12 列出了部分高压断路器的主要技术数据，供参考。

2）绝缘子的动稳定度校验条件

满足动稳定度的校验条件为

$$F_{al} \geqslant F_{c}^{(3)} \tag{4-39}$$

式中　F_{al}——绝缘子的最大允许负荷，可由有关手册或产品样本查得，如果手册或产品样本给出的是绝缘子的抗弯破坏负荷值，则可将其抗弯破坏负荷值乘以 0.6 作为 F_{al}；

　　　$F_{c}^{(3)}$——三相短路时作用于绝缘子上的计算力，如果母线在绝缘子上为平放 [图 4-6 (a)]，按式（4-35）计算，即 $F_{c}^{(3)} = F^{(3)}$，如果母线为竖放 [图 4-6 (b)]，则 $F_{c}^{(3)} = 1.4 F^{(3)}$。

3）硬母线的动稳定度校验条件

满足动稳定度的校验条件为

$$\sigma_{al} \geqslant \sigma_c \tag{4-40}$$

式中　σ_{al}——母线材料的最大允许应力（MPa），硬铜母线（TMY）的 $\sigma_{al}=170\,MPa$，硬铝
　　　　　　母线（LMY）的 $\sigma_{al}=70\,MPa$；

　　　　σ_c——母线通过 $i_{sh}^{(3)}$ 时所受到的最大计算应力。

上述最大计算应力按式（4-41）计算：

$$\sigma_c = \frac{M}{W} \tag{4-41}$$

式中　M——母线通过 $i_{sh}^{(3)}$ 时所受到的弯曲力矩：当档数为 $1\sim2$ 时 $M=F^{(3)}l/8$；当档数大于
　　　　　　2 时，$M=F^{(3)}l/10$；这里 $F^{(3)}$ 按式（4-35）计算，l 为母线的档距；

　　　　W——母线的截面系数：当母线水平放置时（图4-6），$W=b^2h/6$，此处 b 为母线的水
　　　　　　平宽度，h 为母线截面的垂直高度。电缆的机械强度很好，无须校验其短路动稳
　　　　　　定度。

4.4.2　短路点附近交流电动机的反馈电流影响

当单台容量或总容量在 $100\,kW$ 以上正在运行的电动机端部发生三相短路时，由于电动机端电压骤降，致使电动机因定子电动势反高于外施电压而向短路点反馈电流，从而使短路计算点的短路电流增大。由于其反电动势作用时间较短，所以电动机反馈电流仅对短路电流冲击值有影响。电动机反馈的最大短路电流瞬时值（即电动机反馈冲击电流）可按式（4-42）计算：

$$i_{sh.M} = \sqrt{2}\frac{E_M''^*}{X_M''^*}K_{sh.M}I_{N.M} = CK_{sh.M}I_{N.M} \tag{4-42}$$

式中　$E_M''^*$——电动机次暂态电动势标幺值；

　　　　$X_M''^*$——电动机次暂态电抗标幺值；

　　　　$K_{sh.M}$——电动机短路电流冲击系数（对高压电动机一般取 $1.4\sim1.7$，对低压电动机
　　　　　　一般取1）；

　　　　$I_{N.M}$——电动机的额定电流。

通常式（4-42）可简化为

$$i_{sh.M} = CK_{sh.M}I_{N.M} \tag{4-43}$$

式中　C——电动机反馈冲击系数（感应电动机取 6.5，同步电动机 7.8，同步补偿电动机
　　　　　　取 10.6，综合性负荷取 3.2）。

考虑了大容量电动机反馈电流后短路点总短路冲击电流值 $i_{sh\Sigma}$ 可按式（4-44）计算：

$$i_{sh\Sigma} = i_{sh} + i_{sh.M} \tag{4-44}$$

式中　i_{sh}——短路冲击电流值。

【实例4-2】　设工厂变电所 $380\,V$ 侧母线上接有 $380\,V$ 感应电动机组 $300\,kW$，平均 $\cos\varphi=0.7$，效率 $\eta=0.75$。该母线采用 $LMY-100\times10$ 的硬铝母线，水平放，档距为 $900\,mm$，档数大于2，相邻两相母线的轴线距离为 $160\,mm$。若母线的三相短路冲击电流为 $45.8\,kA$，试求该母线三相短路时所受的最大电动力，并校验其动稳定度。

　　解：（1）计算电动机的反馈冲击电流。

因　　　　　　　　　　　　　　　　　$C=6.5,\quad K_{sh.M}=1$

则
$$i_{sh.M} = CK_{sh.M}I_{N.M} = 6.5 \times 1 \times 300/(\sqrt{3} \times 380 \times 0.7 \times 0.75) \text{kA} = 5.6 \text{kA}$$

（2）计算母线短路时的最大电动力。

考虑电动机反馈冲击电流后，母线总短路冲击电流为
$$i_{sh\Sigma} = i_{sh} + i_{sh.M} = (45.8 + 5.6) \text{kA} = 51.2 \text{kA}$$

母线在三相短路时的最大电动力为
$$F^{(3)} = \sqrt{3}\, i_{sh.M}^2\, \frac{l}{a} \times 10^{-7} \text{N} = \sqrt{3} \times 51.2^2 \times \frac{0.9}{0.16} \times 10^{-7} \text{N} = 2553.9 \text{N}$$

（3）校验母线短路时的动稳定度。

母线在 $F^{(3)}$ 作用时的弯曲力矩为
$$M = F^{(3)}l/10 = 2553.9 \times 0.9/10 \text{N} \cdot \text{m} = 229.9 \text{N} \cdot \text{m}$$

母线的截面系数为
$$W = b^2 h/6 = 0.1^2 \times 0.01/6 = 1.67 \times 10^{-5} \text{m}^3$$

故母线短路时所受到的计算应力为
$$\sigma_c = \frac{M}{W} = \frac{229.9}{1.67 \times 10^{-5}} \text{Pa} = 13.8 \times 10^6 \text{Pa} = 13.8 \text{MPa}$$

而铝母线的最大允许应力
$$\sigma_{al} = 70 \text{MPa} > \sigma_c$$

所以该母线满足动稳定要求。

4.4.3 短路电流的热效应和热稳定度校验

1. 短路电流的热效应

导体通过正常负荷电流时，由于导体具有电阻，因此要产生电能损耗。这种电能损耗转换为热能，一方面使导体温度升高，另一方面向周围介质散热。当导体内产生的热量与导体向周围介质散失的热量相等时，导体就维持在一定的温度值。

在线路发生短路时，极大的短路电流将使导体温度迅速升高。由于短路后线路的保护装置很快动作，切除短路故障，所以短路电流通过导体的时间不会很长，一般不超过 $2 \sim 3 \text{s}$。因此在短路过程中，可不考虑导体向周围介质的散热，即近似地认为导体在短路时间内是与周围介质绝热的，短路电流在导体内产生的热量，全部用来使导体温度升高。

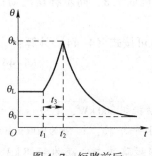

图 4-7 短路前后
导体的温度变化

图 4-7 表示短路前后导体的温度变化情况。导体在正常负荷时的温度为 θ_L。设在 t_1 时发生短路，导体温度按指数规律迅速升高，而在 t_2 时线路的保护装置动作，切除短路故障，这时导体温度已经达到最高值 θ_k。此后由于线路断电，导体不再产生热量，而只按指数规律向周围介质散热，直到导体温度等于周围介质温度 θ_0 为止。

要确定导体短路后达到的最高温度 θ_k，按理应先求出实际短路电流在短路时间 t_k 内产生

的热量 Q_k，但由于实际短路电流是一个幅值变动的电流，用它来计算 Q_k 是相当困难的，因此一般采用一个恒定的短路稳态电流 I_∞ 来等效计算实际短路电流所产生的热量。

假设在某一假想时间 t_{ima} 内导体内通过短路稳态电流 I_∞ 所产生的热量，恰好等于实际短路电流 i_k 或 $I_{k(t)}$ 在实际短路时间 t_k 内在导体内产生的热量 Q，即

$$Q_k = \int_0^{t_k} I_{k(t)}^2 R dt = I_\infty^2 R t_{ima} \qquad (4-45)$$

式中 R——导体的电阻；

t_{ima}——短路发热假想时间，简称热效时间。

短路发热假想时间 t_{ima} 可用式（4-46）近似地计算：

$$t_{ima} = t_k + 0.05\left(\frac{I''}{I_\infty}\right)^2 s \qquad (4-46)$$

在无限大容量系统中发生短路时，由于 $I'' = I_\infty$，因此

$$t_{ima} = t_k + 0.05 \, s \qquad (4-47)$$

当 $t_k > 1 \, s$ 时，可以认为 $t_{ima} = t_k$。

短路时间 t_k，为短路保护装置实际最长的动作时间 t_{op} 与断路器（开关）的断路时间 t_{oc}（含固有分闸时间和灭弧时间）之和，即

$$t_k = t_{op} + t_{oc} \qquad (4-48)$$

对于一般高压断路器（如油断路器），可取 $t_{oc} = 0.2 \, s$；对于高速断路器（如真空断路器、六氟化硫断路器），可取 $t_{oc} = 0.1 \sim 0.15 \, s$。

根据式（4-45）计算出的热量 Q_k，可计算出导体在短路后所达到的最高温度 θ_k，但计算不仅烦琐复杂，而且涉及一些难于准确确定的系数，包括导体的电导率（在短路过程中不是常数），因此工程设计中，一般是利用图 4-8 所示的曲线来确定 θ_k。该曲线的横坐标用导体加热系数 K 表示，纵坐标表示导体温度 θ。

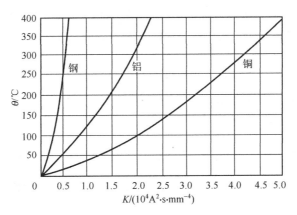

图 4-8 确定导体温度 θ_k 的曲线

2. 短路热稳定度的校验条件

电器和导体的热稳定度校验，也依校验对象的不同而采用不同的校验条件。

1）一般电器的热稳定度校验条件

满足热稳定度的校验条件为

$$I_t^2 t \geq I_\infty^{(3)2} t_{ima} \tag{4-49}$$

式中　I_t——电器的热稳定电流；

　　　t——电器的热稳定试验时间。

I_t 和 t 可查有关手册或产品样本。常用高压断路器的 I_t 和 t 可查表 A-12。

2）母线及绝缘导线和电缆等导体的热稳定度校验条件

满足热稳定度的校验条件为

$$\theta_{k.max} \geq \theta_k \tag{4-50}$$

式中　$\theta_{k.max}$——导体在短路时的最高允许温度，见表 A-11。

如前所述，要确定 θ_k 比较麻烦，因此也可根据短路热稳定度的要求来确定其最小允许截面 $A_{min}(mm^2)$。

$$A_{min} = I_\infty^{(3)} \times \frac{\sqrt{t_{ima}}}{C} \tag{4-51}$$

式中　A_{min}——导体的最小热稳定截面积（mm^2）；

　　　$I_\infty^{(3)}$——三相短路稳态电流（A）；

　　　C——导体的短路热稳定系数（$A\sqrt{s}/mm^2$），可查表 A-11。

导体的热稳定度校验条件转换成导体的截面积校验条件，要求

$$A \geq A_{min} \tag{4-52}$$

【实例 4-3】　已知某车间变电所 380 V 侧采用截面 80 mm × 10 mm 的硬铝母线，其三相短路稳态电流为 36.5 kA，短路保护动作时间为 0.5 s，低压断路器的开断时间为 0.05 s，试校验此母线的热稳定度。

解：查表 A-11 得知：导体的短路热稳定系数 $C = 87$。

因为　　$t_{ima} = t_k + 0.05 = t_{op} + t_{oc} + 0.05 = (0.5 + 0.05 + 0.05)s = 0.6 s$

则母线最小允许截面

$$A_{min} = I_\infty^{(3)} \times \frac{\sqrt{t_{ima}}}{C} = 36500 \times \sqrt{0.6}/87 \, mm^2 = 325 \, mm^2$$

又因为 $A = 80 \, mm × 10 \, mm = 800 \, mm^2 > A_{min}$，所以该母线满足热稳定要求。

❓**问题引入**　电气设备在工作时必须能承受正常的工作电压与工作电流，同时还要能承受短时的短路电流的冲击。因此电气设备需按正常工作条件下选择额定电流、额定电压及型号，按短路情况下校验开关的开断能力、短路热稳定和动稳定。

4.5　高低压电器的选择与校验

4.5.1　电气设备选择的一般原则

按正常工作条件下选择额定电流、额定电压及型号等，按短路情况下校验开关的开断能力、短路热稳定和动稳定。

1. 按正常工作条件选择电气设备

电气设备的额定电压 U_N 不得低于所接电网的最高运行电压 U_{Ns}。

$$U_N \geqslant U_{Ns} \tag{4-53}$$

电气设备的额定电流 I_N 不小于该回路的最大持续工作电流 I_{max} 或计算电流 I_{30}。

$$I_N \geqslant I_{max} \tag{4-54}$$

选择电气设备时还应考虑设备的安装地点、环境及工作条件，合理地选择设备的类型，如户内户外、海拔高度、环境温度及防尘、防腐、防爆等。

2. 按短路情况进行校验

1）短路热稳定校验

当系统发生短路，有短路电流通过电气设备时，导体和电器各部件温度（或热量）不应超过允许值，一般电器的热稳定度校验按公式（4-49）进行校验，母线及绝缘导线和电缆按公式（4-51）进行校验。

2）短路动稳定校验

当短路电流通过电气设备时，短路电流产生的电动力应不超过设备的允许应力，即满足动稳定的条件。一般电器的动稳定度按式（4-37）和式（4-38）校验，绝缘子的动稳定度按式（4-39）校验，硬母线的动稳定度按式（4-40）校验。

3）开关设备断流能力校验

对要求能开断短路电流的开关设备，如断路器、熔断器，其断流容量不小于安装处的最大三相短路容量，即

$$S_{OFF} \geqslant S_{k.\,max} \text{ 或 } I_{OFF} \geqslant I_{k.\,max}^{(3)} \tag{4-55}$$

式中　$I_{k.\,max}^{(3)}$，$S_{k.\,max}$——三相最大短路电流与最大短路容量；

　　　I_{OFF}，S_{OFF}——断路器的开断电流与开断容量。

3. 常用电气设备的选择及校验项目

供配电系统中的各种电气设备由于工作原理和特性不同，选择及校验的项目也有所不同，常用高、低压设备选择校验项目参见表4-2和表4-3。

表 4-2　常用高压设备选择校验项目

设备名称	选择项目				校验项目			
	额定电压（kV）	额定电流（A）	装置类型（户内/户外）	准确度级	短路电流		开断能力（kA）	二次容量
					热稳定	动稳定		
高压断路器	√	√	√		√	√	√	
高压负荷开关	√	√	√		√	√	√	
高压隔离开关	√	√	√		√	√		
高压熔断器	√	√					√	
电流互感器	√	√	√	√	√	√		√
电压互感器	√		√	√				√
母线		√			√	√		
电缆	√	√			√	√		
支柱绝缘子	√		√			√		
穿墙套管	√	√	√		√	√		

表 4-3　常用低压设备选择校验项目

设备名称	额定电压（V）	额定电流（A）	短路电流		开断能力（kA）
			热稳定	动稳定	
低压断路器	√	√	√	√	√
低压负荷开关	√	√	√	√	√
低压刀开关	√	√	√	√	√
低压熔断器	√	√			√

4.5.2　高压开关设备的选择

高压断路器、负荷开关、隔离开关和熔断器的选择条件基本相同，除了按电压、电流、装置类型选择，校验热稳定性、动稳定性外，对高压断路器、负荷开关和熔断器还应校验其开断能力。

1. 高压断路器的选择

1）高压断路器的种类和类型选择

高压断路器应根据设备安装的条件、环境等来选择断路器的类型和种类。常用的断路器类型主要有少油断路器、真空断路器、SF_6 断路器，由于真空断路器、SF_6 断路器技术特性比较好，少油断路器已经逐渐被它们代替。

2）开断电流选择

高压断路器运行时应可以开断短路电流，所以断路器的额定开断电流应不小于短路电流周期分量的有效值，实际计算中一般根据次暂态电流来进行选择，即

$$I_{OFF} \geq I_k \quad 或 \quad S_{OFF} \geq S_k \tag{4-56}$$

式中　I_k，S_k——短路电流与短路容量的次暂态值；

　　　　I_{OFF}，S_{OFF}——断路器的开断电流与开断容量。

3）短路关合电流的选择

为了保证断路器在关合短路时的安全，断路器的额定关合电流需满足：

$$i_{mc} \geq i_{sh} \tag{4-57}$$

式中　i_{mc}——断路器的额定关合电流（kA）。

【实例4-4】　试选择某10 kV高压进线侧断路器的型号规格。已知该进线的计算电流为400 A，10 kV母线的三相短路电流周期分量有效值为6.3 kA，继电保护的动作时间为1.2 s。

解：根据 $U_N = 10$ kV 和 $I_{30} = I_{max} = 400$ A，试选 SN10 – 10I/630 – 300 型高压户内少油断路器，其开断时间 $t_{oc} = 0.2$ s。又按题给 $I_k = 6.3$ kA 及 $t_{op} = 1.2$ s 进行校验，其选择和校验表参见表4-4。

表4-4　实例4-4中高压断路器的选择校验表

序　　号	安装地点的电气条件		SN10 – 10I/630 – 300 型断路器技术参数		
	项　目	数　据	项　目	技术参数	校验结论
1	U_{Ns}	10 kV	U_N	10 kV	合格
2	I_{30}	400 A	I_N	630 A	合格
3	I_k	6.3 kV	I_{OFF}	16 kA	合格
4	$i_{sh}^{(3)}$	2.55×6.3 kA = 16.1 kA	i_{max}	40 kA	合格
5	$I_{\infty}^{(3)2} t_{max}$	$6.3^2 \times (1.2 + 0.2)$ kA = 55.6 kA	$I_t^2 t$	$16^2 \times 4$ kA = 1024 kA	合格

2. 高压隔离开关的选择

高压隔离开关的选择和校验条件参见表4-2。户外隔离开关的形式较多，它与配电装置的布置和占地面积等有很大关系，因此，其形式应根据配电装置的布置特点和使用要求等因素，进行综合技术经济比较后确定。

4.5.3　低压开关电器的选择

1. 低压断路器的选择

1）低压断路器的种类和类型

按用途常分为配电用断路器、电动机保护用断路器、照明用断路器、漏电保护用断路

器；按结构形式分有塑料式和框架式两大类。

2) 低压断路器脱扣电流的整定

(1) 低压断路器过流脱扣器额定电流的选择。

过流脱扣器额定电流应大于或等于线路的计算电流，即

$$I_{N.OR} \geq I_{30} \tag{4-58}$$

式中　　$I_{N.OR}$——过流脱扣器额定电流；

　　　　I_{30}——线路的计算电流。

(2) 瞬时和短延时脱扣器的动作电流的整定。

瞬时和短延时脱扣器的动作电流应躲过线路的尖峰电流，即

$$I_{op.s} \geq K_{rel}I_{pk} \tag{4-59}$$

式中　　I_{ops}——瞬时和短延时脱扣器的动作电流整定值；

　　　　I_{pk}——线路的尖峰电流；

　　　　K_{rel}——可靠系数。

动作时间 $t_{OP} > 0.02\,s$ 万能式断路器取 1.35，动作时间 $t_{OP} < 0.02\,s$ 的塑壳式断路器取 2 ~ 2.25。

(3) 长延时脱扣器的动作电流的整定。

长延时脱扣器的动作电流应大于或等于线路的计算电流

$$I_{op.l} \geq K_{rel}I_{30} \tag{4-60}$$

式中　　$I_{op.l}$——长延时脱扣器的动作电流整定值；

　　　　K_{rel}——可靠系数，取 1.1。

(4) 过电流脱扣器与导线允许电流的配合。

过电流脱扣器的整定电流与导线或电缆的允许电流（修正值）应按式（4-61）配合：

$$I_{op.s} \leq K_{OL}I_{al} \tag{4-61}$$

式中　　I_{al}——导线或电缆的允许载流量；

　　　　K_{OL}——导线或电缆允许短时过负荷系数。瞬时和短延时脱扣器，$K_{OL} = 4.5$；长延时过电流脱扣器，$K_{OL} = 1$；对保护有爆炸气体区域内线路的过电流脱扣器，取 $K_{OL} = 0.8$。

3) 低压断路器断流能力的校验

对于动作时间在 $0.02\,s$ 以上的框架断路器，其极限分断电流应不小于通过它的最大三相短路电流的周期分量有效值，即

$$I_{OFF} \geq I_k^{(3)} \tag{4-62}$$

式中　　I_{OFF}——框架断路器其极限分断电流；

　　　　$I_k^{(3)}$——三相短路电流的周期分量有效值。

对于动作时间在 $0.02\,s$ 以下的塑料式断路器，其极限分断电流应不小于通过它的最大三相短路电流冲击值。

$$I_{OFF} \geq I_{sh} \text{或} i_{OFF} \geq i_{sh} \tag{4-63}$$

式中　　i_{OFF}、I_{OFF}——塑料式断路器极限分断电流峰值、有效值；

i_{sh}、I_{sh}——三相短路电流冲击值、冲击有效值。

4）低压断路器保护灵敏度校验

为保证低压断路器在瞬时和短延时过电流脱扣器在其保护区内发生最轻微的短路故障时可靠地动作，低压断路器保护灵敏度必须满足下列条件：

$$S_p = \frac{I_{k.\,min}}{I_{op}} \geq K \qquad\qquad (4-64)$$

式中　$I_{k.\,min}$——系统在最小运行方式下线路末端发生单相短路时的短路电流；

　　　I_{op}——瞬时和短延时脱扣器的动作电流整定值；

　　　S_p——单相短路时的灵敏度；

　　　K——为最小比值，可取 1.3。

2. 低压刀开关的选择

选择刀开关最重要的一些方面是极数、型号、结构形式和额定电流。

刀开关作为低压电器的一类重要产品，其主要作用有隔离电源保证电路在维修时的安全，分断负载如不频繁的通断小容量的低压电路等。同时刀开关由于结构简单，操作方便，很适合于工作场合，特别是分断和闭合状态明显、易于观察，能确保安全和判断的正确性。

刀开关的分类。从极数上分，主流产品有单极刀开关、双极刀开关和三极刀开关。从型号上分，常用的刀开关有 HD 单投刀开关、HS 双投刀开关、HR 熔断器式刀开关（也称为刀熔开关）、HK 型闸刀开关等。

具体如何选择刀开关，主要考虑以下两个方面。

（1）结构形式。

根据刀开关在线路中起到的作用或在成套配电装置中的安装位置来确定它的结构形式。比如只是用于隔离电源时，则只须选用不带灭弧罩的产品；如用来分断负载时，就应选带灭弧罩的，而且是通过杠杆来操作的产品；如中央手柄式刀开关不能切断负荷电流，其他形式的可切断一定的负荷电流，但必须选带灭弧罩的刀开关。此外，还应根据是正面操作还是侧面操作，是直接操作还是杠杆传动，是板前接线还是板后接线来选择结构形式。

以 HD、HS 系列刀开关为例，说明如下：

● HD11，HS11 主要适用于磁力站，不能切断带有负载的电路，仅作隔离电流之用；
● HD12，HS12 主要用于正面侧方操作前面维修的开关柜中，其中有灭弧装置的刀开关可以切断额定电流以下的负载电路；
● HD13，HS13 主要用于正面操作后面维修的开关柜中，其中有灭弧装置的刀开关可以切断额定电流以下的负载电路；
● HD14 可用于动力配电箱中，其中带有灭弧装置的刀开关可以带负载操作。

（2）额定电流。

刀开关的额定电流，一般应不小于所断电路中的各个负载额定电流的总和。若负载是电动机，就必须考虑电路中可能出现的最大短路峰值电流是否在该额定电流等级所对应的电动稳定性峰值电流以下。所谓电动稳定性峰值电流是指当发生短路事故时，如果刀开关能通以

某一最大短路电流，并不因其所产生的巨大电动力的作用而发生变形、损坏或触刀自动弹出的现象，则这一短路峰值电流就是刀开关的电动稳定性峰值电流。如有超过，就应该选择额定电流更大一级的刀开关。

4.5.4 熔断器的选择

1. 熔断器额定电压选择

对于一般的高低压熔断器，其额定电压必须大于或等于电网的额定电压。对于充填石英砂具有限流作用的熔断器，则只能用在等于其额定电压的电网中，因为这种类型的熔断器能在电流达到最大值之前就将电流截断，致使熔断器熔断时产生过电压。

2. 熔断器的选择

（1）根据工作环境条件要求选择熔断器的型号。

（2）熔断器额定电压应不低于保护线路的额定电压。

（3）熔断器的额定电流应不小于其熔体的额定电流，即

$$I_{N.FU} \geq I_{N.FE} \tag{4-65}$$

式中　$I_{N.FU}$——熔断器额定电流（A）；

　　　$I_{N.FE}$——熔体额定电流（A）。

3. 熔体额定电流的选择

（1）熔断器熔体额定电流 $I_{N.FE}$ 应不小于线路的计算电流 I_{30}，即

$$I_{N.FE} \geq I_{30} \tag{4-66}$$

（2）熔体额定电流应满足下式条件：

$$I_{N.FE} \geq kI_{PK} \tag{4-67}$$

式中　k——小于1的计算系数，当熔断器用作单台电动机保护时，k 的取值与熔断器特性及电动机启动情况有关，k 的取值：①供单台电动机的线路，启动时间 $t_{st} < 3\,s$（轻启），取 $k = 0.25 \sim 0.35$；$t_{st} = 3 \sim 8\,s$（重启），$k = 0.35 \sim 0.5$；$t_{st} > 8\,s$ 或频繁启动或反接制动 $k = 0.5 \sim 0.6$。②供多台电动机的线路，视 I_{30}/I_{pk} 的情况而定，如果 $I_{30}/I_{pk} \sim 1$，则 $k = 1$。

（3）熔断器保护还应考虑与被保护线路配合，在被保护线路过负荷或短路时能得到可靠的保护，还应满足下式条件：

$$I_{N.FE} \leq K_{oL}I_{al} \tag{4-68}$$

式中　I_{al}——为绝缘导线和电缆最大允许载流量；

　　　K_{oL}——绝缘导线和电缆允许短时过负荷系数。

当熔断器做短路保护时，绝缘导线和电缆的过负荷系数取 2.5，明敷导线取 1.5；当熔断器做过负荷保护时，各类导线的过负荷系数取 0.8 ～ 1，对有爆炸危险场所的导线过负荷系数取下限值 0.8。

熔体额定电流，应同时满足上述三个条件。

4. 熔断器极限熔断电流或极限熔断容量的校验

（1）对有限流作用的熔断器，由于它们会在短路电流到达冲击值之前熔断，因此可按式（4-69）校验断流能力：

$$I_{\text{OFF}} \geq I'' \quad 或 \quad S_{\text{OFF}} \geq S'' \tag{4-69}$$

式中　I_{OFF}、S_{OFF}——熔断器极限熔断电流和容量；

$\quad\quad I''$、S''——熔断器安装处三相短路电流次暂态有效值和短路容量。

（2）对无限流作用的熔断器，由于它们会在短路电流到达冲击值之后时熔断，因此可按式（4-70）校验断流能力：

$$I_{\text{OFF}} \geq I_{\text{sh}} 或 S_{\text{OFF}} \geq S_{\text{sh}} \tag{4-70}$$

式中　I_{sh}、S_{sh}——熔断器安装处三相短路冲击电流有效值和短路容量。

（3）对有断流容量上、下限值的熔断器，其断流容量的上限值按式（4-70）进行校验；其断流容量的下限值，在小电流接地系统中按式（4-71）校验。

$$I_{\text{OFF.min}} \leq I_{\text{k.min}}^{(2)} 或 S_{\text{OFF.min}} \leq S_{\text{k.min}} \tag{4-71}$$

式中　$I_{\text{OFF.min}}$、$S_{\text{OFF.min}}$——熔断器的断流电流和容量的下限值；

$\quad\quad I_{\text{k.min}}^{(2)}$、$S_{\text{k.min}}$——最小运行方式下熔断器所保护线路末端两相短路电流的有效值和容量。

5. 熔断器保护灵敏度的校验

为了保证熔断器在其保护范围内发生短路故障时能可靠地熔断，因此要求满足：

$$I_{\text{k.min}} \geq (4 \sim 7) I_{\text{N.FE}} \tag{4-72}$$

式中　$I_{\text{k.min}}$——熔断器保护范围内末端在电力系统最小的运行方式下流过熔断器的最小短路电流；

$\quad\quad I_{\text{N.FE}}$——熔体额定电流。

6. 前后级熔断器选择性的配合

低压线路中，熔断器较多，前后级间的熔断器在选择性上必须配合，以使靠近故障点的熔断器最先熔断。

FU1（前级）与 FU2（后级），当 K 点发生短路时 FU2 应先熔断，但由于熔断器的特性误差较大，一般为 ±30% ～ ±50%，当 FU1 发生负误差（提前动作），FU2 为正误差（滞后动作），如图 4-9（b）所示，则 FU1 可能先动作，从而失去选择性。为保证选择性配合，要求：

$$t_1' \geq 3t_2' \tag{4-73}$$

式中　t_1'——FU1 的实际熔断时间；

$\quad\quad t_2'$——FU2 的实际熔断时间。

一般前级熔断器的熔体电流应比后级大 2 ～ 3 级。

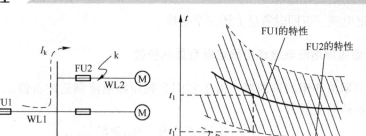

（a）　　　　　　　　　　　（b）

图4-9　上下级熔断器的配合

【实例4-5】 有一台电动机，$U_N = 380\,V$，$P_N = 17\,kW$，$I_{30} = 42.3\,A$，属重载启动，启动电流188 A，启动时间为3～8 s。采用 BLV 型导线穿钢管敷设线路，导线截面为10 mm^2。该电机采用 RT0 型熔断器做短路保护，线路最大短路电流为21 kA。选择熔断器及熔体的额定电流，并进行校验。

解：（1）选择熔体及熔断器额定电流。

① $I_{N.FE} \geqslant I_{30} = 42.3\,A$

② $I_{N.FE} \geqslant kI_{PK} = (0.4 \times 188)\,A = 75.2\,A$

根据上两式计算结果选 $I_{N.FE} = 80\,A$

熔断器的额定电流应不小于其熔体的额定电流，查表 A-15 选 RT0-100 型熔断器，其熔体额定电流为 80 A，熔断器额定电流为 100 A，最大断流能力 50 kA。

（2）校验熔断器能力。

$$I_{OFF} = 50\,kA > I_{k.max} = 21\,kA$$

断流能力满足要求。

（3）导线与熔断器的配合校验。

熔断器做短路保护，导线为绝缘导线时：$K_{oL} = 2.5$，查表 A-23 $I_{al} = 44\,A$。

$$I_{N.FE} = 80\,A < 2.5 \times 44\,A = 110\,A$$

满足要求。

4.5.5　互感器的选择

1. 电流互感器的选择

高压电流互感器二次侧线圈一般有一至数个不等，其中一个二次线圈用于测量，其他二次线圈用于保护。

1）电流互感器的主要性能

（1）准确级。电流互感器测量线圈的准确级设为 0.1、0.2、0.5、1、3、5 六个级别（数值越小越精确），保护用的互感器或线圈的准确级一般为 5P 级和 10P 级两种，电流误差

分别为 1% 和 3% , 其复合误差分别为 5% 和 10% 。

（2）线圈铁芯特性。测量用的电流互感器的铁芯在一次电路短路时易于饱和, 以限制二次电流的增长倍数, 保护仪表。保护用的电流互感器铁芯则在一次电流短路时不应饱和, 二次电流与一次电流成比例增长, 以保证灵敏度要求。

（3）变流比与二次额定负荷。电流互感器的一次额定电流有多种规格可供用户选择, 二次绕组回路所带负荷不应超过额定负荷值。

2）电流互感器的选择

（1）电流互感器型号的选择。

根据安装地点和工作要求选择电流互感器的型号。

（2）电流互感器额定电压的选择。

电流互感器额定电压应不低于装设点线路的额定电压。

（3）电流互感器变比选择。

根据一次负荷计算电流 I_{30} 选择电流互感器变比。电流互感器一次侧额定电流有 20 A、30 A、40 A、50 A、75 A、100 A、150 A、200 A、300 A、400 A、600 A、800 A、1000 A、1200 A、1500 A、2000 A 等多种规格, 二次侧额定电流均为 5 A。

（4）电流互感器准确度选择及校验。

准确度选择的原则: 计量用的电流互感器的准确度选 0.2 ～ 0.5 级, 测量用的电流互感器的准确度选 1.0 ～ 3.0 级。准确度校验公式为

$$S_2 \leqslant S_{2N} \tag{4-74}$$

其中

$$S_2 = I_{2N}^2 |Z_2| \approx I_{2N}^2 \left(\sum |Z_i| + R_{WL} + R_{XC} \right) \tag{4-75}$$

或

$$S_2 \approx \sum S_i + I_{2N}^2 (R_{WL} + R_{XC}) \tag{4-76}$$

式中　Z_{N2}、S_{N2}——电流互感器某一准确度级的允许负荷和容量;

　　　　Z_2、S_2——电流互感器二次侧所接实际负荷和容量;

　　　　S_i、Z_i——二次回路中的仪表、继电器线圈的额定负荷（VA）和阻抗（Ω）;

　　　　R_{XC}——二次回路中所有接头、触点的接触电阻, 一般取 0.1 Ω;

　　　　R_{WL}——二次回路导线电阻。

3）电流互感器动稳定校验

电流互感器的动稳定性倍数 K_{es} 是指电流互感器允许短时极限通过电流峰值与电流互感器一次侧额定电流峰值之比, 即

$$K_{es} = i_{OFF} / \sqrt{2} I_{N1} \tag{4-77}$$

电流互感器的动稳定性校验条件为

$$\sqrt{2} K_{es} I_{N1} \geqslant i_{sh} \tag{4-78}$$

4）电流互感器热稳定性校验

电流互感器的热稳定倍数 K_t 是指在规定时间（通常取 1s）内所允许通过电流互感器的热稳定电流与其一次侧额定电流之比, 即

$$K_t = I_t / I_{N1} \tag{4-79}$$

电流互感器的热稳定条件应为

$$(K_t I_{N1})^2 t \geq I_\infty^2 t_{ima} \tag{4-80}$$

2. 电压互感器的选择

（1）按装设点环境及工作要求选择电压互感器的型号。

（2）电压互感器的额定电压应不低于装设点线路的额定电压。

（3）按测量仪表对电压互感器准确度要求选择并校验准确度。

计量用电压互感器准确度选 0.5 级以上，测量用的准确度选 1.0 ～ 3.0 级，保护用的准确度为 3P 级和 6P 级。

（4）准确度校验。

要求所接测量仪表和继电器电压线圈的总负荷 S_2 不应超过所要求的准确度级以下的允许负荷容量 S_{N2}，即

$$S_{N2} \geq S_2 \tag{4-81}$$

式中　S_{N2}——电压互感器二次侧允许负荷容量，而

$$S_2 = \sqrt{\left(\sum P_i\right)^2 + \left(\sum Q_i\right)^2} \tag{4-82}$$

其中，$\sum P_i = \sum (S_i \cos\varphi_i)$ 和 $\sum Q_i = \sum S_i \sin\varphi_i$ 分别为仪表、继电器电压线圈消耗的总有功功率和总无功功率。

3. 互感器在主接线中的配置原则

1）电流互感器的配置原则

（1）凡装有断路器的回路均应装设电流互感器，其数量应满足仪表、保护和自动装置的要求。

（2）发电机和变压器的中性点侧、发电机和变压器的出口端和桥式接线的跨接桥上等均应装设电流互感器。

（3）对大接地电流系统线路，一般按三相配置；对小接地电流系统线路，依具体要求按两相或三相配置。

2）电压互感器的配置原则

（1）电压互感器的数量和配置与主接线方式有关，并应能满足测量、保护、同期和自动装置的要求。

（2）6 ～ 220 kV 电压等级的每组主母线的三相均应装设电压互感器。

（3）当需要监视和检测线路侧有无电压时，出线侧的一相上应装设电压互感器。

4.5.6　母线、支柱绝缘子和穿墙套管的选择

1. 母线的选择

母线一般按下列各项选择和校验：①母线导体材料、类型和敷设方式；②母线截面；

③热稳定；④动稳定。

1）母线导体材料、类型和敷设方式

常用母线导体材料有铜、铝和铝合金。铜的电阻率低、强度大、抗腐蚀性强，是性能良好的导体材料。但它的用途广泛，且我国铜的储量不多，价格高，因此铜母线只用在持续工作电流大，且出线位置特别狭窄或对铝有严重腐蚀的场所。铝的电阻率较大，但密度只有铜的30%，我国铝的储量丰富，且价格低，因此一般采用铝或铝合金作为导体材料。

常用的硬母线导体，其截面形状有矩形、槽形和管形。矩形母线散热良好，有一定的机械强度，便于安装，但集肤效应较大。为减小集肤效应，单条矩形母线的截面最大不超过1250 mm²。当工作电流很大时，可将2～3条矩形母线并列使用。矩形母线一般用于35 kV及以下，电流在4000 A以下的配电装置中。槽形母线机械强度好，载流量大，集肤效应也较小，一般用于4000～8000 A的配电装置中。管形母线机械强度较高，集肤效应系数小，管内可以通水或通风冷却。另外，圆管表面曲率较小，而且均匀，电晕放电电压高，因而常用于8000 A以上的大电流和110 kV及以上的高压配电装置中。

2）母线截面

（1）按最大工作电流选择。按最大工作电流选择母线截面时，应满足母线额定电流 I_N 不小于该回路的最大持续工作电流 I_{max}，即

$$I_N \geq I_{max} \tag{4-83}$$

（2）按经济电流密度选择。对于全年平均负荷较大、母线较长、传输容量较大的回路（如发电机、主变压器回路等）均应按经济电流密度选择，而对汇流主母线则不按此选择。

母线热稳定校验按式（4-51）和式（4-52）计算，动稳定校验按式（4-40）和式（4-41）计算。

校验时，如果不满足要求，则必须采取措施以减小母线计算应力，具体方法有：
① 降低短路电流，但需增加电抗器；
② 增大母线相间距离，但需增加配电装置尺寸；
③ 增大母线截面，但需增加投资；
④ 减小母线跨距尺寸，但需增加绝缘子；
⑤ 将立放的母线改为平放，但散热效果变差。

2. 支柱绝缘子与穿墙套管的选择

1）绝缘子简介

绝缘子俗称绝缘瓷瓶，它广泛地应用在发电厂和变电所的配电装置、变压器、各种电器以及输电线之中。用来支撑和固定裸载流导体，并使裸导体与地绝缘，或者用于使装置和电气设备中处在不同电位的载流导体间相互绝缘。因此，要求绝缘子必须具有足够的电气绝缘强度、机械强度、耐热性和防潮性等。

绝缘子按安装地点，可分为户内（屋内）式和户外（屋外）式两种。

按结构用途可分为支柱绝缘子和套管绝缘子。

（1）支柱绝缘子。

支柱绝缘子又分为户内式和户外式两种。户内式支柱绝缘子广泛应用在 $3 \sim 110\,kV$ 各种电压等级的电网中。

① 户内式支柱绝缘子。户内式支柱绝缘子可分为外胶装式、内胶装式及联合胶装式三种。

② 户外式支柱绝缘子。户外支柱绝缘子有针式和实心棒式两种。如图 4-10 所示为户外支柱绝缘子结构图。它主要由绝缘瓷体、铸铁帽和具有法兰盘的装脚组成。

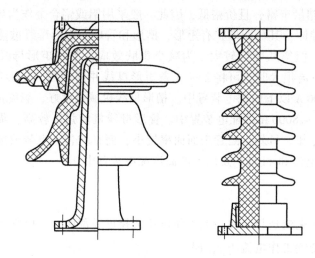

图 4-10　户外支柱绝缘子

（2）套管绝缘子。

套管绝缘子简称套管。套管绝缘子按其安装地点可分户内式和户外式两种。

① 户内式套管绝缘子。户内式套管绝缘子根据其载流导体的特征可分为以下三种形式：采用矩形截面的载流体、采用圆形截面的载流导体和母线型。前两种套管载流导体与其绝缘部分制作成一个整体，使用时由载流导体两端与母线直接相连。而母线型套管本身不带载流导体，安装使用时，将原载流母线装于该套管的矩形窗口内。

② 户外式套管绝缘子。户外式套管绝缘子用于配电装置中的户内载流导体与户外载流导体之间的连接处，例如，线路引出端或户外式电器由接地外壳内部向外引出的载流导体部分。因此，户外式套管绝缘子两端的绝缘分别按户内、外两种要求设计。

2）支柱绝缘子及穿墙套管的选择

支柱绝缘子和穿墙套管的选择和校验项目见表 4-5。

表 4-5　支柱绝缘子和穿墙套管的选择和校验项目

项　目	额定电压	额定电流	热稳定	动稳定
支柱绝缘子	$U_N \geq U_{Ns}$		$I_\infty^2\, t_{ima} \leq I_t^2 t$	$F_{al} \geq F_{ca}$
穿墙套管		$I_N \geq I_{max}$		

支柱绝缘子及穿墙套管的动稳定性应满足如下要求：

$$F_{al} \geq F_{ca} \qquad (4-84)$$

式中　F_{al}——支柱绝缘子或穿墙套管的允许荷重；

　　　F_{ca}——加于支柱绝缘子或穿墙套管上的最大计算力。

F_{al}可按生产厂家给出的破坏荷重 F_{db} 的 60% 考虑，即

$$F_{al} = 0.6 F_{db} \tag{4-85}$$

F_{ca} 即最严重短路情况下作用于支柱绝缘子或穿墙套管上的最大电动力，由于母线电动力是作用在母线截面中心线上，而支柱绝缘子的抗弯破坏荷重是按作用在绝缘子帽上给出的，二者力臂不等，短路时作用于绝缘子帽上的最大计算力为

$$F_{ca} = \frac{H}{H_1} F_{max} \tag{4-86}$$

式中　F_{max}——最严重短路情况下作用于母线上的最大电动力；

　　　H_1——支柱绝缘子高度（mm）；

　　　H——从绝缘子底部至母线水平中心线的高度（mm）；

　　　b——母线支持片的厚度，一般竖放矩形母线 $b = 18\,mm$；平放矩形母线 $b = 12\,mm$。

F_{max} 的计算说明如下：布置在同一平面内的三相母线，在发生短路时，支柱绝缘子所受的力为

$$F_{max} = 1.73 i_{sh}^2 \frac{L_{ca}}{a} \times 10^{-7} \tag{4-87}$$

式中　a——母线间距（m）；

　　　L_{ca}——计算跨距（m）。对母线中间的支柱绝缘子，L_{ca} 取相邻跨距之和的 1/2。对母线端头的支柱绝缘子，L_{ca} 取相邻跨距的 1/2，对穿墙套管，则取套管长度与相邻跨距之和的 1/2。

知识梳理与总结

本单元介绍了短路的原因、后果及其形式，无限大容量电力系统中三相短路的物理量，无限大容量电力系统中三相短路、两相和单相短路电流的计算，短路电流的效应和稳定度校验。

短路的种类有三相短路、两相短路、单相短路和两相接地短路；无限大容量系统发生三相短路时，短路全电流由周期分量和非周期分量组成；采用标幺制法计算三相短路电流，避免了多级电压系统中的阻抗变换，计算简便，在工程中广泛应用；两相短路电流近似看成三相短路电流的 0.866 倍，单相短路电流为相电压除以短路回路总阻抗。当供电系统发生短路时，巨大的短路电流将产生强烈的电动效应和热效应，可能使电气设备遭受严重破坏。因此，必须对电气设备和载流导体进行动稳定和热稳定校验；电气设备选择的一般条件：按正常工作条件选择，按短路条件校验，即按工作电压、电流选择电气设备，按短路电流校验设备的动稳定和热稳定。

复习思考题 4

4-1　什么叫短路？短路产生的原因有哪些？它对电力系统有哪些危害？

4-2 短路有哪些形式？哪种短路形式发生的可能性最大？哪种短路形式的危害最严重？

4-3 什么叫无限大容量电力系统？它有什么主要特征？突然短路时，系统中的短路电流将如何变化？

4-4 短路电流周期分量和非周期分量是如何产生的？各符合什么定律的规律变化？

4-5 短路冲击电流 i_{sh}、冲击电流有效值 I_{sh}、短路次暂态电流 I'' 和短路稳态电流 I_∞ 各是什么含义？

4-6 什么叫短路计算的欧姆法和标幺制法？各有什么主要特点？

4-7 什么叫短路计算电压？它与线路额定电压有什么关系？

4-8 在无限大容量系统中，两相短路电流与三相短路电流有什么关系？单相短路电流又该如何计算？

4-9 什么叫短路电流的电动效应？为什么采用短路冲击电流来计算？什么情况下应考虑短路点附近大容量交流电动机的反馈电流？

4-10 什么叫短路电流的热效应？为什么采用短路稳态电流来计算？什么叫短路发热假想时间？如何计算？

4-11 对一般开关电器，短路动稳定度和热稳定度校验的条件各是什么？对母线的短路动稳定度校验的条件是什么？对母线的短路热稳定度校验的条件又是什么？什么叫最小允许截面？

4-12 电气设备选择的一般原则是什么？

4-13 选择断路器和隔离开关时，有什么相同点和不同点？

4-14 电流互感器和电压互感器的配置原则是什么？在选择时两者有什么相同点和不同点？

4-15 高压断路器、高压负荷开关、高压熔断器及高压隔离开关在选择时，哪些需校验断流能力？哪些需校验动、热稳定性？

4-16 在熔断器的选择中，为什么熔体的额定电流要与被保护的线路相配合？

练习题 4

4-1 有一地区变电站通过一条长 7 km 的 10 kV 架空线路供电给某工厂变电所，该变电所装有两台并列运行的 Yyn0 连接的 S9 – 1000 型变压器。已知地区变电站出口断路器为 SN10 – 10 Ⅱ 型。试用标幺制法计算该工厂变电所 10 kV 母线和 380 V 母线的短路电流及短路容量 $I_k^{(3)}$、$I''^{(3)}$、$I_\infty^{(3)}$、$I_{sh}^{(3)}$、$I_{sh}^{(3)}$，并列出短路计算表。

4-2 某变电所 380 V 侧母线采用 $80 \times 10 \ mm^2$ 铝母线，水平平放，两相邻母线轴线间距离为 200 mm，档距为 0.9 m，档数大于 2。该母线上接有一台 500 kW 同步电动机，$\cos\varphi = 1$ 时，$\eta = 94\%$。已知该母线三相短路时，由电力系统产生的 $I_k^{(3)} = 36.5 \ kA$，$i_{sh}^{(3)} = 67.2 \ kA$，试校验此母线的短路动稳定度。

4-3 设练习题 4-2 所述 380 V 母线的短路保护时间为 0.5 s，低压断路器的断路时间为 0.05 s。试校验该母线的短路热稳定度。

4-4 某用户的有功计算负荷为 3000 kW，$\cos\varphi = 0.92$。该用户 10 kV 进线上拟装一台 SN10 – 10 型高压断路器，其主保护动作时间为 0.9 s，断路器开断时间为 0.2 s。高压配电所 10 kV 母线上的 $I_k^{(3)} = 20 \ kA$。试选择高压断路器的规格。

学习单元 5

工厂变配电所及其一次系统

教学任务	理论	民用建筑变配电所的任务、类型及所址选择	课时分配	8
		电力变压器和应急柴油发电机组及其选择		
		民用建筑变配电所的主接线图		
		民用建筑变配电所的布置、结构及安装图		
		民用建筑变配电所及其一次系统的运行维护		
	实训	认识电力变压器和应急柴油发电机组		2
教学目标	知识方面	掌握民用建筑变配电所的任务、类型及所址选择 熟悉电力变压器和应急柴油发电机组及其选择 熟悉民用建筑变配电所的主接线图 掌握民用建筑变配电所的布置、结构及安装图 熟悉民用建筑变配电所及其一次系统的运行维护		
	技能方面	民用建筑变配电所的主接线图的识读		
重 点		电力变压器和应急柴油发电机组及其选择 民用建筑变配电所的布置、结构及安装图		
难 点		民用建筑变配电所的主接线图的识读 如何对民用建筑变配电所及其一次系统进行运行维护		
教学载体与资源		教材，多媒体课件，一体化电工与电子实验室，工作页，课堂练习，课后作业		
教学方法建议		引导文法，讨论式、互动式教学，启发式、引导式教学，直观性、体验性教学，案例教学法，任务驱动法，项目导向法，多媒体教学，理实一体化教学		
教学过程设计		初步认识民用建筑变配电所、电力变压器、应急柴油发电机组→理论授课，民用建筑变配电所的任务、类型及所址选择→电力变压器和应急柴油发电机组及其选择→民用建筑变配电所的主接线图的识读→民用建筑变配电所的布置、结构及安装图→民用建筑变配电所及其一次系统的运行维护→实践操作，进一步认识电力变压器和应急柴油发电机组→学生作业		
考核评价内容和标准		掌握民用建筑变配电所的任务、类型及所址选择 熟悉电力变压器和应急柴油发电机组及其选择 熟悉民用建筑变配电所的主接线图 掌握民用建筑变配电所的布置、结构及安装图 熟悉民用建筑变配电所及其一次系统的运行维护		

5.1 民用建筑变配电所的类型及负荷中心确定

5.1.1 民用建筑变配电所的类型与选址

民用建筑变电所（transformer substation）担负着从电力系统受电，经过变压，然后分配电能的任务。民用建筑配电所（distribution substation）担负着从电力系统受电，然后直接分配电能的任务。民用建筑变配电所是民用建筑供电系统的枢纽，在民用建筑中占有特殊重要的地位。

1. 民用建筑变电所的类型

民用建筑变电所按其主变压器的安装位置来分，有下列类型。

（1）民用建筑附设变电所。变压器室的一面墙或几面墙与建筑的墙共用，变压器室的大门朝建筑外开。附设变电所又分内附式和外附式。内附式的变压器室位于建筑的外墙内，如图 5-1 中的 1、2；外附式的变压器室位于建筑的外墙外，如图 5-1 中的 3、4。

（2）民用建筑内变电所。变压器或整个变电所位于建筑内，通常位于建筑中部，变压器室的大门朝建筑内开，如图 5-1 中的 5。

（3）露天变电所。变压器安装在室外抬高的地面上，如图 5-1 中的 6。如果变压器的上方设有顶板或挑檐的，则称为半露天变电所。

（4）独立变电所。整个变电所设在与建筑物有一定距离的单独建筑物内，如图 5-1 中的 7。

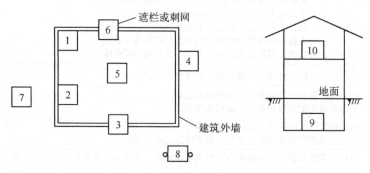

1、2—内附式；3、4—外附式；5—车间内式；
6—露天或半露天式；7—独立式；8—杆上式；
9—地下式；10—楼上式

图 5-1　建筑变电所的类型

（5）杆上变电台。变压器安装在室外的电杆上面，如图 5-1 中的 8。

（6）地下变电所。整个变电所设置在地下建筑物内，如图 5-1 中的 9。

（7）楼上变电所。整个变电所设置在楼上建筑物内，如图5-1中的10。

（8）成套变电所。由电器制造厂按一定接线方案成套制造、现场装配的变电所。

（9）移动式变电所。整个变电所装设在一个可移动的车上。

上述的民用建筑附设变电所、民用建筑内变电所、独立变电所、地下变电所和楼上变电所，均属室内型（户内式）变电所，露天、半露天变电所和杆上变电台，则属室外型（户外式）变电所。成套变电所和移动式变电所则室内型和室外型都有。

负荷较大的民用建筑，负荷中心靠近建筑中部且环境条件许可时，可采用建筑内式变电所。这种变电所位于负荷中心，可以缩短低压配电的距离，降低电能损耗和电压损耗，减少有色金属消耗量，因此这种变电所的技术经济指标比较好。但是它建在建筑内部，要占用一定的生产面积，而且其变压器室门朝建筑内开，对人身安全有一定的威胁。这种变电所在大型冶金企业中较多。

建筑面积比较紧凑的宜采用附设变电所的形式。至于是采用内附式还是外附式，要依具体情况而定。内附式要占用一定的生产面积，但离负荷中心较外附式要近一些，而从建筑外观来看，内附式一般也比外附式好。外附式不占或少占用生产面积，而且变压器室处在建筑的墙外，比内附式要安全一些。因此内附式和外附式各有所长。这两种形式的车间变电所，在机械类工厂中比较普遍。

露天或半露天变电所的形式比较简单经济，通风散热好，因此只要周围环境条件正常，无腐蚀性爆炸性气体和粉尘，可以采用。这种形式的变电所在小型的生活区中较为常见。但是这种变电所的安全可靠性较差，在靠近易燃易爆的厂房附近及大气中含有腐蚀性物质的场所，不能采用。

独立变电所建筑费用较高，因此除非各建筑的负荷相当小而分散，或者需要远离易燃易爆和有腐蚀性物质的场所可以采用外，一般建筑变电所不宜采用。电力系统中的大型变配电站和工厂的总变配电所，则一般采用独立式。杆上变电台最为简单经济，一般用于315 kVA及以下的变压器，而且多用于生活区供电。地下变电所的通风散热条件差，湿度较大，建筑费用也较高，但相当安全，不碍观瞻。这种形式的变电所多在高层建筑、地下工程和矿井中采用，其主变压器一般采用干式变压器。

楼上变电所，适于高层建筑。这种变电所要求结构尽可能轻型、安全，其主变压器通常也采用干式变压器，也有不少采用成套变电所。成套变电所也可置于室外。

移动式变电所主要用于坑道作业及临时施工现场的供电。

工厂的高压配电所，应尽可能与邻近的车间变电所合建，以节约建筑费用。

2. 民用建筑变配电所的选址原则

变配电所所址的选择，应根据下列原则并经技术、经济分析比较确定。

（1）尽量靠近负荷中心，以降低配电系统的电能损耗、电压损耗和有色金属消耗量。

（2）进出线方便，特别是要考虑便于架空进出线。

（3）靠近电源侧，特别是在选择工厂总变配电所所址时要考虑这一点。

（4）设备运输方便，以便运输电力变压器和高低压开关柜等大型设备。

（5）不应设在有剧烈振动或高温的场所。

（6）不宜设在多尘或有腐蚀性气体的场所；当无法远离时，不应设在污源盛行风向的下风侧。

（7）不应设在厕所、浴室或其他经常积水场所的正下方，且不宜与上述场所相贴邻。

（8）不应设在有爆炸危险环境的正上方或正下方，且不宜设在有火灾危险环境的正上方

或正下方。当与有爆炸或火灾危险环境的建筑物毗连时，应符合 GB 50058—1992《爆炸和火灾危险环境电力装置设计规范》的规定。

（9）不应设在地势低洼和可能积水的场所。

5.1.2 工厂变配电所负荷中心的确定

工厂或车间的负荷中心，可用下面所讲的负荷指示图或负荷矩法近似地确定。

1. 负荷指示图

负荷指示图是将电力负荷按一定比例（如以 $1\,\mathrm{mm}^2$ 面积代表 $0.5\,\mathrm{kW}$ 等）用负荷圆的形式标示在工厂或车间的平面图上。各车间（建筑）的负荷圆圆心应与车间（建筑）的负荷中心点大致相符。在负荷均匀分布的车间（建筑）内，负荷圆的圆心就在车间（建筑）的中心。在负荷分布不均匀的车间（建筑）内，负荷圆的圆心应偏向负荷集中的一侧。负荷圆的半径 r，由车间（建筑）的计算负荷 $P_{30}=K\pi r^2$ 得

$$r=\sqrt{\frac{P_{30}}{K\pi}} \tag{5-1}$$

式中 K——负荷圆的比例（$\mathrm{kW/mm^2}$）。

图 5-2 是某工厂的负荷指示图。通过负荷指示图可以直观和概略地确定工厂（或车间）的负荷中心，再结合上述选择变配电所所址的其他条件全面考虑，分析比较几种方案，最后选择其中最佳方案来确定变配电所所址。

2. 按负荷矩法确定负荷中心

设有负荷 P_1、P_2 和 P_3（均表示有功计算负荷），分布如图 5-3 所示。

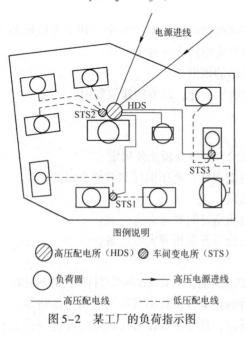

图 5-2 某工厂的负荷指示图

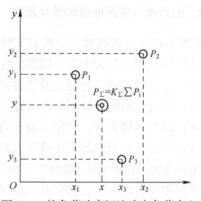

图 5-3 按负荷功率矩法确定负荷中心

它们在任选的直角坐标系中的坐标分别为 $P_1(x_1,y_1)$、$P_2(x_2,y_2)$、$P_3(x_3,y_3)$。现假设总负荷 $P_\Sigma = K_\Sigma \sum P_i = K_\Sigma(P_1 + P_2 + P_3)$ 的负荷中心位于坐标 $P_\Sigma(x,y)$ 处，这里的 K_Σ 为同时系数（混合系数），视最大负荷不同时出现的情况选取，一般取 0.7～1.0。因此仿照力学中求重心的力矩方程可得

$$P_\Sigma x = P_1 x_1 + P_2 x_2 + P_3 x_3, \quad P_\Sigma y = P_1 y_1 + P_2 y_2 + P_3 y_3$$

写成一般式为

$$P_\Sigma x = \sum(P_i x_i), \quad P_\Sigma y = \sum(P_i y_i)$$

因此可求得负荷中心的坐标为

$$x = \frac{\sum(P_i x_i)}{P_\Sigma} \tag{5-2}$$

$$y = \frac{\sum(P_i y_i)}{P_\Sigma} \tag{5-3}$$

这里必须指出：负荷中心虽然是选择变配电所所址的重要因素，但不是唯一因素，因此负荷中心的计算不要求十分精确。实际上负荷中心也不是固定不变的，因此精确计算也是不必要的。

> ❓**问题引入** 变电所里最关键的设备是哪个设备，它的作用是什么？对其进行选择时应该注意哪些问题？

5.2 电力变压器的结构与容量选择

电力变压器（power transformer，文字符号为 T 或 TM），是变电所中最关键的一次设备，其功能是将电力系统中的电能电压升高或降低，以利于电能的合理输送、分配和使用。

5.2.1 电力变压器的分类

电力变压器按功能分，有升压变压器和降压变压器两大类。工厂变电所都采用降压变压器。直接供电给用电设备的终端变电所变压器，通常称为配电变压器。

电力变压器按容量系列分，有 R8 容量系列和 R10 容量系列两大类。R8 容量系列是指容量等级是按 $\sqrt[8]{10} \approx 1.33$ 倍数递增的。我国老的电力变压器容量等级就采用这种系列，例如，容量 100、135、180、240、320、420、560、750、1000 kVA 等。R10 容量系列是指容量等级是按 $\sqrt[10]{10} \approx 1.26$ 倍数递增的。我国现在的电力变压器容量等级都采用这种系列。这种容量系列的容量等级较密，便于合理选用，例如，容量 100、125、160、200、250、315、400、500、630、800、1000 kVA 等。

电力变压器按相数分，有单相和三相两大类。工厂变电所通常都采用三相电力变压器。

电力变压器按电压调节方式分，有无载调压和有载调压两大类。工厂变电所大多采用无载调压型变压器。

电力变压器按绕组导体材质分，有铜绕组变压器和铝绕组变压器两大类。工厂变电所过去

大多采用铝绕组变压器，而现在低损耗的铜绕组变压器已在现代工厂变电所中得到广泛应用。

电力变压器按绕组形式分，有双绕组变压器、三绕组变压器和自耦变压器。工厂变电所一般采用双绕组变压器。

电力变压器按绕组绝缘和冷却方式分，有油浸式、干式和充气（SF₆）式等，其中油浸式又有油浸自冷式、油浸风冷式和强迫油循环冷却式等。工厂变电所大多采用油浸自冷式变压器，但干式和充气（SF₆）式变压器适于安全防火要求高的场所。

电力变压器按用途分，有普通变压器、全封闭变压器和防雷变压器等。工厂变电所大多采用普通变压器，但在有防火防爆要求或有腐蚀性物质的场所则应采用全封闭变压器，在多雷区则宜采用防雷变压器。

5.2.2 电力变压器的结构及连接组别

1. 电力变压器的结构和型号

电力变压器的基本结构，包括铁芯和一、二次绕组两大部分。

图 5-4 是一般三相油浸式电力变压器的结构图，图 5-5 是环氧树脂浇注绝缘的三相干式电力变压器的结构图。

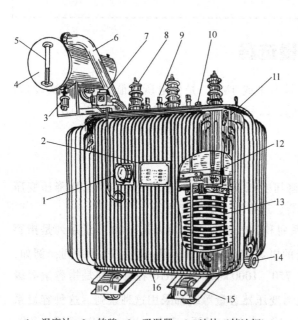

1—温度计；2—铭牌；3—吸湿器；4—油枕（储油柜）；
5—油位指示器（油标）；6—防爆管；7—瓦斯继电器；
8—高压套管和接线端子；9—低压套管和接线端子；
10—分接开关；11—油箱及散热油管；12—铁芯；
13—绕组及绝缘；14—放油阀；15—小车；16—接地端子

图 5-4　三相油浸式电力变压器

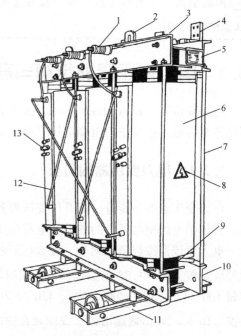

1—高压出线套管和接线端子；2—吊环；3—上夹件；
4—低压出线套管和接线端子；5—铭牌；
6—环氧树脂浇注绝缘绕组；7—上下夹件拉杆；
8—警示标牌；9—铁芯；10—下夹件；11—小车；
12—高压绕组间连接导体；13—高压分接头连接片

图 5-5　环氧树脂浇注绝缘的三相干式电力变压器

电力变压器全型号的表示和含义如下。

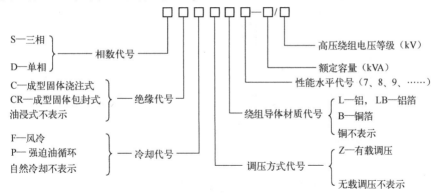

例如，S9 - 800/10 型，表示为三相铜绕组油浸式电力变压器，其性能水平代号为9，额定容量为800 kVA，高压绕组电压等级为10 kV。

2. 电力变压器的连接组别

电力变压器的连接组别，是指变压器一、二次绕组因采取不同的连接方式而形成变压器一、二次侧对应线电压之间的不同相位关系。

1) 配电变压器的连接组别

6 ～ 10 kV 配电变压器（二次侧电压为 220/380 V）有 Yyn0 和 Dyn11 两种常见的连接组别。

变压器 Yyn0 连接组示意图如图 5-6 所示。其一次线电压与对应的二次线电压之间的相位关系，如同时钟在零点（12 点）时分针与时针的相互关系一样（图中一、二次绕组标"·"的端子为对应的"同名端"，即同极性端）。

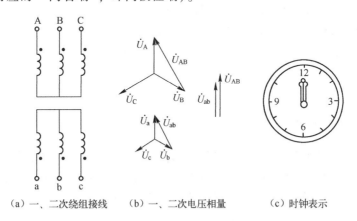

(a) 一、二次绕组接线　　(b) 一、二次电压相量　　(c) 时钟表示

图 5-6　变压器 Yyn0 连接组

变压器 Dyn11 连接组示意图如图 5-7 所示。其一次线电压与对应的二次线电压之间的相位关系，如同时钟在 11 点时分针与时针的相互关系一样。

我国过去差不多全采用 Yyn0 连接组别的配电变压器。近 20 年来，Dyn11 连接的配电变压器已得到推广应用。

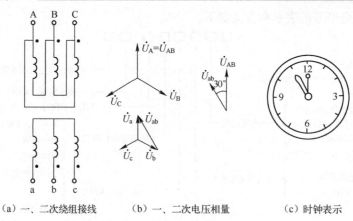

　　(a) 一、二次绕组接线　　　　(b) 一、二次电压相量　　　　(c) 时钟表示

图 5-7　变压器 Dyn11 连接组

　　配电变压器采用 Dyn11 连接较之采用 Yyn0 连接有下列优点。

　　(1) 对 Dyn11 连接的变压器来说，其 $3n$ 次（n 为正整数）谐波励磁电流在其三角形接线的一次绕组内形成环流，不致注入公共的高压电网中。这较之一次绕组接成星形接线的 Yyn0 连接变压器更有利于抑制高次谐波电流。

　　(2) Dyn11 连接变压器的零序阻抗较之 Yyn0 连接变压器的小得多，从而更有利于低压单相接地短路故障的保护和切除[1]。

　　(3) 当接用单相不平衡负荷时，由于 Yyn0 连接变压器要求中性线电流不超过二次绕组额定电流的 25%，因而严重限制了接用单相负荷的容量，影响了变压器设备能力的充分发挥。为此，GB 50052—2009《供配电系统设计规范》规定：低压 TN 系统及 TT 系统宜选用 Dyn11 连接的变压器。Dyn11 连接变压器的中性线电流允许达到相电流的 75% 以上，其承受单相不平衡负荷的能力远比 Yyn0 连接变压器大。这在现代供电系统中单相负荷急剧增长的情况下，推广应用 Dyn11 连接的变压器就显得更有必要了。

　　但是，由于 Yyn0 连接变压器一次绕组的绝缘强度要求比 Dyn11 连接变压器稍低，从而制造成本稍低于 Dyn11 连接变压器，因此在 TN 及 TT 系统中由单相不平衡负荷引起的中性线电流不超过低压绕组额定电流的 25%、且其任一相的电流在满载时不致超过额定电流时，可选用 Yyn0 连接的变压器。

　　2) 防雷变压器的连接组别

　　防雷变压器通常采用 Yzn11 连接组接线，如图 5-8（a）所示；其正常工作时的一、二次电压相量图，如图 5-8（b）所示。这种变压器的结构特点是每一铁芯柱上的二次绕组都等分为两个匝数相等的绕组，而且采用曲折形（Z 形）连接。

　　【1】　单相接地短路故障的切除，决定于单相接地短路电流的大小，因此单相接地短路电流等于相电压除以单相短路回路的计算阻抗，计算阻抗为其正序、负序和零序阻抗之和的 1/3。如果不计电阻只计电抗，则 Dyn11 连接变压器的零序电抗 X_0 $=X_1$（X_1 为变压器的正序电抗，亦即变压器电抗 X_T）；而 Yyn0 连接变压器的零序电抗 $X_0=X_1+X_\mu$（X_μ 为变压器的励磁电抗）。由于 $X_\mu \gg X_1$，故 Dyn11 连接变压器的 X_0 比 Yyn0 连接变压器的 X_0 小得多，因此 Dyn11 连接变压器的单相接地短路电流 $I_k^{(1)}$ 比 Yyn0 连接变压器 $I_k^{(1)}$ 的大得多，故 Dyn11 连接的变压器更有利于低压单相接地短路故障的保护和切除。

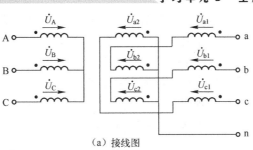

（a）接线图

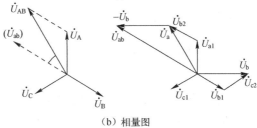

（b）相量图

图 5-8　Yzn11 连接的防雷变压器

正常工作时，一次线电压 $\dot{U}_{AB} = \dot{U}_A - \dot{U}_B$，二次线电压 $\dot{U}_{ab} = \dot{U}_a - \dot{U}_b$，其中 $\dot{U}_a = \dot{U}_{a1} - \dot{U}_{b2}$，$\dot{U}_b = \dot{U}_{b1} - \dot{U}_{c2}$，由图 5-8（b）知，$\dot{U}_{ab}$ 与 $-\dot{U}_B$ 同相，而 $-\dot{U}_B$ 滞后 330°，即 $\dot{U}_{ab}$ 滞后 $\dot{U}_{AB}$ 330°。在钟表上相差 1h，因此该变压器的连接组别为 Yzn11。

5.2.3　电力变压器的容量和过负荷能力

1. 电力变压器的额定容量和实际容量

电力变压器的额定容量（铭牌容量），是指它在规定的环境温度条件下，室外安装时，在规定的使用年限内（一般按 20 年计）所能连续输出的最大视在功率。

变压器的使用年限，主要取决于变压器的绝缘老化速度，而绝缘老化速度又取决于绕组最热点的温度。变压器的绕组导体和铁芯，一般可以长期经受较高的温度而不致损坏。但绕组长期受热时，其绝缘的弹性和机械强度会逐渐减弱，这就是绝缘的老化现象。绝缘老化严重时，就会变脆，容易裂纹和剥落。试验表明：在规定的环境温度条件下，如果变压器绕组最热点的温度一直维持 95℃，则变压器可连续运行 20 年。如果其绕组温度升高到 120℃，则变压器只能运行 2.2 年，使用寿命大大缩短。这说明绕组温度对变压器的使用寿命有极大的影响。而绕组温度不仅与变压器负荷大小有关，而且受周围环境温度影响。

按 GB 1094—2013《电力变压器》规定，电力变压器正常使用的环境温度条件为：最高气温为 +40℃，最热月平均气温为 +30℃，最高年平均气温为 +20℃。最低气温对户外变压器为 -25℃，对户内变压器为 -5℃。油浸式变压器的顶层油温，不得超过周围气温 55℃。如果按最高气温 +40℃计，则变压器顶层油温不得超过 +95℃。

如果变压器安装地点的环境温度超过上述规定温度最大值中的一个，则变压器顶层油温限值应予降低。当环境温度超过规定温度不大于 5℃时，顶层油温限值应降低 5℃；超过温

度大于5℃而不大于10℃时，顶层油温限值应降低10℃。因此变压器的实际容量较之其额定容量要相应地有所降低。反之，如果变压器安装地点的环境温度比规定值低，则从绕组绝缘老化程度减轻而又保证变压器使用年限不变来考虑，变压器的实际容量较之其额定容量可以适当提高，或者说，变压器在某些时候可允许一定的过负荷。

一般规定，如果变压器安装地点的年平均气温 $\theta_{0.av} \neq 20℃$，则年平均气温每升高1℃，变压器的容量应相应减小1%。因此变压器的实际容量（出力）应计入一个温度修正系数 K_θ。

对室外变压器，其实际容量为（$\theta_{0.av}$ 以℃为单位）

$$S_T = K_\theta S_{N.T} = (1 - \frac{\theta_{0.av} - 20}{100}) S_{N.T} \tag{5-4}$$

式中　$S_{N.T}$——变压器的额定容量。

对室内变压器，由于散热条件较差，故变压器室的出风口与进风口有大约15℃的温度差，从而使处在室中央的变压器环境温度比室外温度大约要高出8℃，因此其容量还要减少8%，故室内变压器的实际容量为

$$S'_T = K'_\theta S_{N.T} = \left(0.92 - \frac{\theta_{0.av} - 20}{100}\right) S_{N.T} \tag{5-5}$$

2. 电力变压器的正常过负荷

电力变压器在运行中，其负荷总是变化的、不均匀的。就一昼夜来说，很大一部分时间的负荷都低于最大负荷，而变压器容量又是按最大负荷（计算负荷）来选择的，因此变压器运行时实际上没有充分发挥出负荷能力。从维持变压器规定的使用寿命（20年）来考虑，变压器在必要时完全可以过负荷运行。对于油浸式电力变压器，其允许过负荷包括以下两部分。

（1）由于昼夜负荷不均匀而考虑的过负荷。可根据典型日负荷曲线的填充系数即日负荷率 β 和最大负荷持续时间 t 查图5-9所示曲线，得到油浸式变压器的允许过负荷系数 $K_{OL(1)}$ 值。

（2）由于季节性负荷变化而考虑的过负荷。假如夏季的平均日负荷曲线中的最大负荷 S_{max} 低于变压器的实际容量 S_T 时，则每低1%，可在冬季过负荷1%；反之亦然。但此项过负荷不得超过15%，即其允许过负荷系数为

$$K_{OL(2)} = 1 + \frac{S_T - S_{max}}{S_T} \leqslant 1.15 \tag{5-6}$$

以上两部分过负荷可以同时考虑，即变压器总的过负荷系数为

$$K_{OL} = K_{OL(1)} + K_{OL(2)} - 1 \tag{5-7}$$

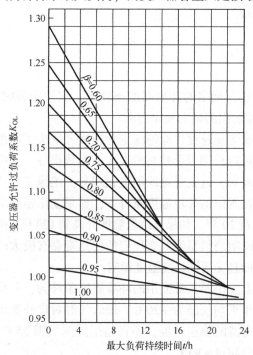

图5-9　油浸式变压器的允许过负荷系数与日负荷率及最大负荷持续时间的关系曲线

但是一般规定，室内油浸式变压器总的过负荷不得超过20%，室外油浸式变压器总的过负荷不得超过30%。因此油浸式变压器在冬季（或夏季）的正常过负荷能力即最大出力可达

$$S_{T(OL)} = K_{OL}S_T \leq (1.2 \sim 1.3)S_T \qquad (5-8)$$

【实例5-1】 某车间变压器室装有一台630kVA的油浸式变压器。已知该车间的平均日负荷率$\beta = 0.7$，日最大负荷持续时间为8h，夏季的平均日最大负荷为450kVA，当地年平均气温为 +22℃。试求该变压器的实际容量和冬季时的过负荷能力。

解：（1）求变压器的实际容量由式（5-5）得

$$S_T = \left(0.92 - \frac{22-20}{100}\right) \times 630 \text{kVA} = 567 \text{kVA}$$

（2）求变压器冬季时的过负荷能力　由$\beta = 0.7$及$t = 8$h，查图5-9曲线，得$K_{OL(1)} = 1.12$。又由式（5-6）得

$$K_{OL(2)} = 1 + \frac{567-450}{567} = 1.21$$

但按规定$K_{OL(2)}$不得大于1.15，因此取$K_{OL(2)} = 1.15$。

总的过负荷系数为

$$K_{OL} = K_{OL(1)} + K_{OL(2)} - 1 = 1.12 + 1.15 - 1 = 1.27$$

按规定室内变压器$K_{OL} \leq 1.2$，因此该变压器冬季时的最大容量（出力）可达

$$S_{T(OL)} = 1.2 \times 567 \text{kVA} = 680 \text{kVA}$$

3. 电力变压器的事故过负荷

电力变压器在事故情况下（例如并列运行的两台变压器因故障切除一台时），允许短时间较大幅度地过负荷运行，而不论故障前的负荷情况如何，但过负荷运行时间不得超过表5-1所规定的时间。

表5-1　电力变压器事故过负荷允许值

	过负荷百分数（%）	30	60	75	100	200
油浸式变压器	过负荷时间/min	120	45	20	10	1.5
干式变压器	过负荷百分数（%）	10	20	30	50	60
	过负荷时间/min	75	60	45	16	5

5.2.4　变电所主变压器台数和容量的选择

1. 变电所主变压器台数的选择

选择主变压器台数时应考虑下列原则。

（1）应满足用电负荷对供电可靠性的要求。对供有大量一、二级负荷的变电所，应采用两台变压器，以便一台变压器发生故障或检修时，另一台变压器能对一、二级负荷继续供

电。对只有二级负荷而无一级负荷的变电所，也可以只采用一台变压器，但必须在低压侧敷设与其他变电所相连的联络线作为备用电源，或另备自备电源。

（2）对季节性负荷或昼夜负荷变动较大而宜于采用经济运行方式的变电所，也可考虑采用两台变压器。

（3）除上述两种情况外，一般车间变电所宜采用一台变压器。但是负荷集中而容量相当大的变电所，虽然是三级负荷，也可采用两台或多台变压器。

（4）在确定变电所主变压器台数时，应适当考虑负荷的发展，留有一定的余地。

2. 变电所主变压器容量的选择

1）只装一台主变压器的变电所

主变压器容量 S_T（设计中一般概略地取其额定容量 $S_{N.T}$）应满足全部用电设备总计算负荷 S_{30} 的需要，即

$$S_T \approx S_{N.T} \geqslant S_{30} \tag{5-9}$$

2）装有两台主变压器的变电所

（1）任一台变压器单独运行时，宜满足总计算负荷 S_{30} 的 60%～70% 的需要，即
$$S_T \approx S_{N.T} = (0.6 \sim 0.7)S_{30} \tag{5-10}$$

（2）任一台变压器单独运行时，应满足全部一、二级负荷 $S_{30(I+II)}$ 的需要，即
$$S_T \approx S_{N.T} \geqslant S_{30(I+II)} \tag{5-11}$$

3）车间变电所主变压器的单台容量上限

车间变电所主变压器的单台容量，一般不宜大于 1000 kVA（或 1250 kVA）。这一方面是受以往低压开关电器断流能力和短路稳定度要求的限制，另一方面也是考虑到可以使变压器更接近于车间的负荷中心，以减少低压配电线路的电能损耗、电压损耗和有色金属消耗量。我国自 20 世纪 80 年代以来已能生产一些断流能力更大、短路稳定度更好的低压开关电器如 DW15、ME 等型低压断路器，因此如果车间负荷容量较大、负荷集中且运行合理时，也可以选用单台容量为 1250（或 1600）～2000 kVA 的配电变压器，这样可减少主变压器台数及高低压开关电器和电缆等。

住宅小区变电所的油浸式变压器单台容量，不宜大于 630 kVA，因为油浸式变压器容量大于 630 kVA 时，按规定应装设瓦斯保护，而这类变电所电源侧的断路器往往不在变压器附近，因此瓦斯保护很难实施，而且如果变压器容量增大，供电半径增大，势必造成供电末端电压偏低，给居民生活带来不便，如荧光灯启燃困难、电冰箱不能启动等。

4）适当考虑今后负荷的发展

应适当考虑今后 5～10 年电力负荷的增长，留有一定的余地，同时可考虑变压器一定的正常过负荷能力。

最后必须指出：变电所主变压器台数和容量的最后确定，应结合变电所主接线方案的选择，对几个较合理的方案做技术经济比较，择优而定。

【**实例 5-2**】 某 10/0.4 kV 变电所, 总计算负荷为 1400 kVA, 其中一、二级负荷为 780 kVA。试初步选择其主变压器的台数和容量。

解: 根据该变电所有一、二级负荷的情况, 确定选两台主变压器, 每台容量 $S_{NT} = (0.6 \sim 0.7) \times 1400 \, kVA = (840 \sim 980) \, kVA$, 且 $S_{NT} \geq 780 \, kVA$, 因此初步确定每台主变压器容量为 1000 kVA。

5.2.5 电力变压器的并列运行条件

两台或多台电力变压器并列运行时, 必须满足下列三个基本条件。

（1）并列变压器的额定一次电压和二次电压必须对应相等。这也就是所有并列变压器的电压比必须相同, 允许差值不得超过 ±5%。如果并列变压器的电压比不同, 则并列变压器二次绕组的回路内将出现环流, 即二次电压较高的绕组将向二次电压较低的绕组供给电流, 引起电能损耗, 导致绕组过热甚至烧毁。

（2）并列变压器的短路电压（即阻抗电压）必须相等。由于并列变压器的负荷是按其阻抗电压值（或阻抗标幺值）成反比分配的, 如果阻抗电压相差过大, 可能导致阻抗电压较小的变压器发生过负荷现象。所以并列运行的变压器阻抗电压必须相等, 允许差值不得超过 ±10%。

（3）并列变压器的连接组别必须相同。也就是所有并列变压器的一次电压和二次电压的相序和相位都应分别对应地相同, 否则不能并列运行。假设两台并列运行的变压器, 一台为 Yyn0 连接, 另一台为 Dyn11 连接, 则它们的二次电压将出现 30°的相位差, 从而在两台变压器的二次绕组间产生电位差 ΔU, 如图 5-10 所示。这一 ΔU 将在两台变压器的二次侧产生一个很大的环流, 可能使变压器绕组烧毁。

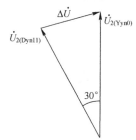

图 5-10 Yyn0 连接变压器与 Dyn11 连接变压器并列运行时的二次电压相量图

此外, 并列运行的变压器容量应尽量相同或相近, 其最大容量与最小容量之比, 一般不宜超过 3:1。如果容量相差悬殊, 不仅运行很不方便, 而且在变压器特性稍有差异时, 变压器间的环流往往相当显著, 特别是很容易造成小容量变压器的过负荷。

【**实例 5-3**】 现有一台 S9-800/10 型变压器与一台 S9-2000/10 型变压器并列运行, 两台均为 Dyn11 连接。问负荷达到 2500 kVA 时, 各台变压器分担多少负荷? 哪一台变压器可能过负荷?

解: 并列运行的变压器之间的负荷分配是与变压器的阻抗标幺值成反比的, 因此先计算各台变压器的阻抗标幺值。变压器的阻抗标幺值按下式计算

$$|Z_T^*| = \frac{U_k\% S_d}{100 S_N}$$

式中 $U_k\%$ —— 变压器的短路电压（阻抗电压）百分值;

S_N —— 变压器的额定容量（kVA）;

S_d —— 标幺值的基准容量, 通常取 $S_d = 100 \, MVA = 10^5 \, KVA$。

查表 A-8，得 S9-800 型变压器（T1）的 $U_k\% = 5$，S9-2000 型变压器（T2）的 $U_k\% = 6$。因此两台变压器的阻抗标幺值分别为（取 $S_d = 10^5\,kVA$）

$$|Z_{T1}^*| = \frac{5 \times 10^5\,kVA}{100 \times 800\,kVA} = 6.25$$

$$|Z_{T2}^*| = \frac{6 \times 10^5\,kVA}{100 \times 2000\,kVA} = 3.00$$

由此可求得两台变压器在负荷达 2500 kVA 时各自负担的负荷为：

$$S_{T1} = 2500\,kVA \times \frac{3.00}{6.25 + 3.00} = 810.8\,kVA$$

$$S_{T2} = 2500\,kVA \times \frac{6.25}{6.25 + 3.00} = 1689.2\,kVA$$

（或 $S_{T2} = 2500\,kVA - 810.8\,kVA = 1689.2\,kVA$）

由此可知 S9-800 型变压器将过负荷 10.8 kVA。

5.3 应急柴油发电机组的选择

应急柴油发电机组的容量选择，应满足下列条件。

（1）应急柴油发电机组的额定容量（有功功率）P_N，应不小于其所供全部应急负荷（包括重要负荷、应急照明和消防用电等）的最大计算负荷 P_{30}，即

$$P_N \geqslant P_{30} \tag{5-12}$$

在初步设计中，应急柴油发电机组的容量（视在功率）S_N，可按变电所主变压器总容量 $S_{N\Sigma}$ 的 10%～20% 考虑，通常取为 $S_{N\Sigma}$ 的 15%。

（2）在应急柴油发电机组所供电的应急负荷中，最大的笼型电动机的容量 $P_{N.M}$ 与柴油发电机组容量 P_N 之比不宜大于 25%，以免电动机在启动时使变电所母线的电压下降过甚，影响其他设备的正常运行，即

$$P_N \geqslant 4P_{N.M} \tag{5-13}$$

（3）应急柴油发电机组的单台容量不宜大于 1000 kW。如果应急负荷的总计算负荷 P_{30} >1000 kW 时，则宜选用两台或多台机组。

问题引入 电力系统中电能输送和分配线路如何表示？对变配电所的主接线方案有什么基本要求？

5.4 民用建筑变配电所的主接线图

主接线图也就是主电路图，是表示电力系统中电能输送和分配路线的电路图。而表示用来控制、指示、测量和保护主电路（即一次电路）及其中设备运行的电路图，称为二次接线图或二次电路图，也称二次回路图。

对工厂变配电所的主接线方案有下列基本要求。

（1）安全——应符合国家标准和有关技术规范的要求，能充分保证人身和设备的安全。

例如，在高压断路器的电源侧及可能反馈电能的负荷侧，必须装设高压隔离开关；对低压断路器也一样，在其电源侧及可能反馈电能的负荷侧，必须装设低压隔离开关（刀开关）。

（2）可靠——应满足各级电力负荷对供电可靠性的要求。例如，对一、二级重要负荷，其主接线方案应考虑两台主变压器，且一般应为双电源供电。

（3）灵活——应能适应供电系统所需的各种运行方式，便于操作维护，并能适应负荷的发展，有扩充改建的可能性。

（4）经济——在满足上述要求的前提下，应尽量使主接线简单，投资少，运行费用低，并节约电能和有色金属，应尽可能选用技术先进又经济实用的节能产品。

5.4.1　高压配电所的主接线图

高压配电所担负着从电力系统受电并向各车间变电所及某些高压用电设备配电的任务。

图5-11是某中型工厂供电系统中高压配电所及其附设2号车间变电所的主接线图。

1. 电源进线

这个配电所有两路10 kV电源进线，一路是架空线路WL1，另一路是电缆线路WL2。最常见的进线方式是，一路电源来自发电厂或电力系统变电站，作为正常工作电源；另一路电源则来自邻近单位的高压联络线，作为备用电源。

我国1996年发布施行的《供电营业规则》规定："对10 kV及以下电压供电的用户，应配置专用的电能计量柜（箱）；对35 kV及以上电压供电的用户，应有专用的电流互感器二次线圈和专用的电压互感器二次连接线，并不得与保护、测量回路共用。"因此，在这两路电源进线的主开关柜之前，各装有一台高压计量柜（图中No. 101和No. 112柜，也可在进线的主开关柜之后），其中的电流互感器和电压互感器专用来连接计费电能表。

考虑到进线断路器在检修时有可能两端来电，因此为保证断路器检修人员的安全，断路器两端均装有高压隔离开关。

2. 母线

高压配电所的母线，通常采用单母线制。如果是两路电源进线，则采用以高压隔离开关或高压断路器（其两侧装隔离开关）分段的单母线制。

图5-11所示高压配电所通常采用一路电源工作、另一路电源备用的运行方式，因此，母线分段开关通常是闭合的，高压并联电容器组对整个配电所的无功功率都进行补偿。如果工作电源进线发生故障或进行检修，在该进线切除后，投入备用电源即可使整个配电所恢复供电。如果采用备用电源自动投入装置（auto - put - into device of reserve - source，简称APD，汉语拼音缩写为BZT），则供电可靠性可进一步提高。

为了测量、监视、保护和控制主电路设备的需要，每段母线上都接有电压互感器，进线和出线上均串接有电流互感器。高压电流互感器均有两个二次绕组，其中一个接测量仪表，另一个接继电保护。为了防止雷电过电压侵入配电所时击毁其中的电气设备，各段母线上都装设了避雷器。避雷器与电压互感器同装在一个高压柜内，且共用一组高压隔离开关。

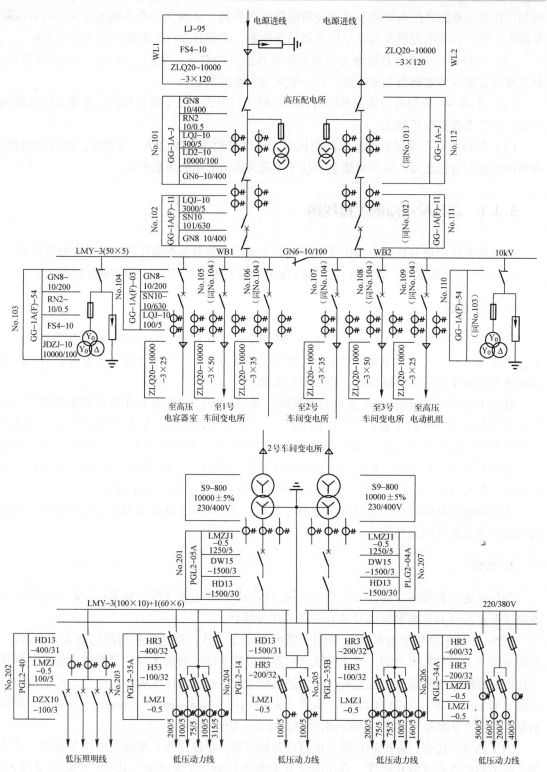

图 5-11 某高压配电所及其附设 2 号车间变电所的主接线图

3. 高压配电出线

这个配电所共有 6 路高压出线。其中有两路分别由两段母线经隔离开关 – 断路器配电给 2 号车间变电所。一路由左段母线 WB1 经隔离开关 – 断路器供 1 号车间变电所；另一路由右段母线 WB2 经隔离开关 – 断路器供 3 号车间变电所。此外，有一路由左段母线 WB1 经隔离开关 – 断路器供无功补偿用的高压并联电容器组，还有一路由右段母线 WB2 经隔离开关 – 断路器供一组高压电动机用电。所有出线断路器的母线侧均加装了隔离开关，以保证断路器和出线的安全检修。

图 5-11 所示变配电所主接线图，是按照电能输送的顺序来安排各设备的相互连接关系的。这种绘制方式的主接线图，称为"系统式"主接线图。这种简图多在运行中使用。变配电所运行值班用的模拟电路盘上绘制的一般就是这种系统式主接线图。这种主接线图全面、系统，但并不反映其中成套配电装置之间的相互排列位置。

在供电工程设计和安装施工中，往往采用另一种绘制方式的主接线图，是按照高压或低压成套配电装置之间的相互连接和排列位置关系而绘制的一种主接线图，称为"装置式"主接线图。例如，图 5-11 中所示高压配电所主接线图，按"装置式"绘制就如图 5-12 所示。装置式主接线图中，各成套配电装置的内部设备和接线以及各装置之间的相互连接和排列位置一目了然，因此这种简图最适于安装施工使用。

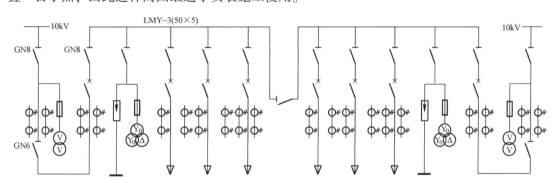

No.101	No.102	No.103	No.104	No.105	No.106		No.107	No.108	No.109	No.110	No.111	No.112
电能计量柜	1号进线开关柜	避雷器及电压互感器	出线柜	出线柜	出线柜	GN6-10/400	出线柜	出线柜	出线柜	避雷器及电压互感器	2号进线开关柜	电能计量柜
GG–1A–J	GG–1A(F)–11	GG–1A(F)–54	GG–1A(F)–03	GG–1A(F)–03	GG–1A(F)–03		GG–1A(F)–03	GG–1A(F)–03	GG–1A(F)–03	GG–1A(F)–54	GG–1A(F)–11	GG–1A–J

图 5-12　图 5-11 所示高压配电所的装置式主接线图

5.4.2　车间和小型工厂变电所的主接线图

车间变电所和一些小型工厂变电所，是将 6 ～ 10 kV 降为一般用电设备所需低压 220/380 V 的终端变电所。它们的主接线比较简单。

1. 车间变电所主接线图

从车间变电所高压侧的主接线来看，分两种情况。

（1）有工厂总降压变电所或高压配电所的车间变电所主接线。其高压侧的开关电器、保护装置和测量仪表等，一般都安装在高压配电线路的首端，即安装在总变、配电所的高压配电室内，而车间变电所只设变压器室（室外为变压器台）和低压配电室。其高压侧大多不装开关，或只装简单的隔离开关、熔断器（室外则装跌开式熔断器）、避雷器等，如图5-13所示。由图5-13可以看出，凡是高压架空进线，无论变电所为户内式还是户外式，均须装设避雷器以防雷电波沿架空线侵入变电所；而采用高压电缆进线时，避雷器则装设在电缆首端（图上未示出）而且避雷器的接地端要连同电缆的金属外皮一起接地。如果变压器高压侧为架空线加一段引入电缆的进线方式（如图5-11中的进线WL1），则变压器高压侧仍应装设避雷器。

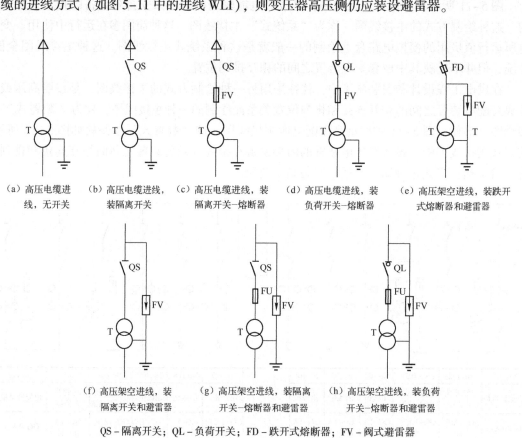

QS－隔离开关；QL－负荷开关；FD－跌开式熔断器；FV－阀式避雷器

图5-13　车间变电所高压侧主接线方案（示例）

（2）无工厂总变、配电所的车间变电所主接线。其车间变电所往往就是工厂的降压变电所，其高压侧的开关电器、保护装置和测量仪表等，都必须配备齐全，所以一般要设置高压配电室。在变压器容量较小、供电可靠性要求较低的情况下，也可以不设高压配电室，其高压熔断器、隔离开关、负荷开关及跌开式熔断器等，就装在变压器室（室外为变压器台）的墙上或电杆上，而计量电能就在低压侧。如果高压开关柜不多于6台时，高压开关柜也可装在低压配电室内，仍在高压侧计量电能。

2. 小型工厂变电所主接线图

下面介绍小型工厂变电所几种较常见的主接线方案（以下主接线图中均未绘出电能计量

柜接线)。

1) 只装有一台主变压器的小型变电所主接线图

只装有一台主变压器的小型变电所,其高压侧一般采用无母线的接线。根据其高压侧采用的开关电器不同,有以下三种比较典型的主接线方案。

(1) 高压侧采用隔离开关 – 熔断器或户外跌开式熔断器的变电所主接线图 (图 5–14)。

这种主接线,相当简单经济,但受隔离开关和跌开式熔断器切断空载变压器容量的限制,一般只用于容量 500 kVA 及以下的变电所,且供电可靠性不高。当主变压器或高压侧发生故障或检修时,整个变电所都要停电。由于隔离开关和跌开式熔断器不能带负荷操作,因此,变电所停电和送电的操作程序比较复杂,稍有疏忽,还容易发生带负荷拉闸的严重事故;而且在熔断器熔断后,更换熔体需一定时间,从而使故障排除后恢复供电的时间延长,更影响了供电的可靠性。这种主接线只适用于三级负荷的小型变电所。

(2) 高压侧采用负荷开关 – 熔断器的变电所主接线图 (图 5–15)。

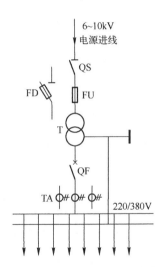
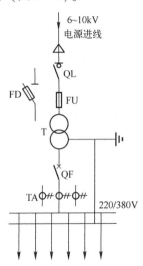

图 5–14 高压侧采用隔离开关 – 熔断器或户
外跌开式熔断器的变电所主接线图

图 5–15 高压侧采用负荷开关 –
熔断器的变电所主接线

由于负荷开关能带负荷操作,从而使变电所停电和送电的操作比上述主接线 (图 5–14) 要简便灵活得多,也不存在带负荷拉闸的问题。在发生过负荷时,负荷开关装的热脱扣器保护动作,使开关跳闸。但在发生短路故障时,也是熔断器熔断,因此这种主接线的供电可靠性仍然不高,一般也只用于三级负荷的小型变电所。

(3) 高压侧采用隔离开关 – 断路器的变电所主接线图 (图 5–16 和图 5–17)。

图 5–16 是高压侧采用隔离开关 – 断路器的变电所主接线。由于采用了高压断路器,因此,变电所的停、送电操作十分灵活方便,同时高压断路器都配备有继电保护装置,在变电所发生短路或过负荷时均能自动跳闸,而且在故障和异常情况消除后,又可直接迅速合闸从而使恢复供电的时间大大缩短。如果配备自动重合闸装置 (auto – reclosing device,简称 ARD,汉语拼音缩写为 ZCH),则供电可靠性可进一步提高。但是由于它只有一路电源进线,因此一般也只用于三级负荷,但供电容量较大。

图5-17所示变电所主接线有两路电源进线，因此供电可靠性相应提高，可供电给二级负荷。如果低压侧还有联络线与其他变电所相连，或者另有备用电源时，还可供少量一级负荷。

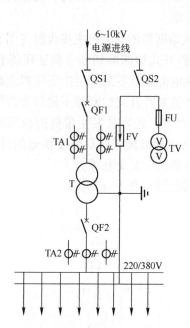

图5-16 高压侧采用隔离开关-
断路器的变电所主接线图（一）

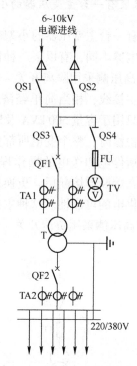

图5-17 高压侧采用隔离开关-
断路器的变电所主接线图（二）

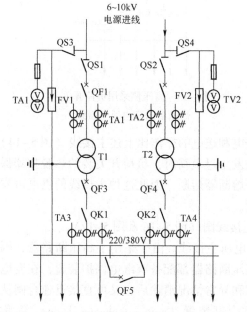

图5-18 高压侧无母线、低压侧单母线
分段的两台主变压器的变电所主接线图

2）装有两台主变压器的小型变电所主接线图

（1）高压侧无母线、低压侧单母线分段的两台主变压器的变电所主接线图（图5-18）。

这种主接线的供电可靠性较高。当任一台主变压器或任一电源进线停电检修或发生故障时，该变电所通过闭合低压母线的分段开关，即可迅速恢复对整个变电所的供电。如果两台主变压器的低压主开关和低压母线分段开关都采用电磁合闸或电动机合闸的万能式低压断路器，并装设互为备用的备用电源自动投入装置（APD），则任一主变压器低压主开关因电源进线失压而跳闸时，另一主变压器低压主开关和低压母线分段开关就将在 APD 的作用下自动合闸，恢复整个变电所的正常供电。这种主接线可供一、二级负荷。

（2）高压侧单母线、低压侧单母线分段的变电所主接线图（图5-19）。这种主接线适用于装

有两台（或多台）主变压器或者具有多路高压出线的变电所。其供电可靠性也较高，任一主变压器检修或发生故障时，通过切换操作，可迅速恢复整个变电所的供电。但是高压母线或者电源进线检修或发生故障时，整个变电所都要停电。如果有与其他变电所相连的低压或高压联络线时，供电可靠性则可大大提高。无联络线时，这种主接线只能供二、三级负荷，而有联络线时，则可供一、二级负荷。

（3）高、低压侧均为单母线分段的变电所主接线图（图5-20）。这种主接线的高压分段母线，正常时可以接通运行，也可以分段运行。当一台主变压器或一路电源进线停电检修或发生故障时，通过切换操作，可迅速恢复整个变电所的供电，因此其供电可靠性相当高，可供一、二级负荷。

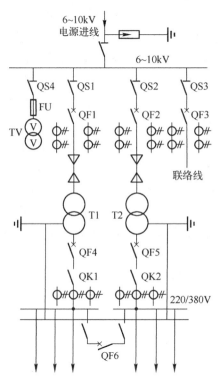

图5-19　高压侧单母线、低压侧单母线
　　　　分段的变电所主接线图

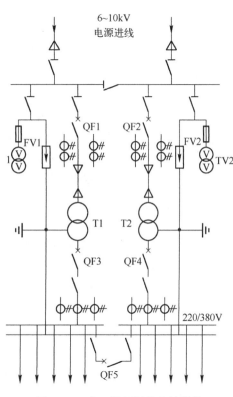

图5-20　高、低压侧均为单母线
　　　　分段的变电所主接线图

5.4.3　民用建筑总降压变电所的主接线图

对于电源进线电压为35 kV及以上的大中型工厂，通常是先经工厂总降压变电所降为6~10 kV的高压配电电压，然后经车间变电所，降为一般低压用电设备所需的电压，如220/380 V。

下面介绍工厂总降压变电所常见的几种主接线方案。为了使主接线图简明起见，图上省略了包括电能计量柜在内的所有电流互感器、电压互感器和避雷器等一次设备。

1. 只装有一台主变压器的总降压变电所主接线图

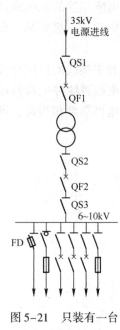

图 5-21　只装有一台
主变压器的总降压
变电所主接线图

通常采用一次侧无母线、二次侧为单母线的主接线，如图 5-21 所示。其一次侧采用高压断路器作为主开关。其特点是简单经济，但供电可靠性不高，只适用于三级负荷的工厂。

2. 装有两台主变压器的总降压变电所主接线图

（1）一次侧采用内桥式接线、二次侧采用单母线分段的总降压变电所主接线图（图 5-22）。这种主接线，其一次侧的高压断路器 QF10 跨接在两路电源进线 WL1 和 WL2 之间，犹如一座桥梁，而且处在线路断路器 QF11 和 QF12 的内侧，靠近主变压器，因此称为"内桥式"接线。这种主接线的运行灵活性较好，供电可靠性较高，适用于一、二级负荷的工厂。如果某路电源例如 WL1 线路停电检修或发生故障时，则断开 QF11，投入 QF10（其两侧 QS 先行闭合），即可由 WL2 线路恢复对变压器 T1 的供电。这种内桥式接线多用于电源线路较长因而发生故障和停电检修的机会较多并且变电所的变压器不需要经常切换的总降压变电所。

（2）一次侧采用外桥式接线、二次侧采用单母线分段的总降压变电所主接线图（图 5-23）。这种主接线，其一次侧的高压断路器 QF10 也跨接在两路电源进线 WL1 和 WL2 之间，但处在线路断路器 QF11 和 QF12 的外侧，靠近电源方向，因此称为"外桥式"接线。这种主接线的运行灵活性也较好，供电可靠性同样较高，也适用于一、二级负荷的工厂。但是，这种外桥式接线与内桥式接线适用的场合有所不同。如果某台变压器例如 T1 停电检修或发生故障时，则断开 QF11，投入 QF10（其两侧 QS 先行闭合），使两路电源进线又恢复并列运行。这种外桥式接线适用于电源线路较短而变电所昼夜负荷变动较大、适于经济运行而需要经常切换变压器的总降压变电所。当一次电源线路采用环形接线时，也宜于采用这种接线，使环形电网的穿越功率不通过进线断路器 QF11 和 QF12，这对改善线路断路器的工作及其继电保护的整定都极为有利。

（3）一、二次侧均采用单母线分段的总降压变电所主接线图（图 5-24）。这种主接线兼有上述内桥式和外桥式两种接线的运行灵活的优点，但所用高压开关设备较多，投资较大，可供一、二级负荷，适用于一、二次侧进出线较多的总降压变电所。

（4）一、二次侧均采用双母线的总降压变电所主接线图（图 5-25）。采用双母线接线较之采用单母线接线，供电可靠性和运行灵活性有大幅度的提高，但开关设备也相应地增加，从而大大增加了初投资，所以这种双母线接线在工厂变电所中很少采用，它主要用于电力系统的枢纽变电站。

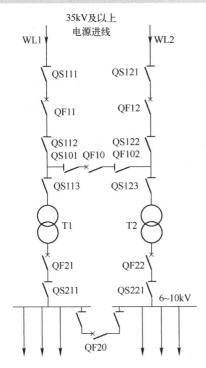

图 5-22　一次侧采用内桥式接线的
总降压变电所主接线图

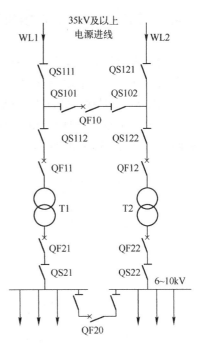

图 5-23　一次侧采用外桥式接线的
总降压变电所主接线图

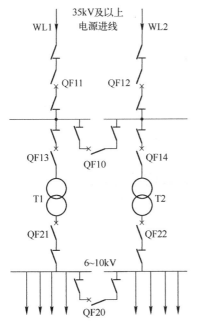

图 5-24　一、二次侧均采用单母线
分段的总降压变电所主接线图

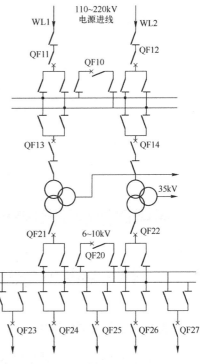

图 5-25　一、二次侧均采用双母线的
总降压变电所主接线图

5.4.4 接有应急柴油发电机组的变电所的主接线图

有些拥有重要负荷的工厂，往往装设有柴油发电机组作为应急的备用电源，以便在正常供电的公共电网停电时手动或自动地投入，供电给不允许停电的重要负荷（含消防用电）和应急照明。图5-26是接有柴油发电机组的变电所主接线图。其中，图5-26（a）为只有一台主变压器的变电所在公共电网停电时手动切换和投入柴油发电机组的主接线图，图5-26（b）为装有两台主变压器的变电所接有自启动柴油发电机组的主接线图。

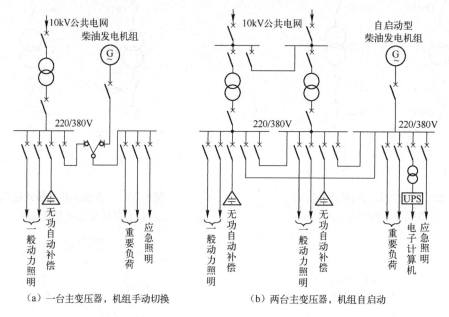

（a）一台主变压器，机组手动切换　　　　　（b）两台主变压器，机组自启动

图5-26　接有柴油发电机组的变电所主接线图

> ❓**问题引入**　民用建筑变配电所在布置上有什么要求？它的结构是怎样的？有什么要求？施工单位根据什么来对变配电所进行施工？

5.5　民用建筑变配电所的布置、结构及安装图

5.5.1　变配电所的总体布置

1. 变配电所总体布置的要求

变配电所的总体布置，应满足以下要求。

（1）便于运行维护和检修。有人值班的变配电所，一般应设单独的值班室。值班室应尽量靠近高低压配电室，且有门直通。如果高低压值班室靠近高压配电室有困难时，值班室可

经走廊与高压配电室相通。值班室亦可与低压配电室合并，但在放置值班工作桌的一面或一端，低压配电装置到墙的距离不应小于 3 m。

主变压器室应靠近交通运输方便的马路侧。条件许可时，可单设工具材料室或维修室。昼夜值班的变配电所，宜设休息室。有人值班的独立变配电所，宜设有厕所和给排水设施。

（2）保证运行安全。值班室内不得有高压设备。值班室的门应朝外开。高低压配电室和电容器室的门应朝值班室开或朝外开。

油量为 100kg 及以上的变压器应装设在单独的变压器室内。变压器室的大门应朝马路开，但应避免朝向露天仓库；在炎热地区，应避免朝西开门。

高压电容器组一般应装设在单独的高压电容器室内，但电容器柜数较少时，可装设在高压配电室内。低压电容器组可装设在低压配电室内，但电容器柜数较多时，宜装设在单独的低压电容器室内。

所有带电部分离墙和离地的尺寸以及各室中的维护操作通道宽度，均应符合有关规程的要求，以确保运行安全。

（3）便于进出线。如果是架空进线，则高压配电室宜位于进线侧。考虑到变压器低压出线通常采用矩形裸母线，因此变压器的安装位置（户内式变电所即为变压器室），宜靠近低压配电室。低压配电室宜位于其低压架空出线侧。

（4）节约土地和建筑费用。值班室可与低压配电室合并，这时低压配电室面积应适当增大，以便安置值班桌或控制台，以满足值班工作的要求。

高压开关柜数不多于 6 台时，可与低压配电屏设置在同一房间内，但高压柜与低压屏的间距应不小于 2 m。

不带可燃性油的高低压配电装置和干式电力变压器，当环境允许时，可相互靠近布置在车间内。

高压电容器柜数较少时，可装设在高压配电室内。周围环境正常的变电所，宜采用露天或半露天式。高压配电所应尽量与邻近的车间变电所合建。

（5）适应发展要求。变压器室应考虑到扩建时有更换大一级容量变压器的可能。高低压配电室内均应留有适当数量开关柜（屏）的备用位置。既要考虑到变配电所留有扩建的余地，又要不妨碍工厂或车间今后的发展。

2. 变配电所总体布置的方案

变配电所总体布置的方案，应因地制宜，合理设计。布置方案的最后确定，应通过几个方案的技术经济比较。

1）6～10/0.4 kV 车间变电所的布置方案示例

装有一台或两台 6～10/0.4 kV 配电变压器的独立式变电所布置示例如图 5-27（a）（户内式）和图 5-27（b）（户外式）所示。装有两台配电变压器的附设式变电所布置示例如图 5-27（c）所示；只装有一台配电变压器的附设式变电所布置示例如图 5-27（d）所示。露天或半露天变电所布置示例如图 5-27（e）和图 5-27（f）所示。

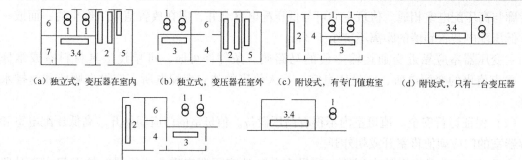

（a）独立式，变压器在室内　　　（b）独立式，变压器在室外　　　（c）附设式，有专门值班室　　　（d）附设式，只有一台变压器

（e）露天或半露天式，有高低压配电室和值班室　　　（f）露天或半露天式，只有低压配电室兼值班室

1—变压器室，或露天、半露天变压器装置；2—高压配电室；3—低压配电室
4—值班室；5—高压电容器室；6—维修间或工具间；7—休息室或生活间

图5-27　6～10/0.4 kV 车间变电所的布置方案示例

2）10 kV 高压配电所及附设车间变电所布置方案示例

图5-28 所示为10 kV 高压配电所及附设车间变电所布置示例。

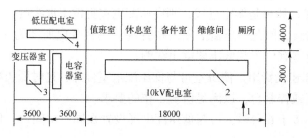

1—10 kV 电缆进线；2—10 kV 高压开关柜；3—10/0.4 kV 配电变压器；4—380 V 低压配电屏

图5-28　10 kV 高压配电所及附设车间变电所布置方案示例

图5-29 是图5-11 所示高压配电所及其附设2号车间变电所的平面图和剖面图。

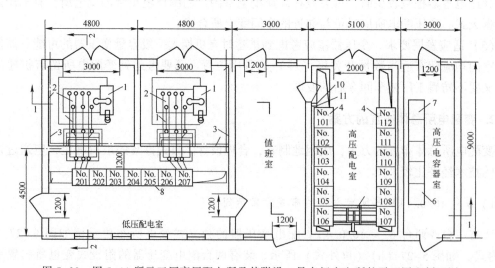

图5-29　图5-11 所示工厂高压配电所及其附设2号车间变电所的平面图和剖面图

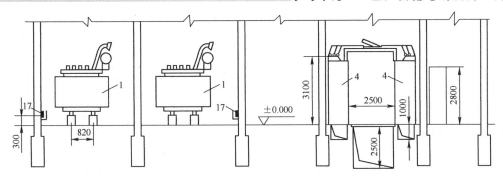

1—1剖面图

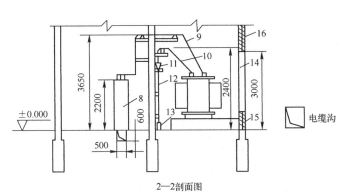

2—2剖面图

1—S9－800/10 型电力变压器；2—PEN 线；3—接地线；4—GG－1A（F）型高压开关柜；5—GN6 型高压隔离开关；
6—GR－1 型高压电容器柜；7—GR－1 型电容器放电柜；8—PGL2 型低压配电；9—低压母线及支架；
10—高压母线及支架；11—电缆头；12—电缆；13—电缆保护管；14—大门；15—进风口（百叶窗）；
16—出风口（百叶窗）；17—接地线及其固定钩

图 5-29　图 5-11 所示工厂高压配电所及其附设 2 号车间变电所的平面图和剖面图（续）

图 5-30 是总降压变电所单层布置方案示例。图 5-31 是总降压变电所双层布置方案示例。

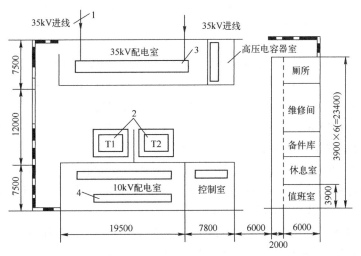

1—35 kV 架空进线；2—主变压器（4000 kVA）；3—35 kV 高压开关柜；4—10 kV 高压开关柜

图 5-30　35/10 kV 总降压变电所单层布置方案示例

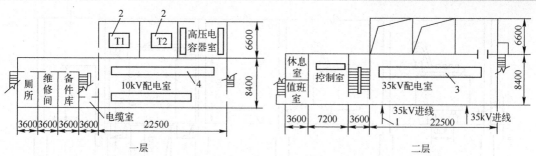

一层　　　　　　　　　　　　　二层

1—35 kV 架空进线；2—主变压器（6300 kVA）；3—35 kV 高压开关柜；4—10 kV 高压开关柜

图 5-31　35/10 kV 总降压变电所双层布置方案示例

5.5.2　变配电所及室外变压器台的结构

1. 变压器室的结构

变压器室的结构形式，取决于变压器的形式、容量、放置方式、主接线方案及进出线的方式和方向等诸多因素，并应考虑运行维护的安全以及通风、防火等问题。考虑到发展，变压器室宜有更换大一级容量变压器的可能性。

对可燃油油浸式变压器的变压器室，GB 50053—1994《10 kV 及以下变电所设计规范》及 DL/T5352—2006《高压配电装置设计技术规程》均规定，变压器外廓与变压器室墙壁和门的最小净距应见表 5-2，以确保变压器的安全运行和便于运行维护。

表 5-2　可燃油油浸式变压器外廓与变压器室墙壁和门的最小净距
（据 GB 50053—1994 和 DL/T5352—2006）

变压器容量/ kVA	100～1000	1250 及以上
变压器外廓与后壁、侧壁净距/mm	600	800
变压器外廓与门净距/mm	800	1000

设计变压器室的结构布置时，除了应根据 GB 50053—1994《10 kV 及以下变电所设计规范》和 GB 50059—1992《35～110 kV 变电所设计规范》外，还应参考建设部批准的《全国通用建筑标准设计·电气装置标准图集》中的 88D264《电力变压器室布置》（6～10/0.4 kV，200～1600 kVA）和 97D267《附设式电力变压器室布置》（35/0.4 kV，200～1600 kVA），不过这些都只适用于油浸式变压器室。

图 5-32 是 88D264 图集中一油浸式电力变压器室的结构布置图，其高压侧为 6～10 kV 负荷开关 - 熔断器或隔离开关 - 熔断器。变压器室为窄面推进式，地坪不抬高，高压电缆由左侧下面进线，低压母线由右侧上方出线。

对于干式（含环氧树脂浇注绝缘式）电力变压器的安装及其变压器室的结构布置设计，则应参考建设部批准的 99D268《干式变压器安装》标准图集。

图 5-33 是 99D268 图集中一干式电力变压器室的结构布置图，其高压侧装有 6～10 kV 负荷开关或隔离开关。变压器室也是窄面推进式，高压电缆为左侧下面进线，低压母线为右

侧上方出线。此干式变压器为无外壳式。

　　干式变压器也可不单独设置变压器室，而与高压配电装置同室布置，只是变压器应设不低于 1.7 m 高的栏与周围隔离，以保证运行安全。

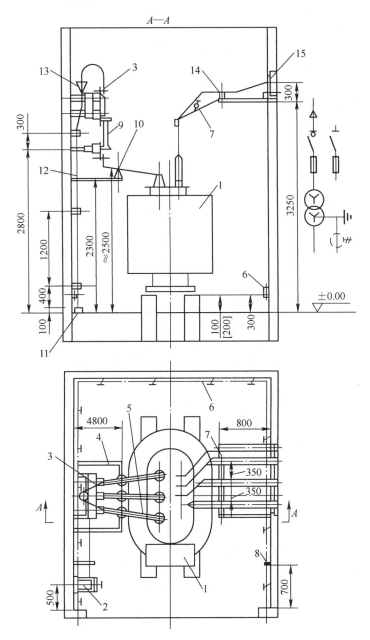

1—主变压器（6～10/0.4 kV）；2—负荷开关或隔离开关操作机构；3—负荷开关或隔离开关；

4—高压母线支架；5—高压母线；6—接地线；7—中性母线；8—临时接地端子；9—熔断器；

10—高压绝缘子；11—电缆保护管；12—高压电缆；13—电缆头；14—低压母线；15—穿墙隔板

图 5-32　油浸式电力变压器室结构布置示例

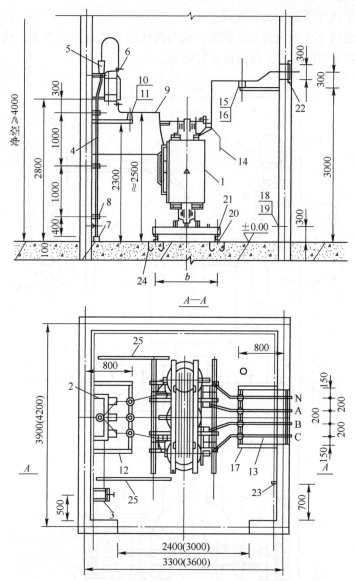

1—主变压器（6~10/0.4 kV）；2—负荷开关或隔离开关；3—负荷开关或隔离开关操作机构；4—高压电缆；
5—电缆头；6—电缆芯接头；7—电缆保护管；8—电缆支架；9—高压母线；10—高压母线夹具；
11—高压支柱绝缘子；12—高压母线支架；13—低压母线；14—接地线；15—低压母线夹具；
16—电车线路绝缘子；17—低压母线支架；18—PE接地干线；19—固定钩；20—干式变压器安装底座；
21—固定螺栓；22—低压母线穿墙板；23—临时接地端子；24—预埋钢板；25—木栅栏

图5-33　干式电力变压器室结构布置示例

2. 室外变压器台的结构

露天或半露天变电所的变压器四周应设不低于1.7 m高的固定围栏（或墙）。变压器外廓与围栏（墙）的净距不应小于0.8 m，变压器底部距地面不应小于0.3 m，相邻变压器外廓之间的净距不应小于1.5 m。

油量为 2500 kg 及以上的室外油浸式变压器之间的最小防火间距，按 DL/T5352—2006《高压配电装置设计技术规程》规定：电压等级 35 kV 及以下为 5 m，66 kV 为 6 m，110 kV 为 8 m，220 kV 及以上为 10 m。若间距小于上述规定时，应设置防火墙。防火墙应高出变压器油枕顶部，且墙两端应大于储油设施两侧各 1 m。

设计室外变电所时，除应依照前述 GB 50053—1994 和 GB 50059—1992 两个设计规范外，还应参考建设部批准的 86D266《落地式变压器台》标准图集。

图 5-34 是 86D266 图集中一露天变电所变压器台的结构布置图。该变电所有一路架空进线，高压侧装有可带负荷操作的 RW10-10F 型跌开式熔断器和避雷器，避雷器与变压器低压侧中性点及变压器外壳共同接地，并将变压器的接地中性线（PEN 线）引入低压配电室内。

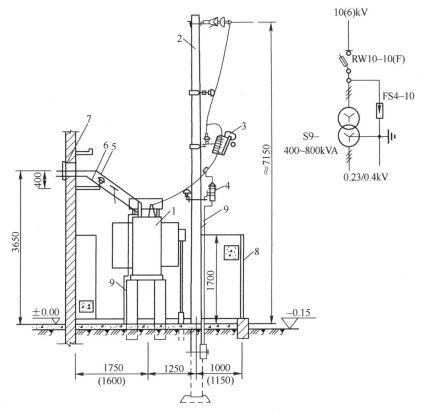

1—变压器（6～10/0.4 kV）；2—电杆；3—RW10-10F 型跌开式熔断器；4—避雷器；5—低压母线；
6—中性母线；7—穿墙套管；8—围墙或栅栏；9—接地线

图 5-34　露天变电所变压器台结构布置示例

注：括号内尺寸适于容量为 630 kVA 及以下的变压器

当变压器容量在 315 kVA 及以下、环境正常且符合用户供电可靠性要求时，可考虑采用杆上变压器台的形式。设计时可参考建设部批准的《全国通用建筑标准设计·电气装置标准图集》中的 86D265《杆上变压器台》。

3. 高低压配电室的结构

高低压配电室的结构形式，主要取决于高低压开关柜（屏）的形式、尺寸和数量，同时要考虑运行维护的方便和安全，留有足够的操作维护通道，并且照顾今后的发展，留有适当数量的备用开关柜（屏）的位置，但占地面积不宜过大，建筑费用不宜过高。

高压配电室内各种通道的最小宽度，按 GB 50053—2013 规定，见表 5-3。

表 5-3　高压配电室内各种通道的最小宽度（据 GB 50053—2013）

开关柜布置方式	柜后维护通道／mm	柜前操作通道/mm	
		固定式柜	手车式柜
单列布置	800	1500	单车长度 + 1200
双列面对面布置	800	2000	双车长度 + 900
双列背对背布置	1000	1500	单车长度 + 1200

注：① 固定式开关柜为靠墙布置时，柜后与墙净距应大于 50 mm，侧面与墙净距应大于 200 mm。

② 通道宽度在建筑物的墙面遇有柱类局部凸出时，凸出部位的通道宽度可减少 200 mm。

③ 当电源从柜后进线且须在柜的正背后墙上另设隔离开关及其手动操作机构时，柜后通道净宽不应小于 1500 mm；当柜背面的防护等级为 IP2X（参考表 A－17）时，可减为 1300 mm。

④ 按 DL/T5352—2006 规定，开关柜双列布置时，维护通道最小净距为 1000 mm。

图 5-35 是电气装置标准图集 88D263《变配电所常用设备构件安装》中装有 GG－1A（F）型高压开关柜、采用电缆进出线的高压配电室的两种布置方案剖面图，供参考。

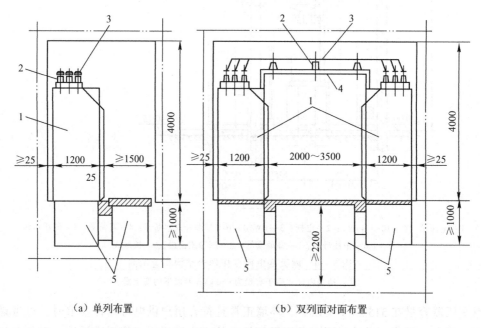

（a）单列布置　　　　　　　　　　　（b）双列面对面布置

1—高压开关柜；2—高压支柱绝缘子；3—高压母线；4—母线桥；5—电缆沟

图 5-35　装有 GG－1A（F）型高压开关柜并采用电缆进出线的高压配电室布置方案

由图 5-34 知，装设 GG－1A（F）型开关柜（其柜高为 3.1 m）的高压配电室高度为

4 m，这是采用电缆进出线的情况。如果采用架空进出线时，高压配电室高度应在 4.2 m 以上。如果采用电缆进出线而开关柜为手车式（一般高 2.2 m 左右）时，高压配电室高度可降至 3.5 m。为了布线和检修的需要，高压开关柜下面应设电缆沟。

低压配电室内成列布置的低压配电屏，其屏前后通道的最小宽度，按 GB 50053—2013 规定，见表 5-4。

表 5-4 低压配电室内屏前后通道最小宽度（据 GB 50053—2013）

配电屏形式	配电屏布置方式	屏前通道/mm	屏后通道/mm
固定式	单列布置	1500	1000
	双列面对面布置	2000	1000
	双列背对背布置	1500	1500
抽屉式	单列布置	1800	1000
	双列面对面布置	2300	1000
	双列背对背布置	1800	1000

注：① 当建筑物墙面遇有局部凸出时，凸出部位的通道宽度可减少 200 mm。

② 当低压配电屏的正背面墙上另设有开关和手动操作机构时，屏后通道净宽不应小于 1500 mm；当屏背面的防护等级为 IP2X 时，通道可减为 1300 mm。

低压配电室的高度应与变压器室综合考虑，以便变压器低压出线。当配电室与抬高地坪的变压器室相邻时，配电室高度不应低于 4 m；与不抬高地坪的变压器室相邻时，配电室高度不应小于 3.5 m。为了布线需要，低压配电屏下面也应设电缆沟。

高压配电室的耐火等级不应低于二级，低压配电室的耐火等级不应低于三级。高压配电室宜设不能开启的自然采光窗，窗台距室外地坪不应低于 1.8 m；低压配电室可设能开启的自然采光窗。配电室临街的一面不宜开窗。高低压配电室的门应向外开；相邻配电室之间有门时，其门应能双向开启。配电室也应设置防止雨、雪和蛇、鼠类小动物从采光窗、通风窗、门、电缆沟等进入室内的设施。配电室的顶棚、墙面及地面的建筑装修应少积灰和不起灰，顶棚不应抹灰。长度大于 7 m 的配电室，应设两个出口，并宜布置在配电室的两端。长度大于 60 m 时，宜增加一个出口。

4. 高低压电容器室的结构

高低压电容器室采用的电容器柜，通常都是成套的。按 GB 50053—2013 规定，成套电容器柜单列布置时，柜正面与墙面距离不应小于 1.5 m；双列布置时，柜面之间距离不应小于 2.0 m。

高压电容器室的耐火等级不应低于二级，低压电容器室的耐火等级不应低于三级。

电容器室应有良好的自然通风，通风量应根据电容器的允许温度，按夏季排风温度不超过电容器所允许的最高环境温度计算。当自然通风不能满足排热要求时，可增设机械排风。电容器室应设温度指示装置。电容器室的门也应向外开。电容器室同样应设置防止雨、雪和蛇、鼠类小动物从采光窗、通风窗、门、电缆沟等进入室内的设施。

5. 值班室的结构

值班室的结构形式，要结合变配电所的总体布置和值班制度全盘考虑，以利于运行维护。值班室要有良好的自然采光，采光窗宜朝南。在采暖地区，值班室应采暖，采暖计算温度为18℃。采暖装置宜采用排管焊接。在蚊虫较多的地区，值班室应装纱窗、纱门。值班室通往外边的门（除通往高低压配电室等的门外），应朝外开。

6. 组合式成套变电所的结构

组合式成套变电所又称箱式或预装式变电所，其各个单元都由生产厂家成套供应，现场组合安装即成。成套变电所不必建造变压器室和高低压配电室，从而减少土建投资，而且便于深入负荷中心，简化供配电系统。它一般采用无油电器，因此运行更加安全，且维护工作量小。这种组合式变电所已在各类建筑特别是高层建筑中广泛应用。

组合式成套变电所分户内式和户外式两大类。户内式主要用于高层建筑和民用建筑群的供电，而户外式则主要用于工矿企业、公共建筑和住宅小区供电。

组合式成套变电所的电气设备一般分为三部分（以上海华通开关厂生产的 XZN – 1 型户内组合式成套变电所为例）。

（1）高压开关柜。采用 GFC – 10A 型手车式高压开关柜，其手车上装有 ZN4 – 10C 型真空断路器。

（2）变压器柜。主要装配 SC 或 SCL 型树脂浇注绝缘干式变压器，防护式可拆装结构。变压器底部装有滚轮，便于取出检修。

（3）低压配电柜。采用 BFC – 10A 型抽屉式低压配电柜，开关主要为 ME 型低压断路器等。

某 XZN – 1 型户内组合式成套变电所的平面布置图如图 5–36 所示。该变电装置高度为 2.2 m。其对应的主接线图如图 5–37 所示。

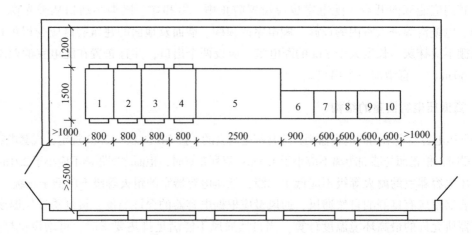

1～4—GFC – 10A 型手车式高压开关柜；5—SC 或 SCL 型树脂浇注绝缘干式变压器；
6—低压总进线柜；7～10—BFC – 10A 型抽屉式低压配电柜
图 5–36　某 XZN – 1 型户内组合式成套变电所的平面布置图

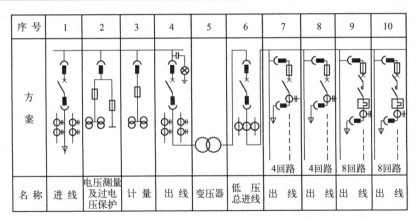

图 5-37　图 5-36 所示 XZN-1 型成套变电所的高低压接线简图

5.5.3　工厂应急柴油发电机组机房的结构布置

工厂自备应急柴油发电机组机房的结构布置，应保证运行安全可靠、经济合理、布置紧凑、便于维护。

机房应有良好的自然通风和采光，并便于废气的排出。

机房宜靠近变配电所或一级负荷。

柴油发电机室和控制室不应设在厕所、浴室及其他经常积水场所的正下方或贴邻。

机房内机组布置的有关尺寸要求，见表 5-5。其对应的机组布置图，如图 5-38 所示。

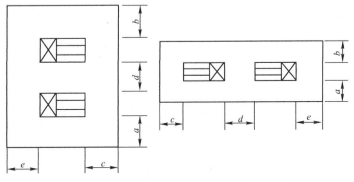

（a）机组垂直布置　　　　　　　　　（b）机组平行布置

图 5-38　柴油发电机组布置图（最小尺寸见表 5-5）

表 5-5　国产柴油发电机组布置的最小尺寸

容　　量/kW			64 及以下	75～150	200～400	500～800
机组外壳部位	机组操作面	a	1.6	1.7	1.8	2.2
	机组背面	b	1.5	1.6	1.7	2.0
	柴油机端①	c	1.0	1.0	1.2	1.5

续表

容　量/kW			64 及以下	75～150	200～400	500～800
机组外壳部位	机组间距	d	1.7	2.0	2.3	2.6
	发电机端	e	1.0	1.8	2.0	2.4
	机房净高 ②	h	3.5	3.5	4.0～4.3	4.3～5.0

图 5-39 是 200GF40 型 200 kW 自启动柴油发电机组机房布置示例。

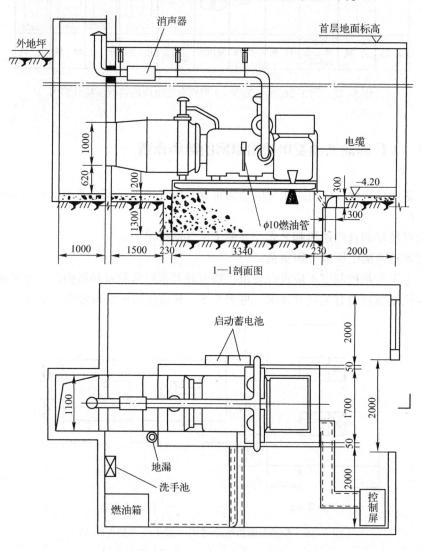

图 5-39　200GF40 型 200 kW 自启动柴油发电机组机房布置示例

5.5.4　变配电所的电气安装图

电气安装图又称电气施工图，是设计单位提供给施工单位进行电气安装所依据的技术图纸，也是运行单位进行竣工验收以及运行维护和检修试验的重要依据。

绘制电气安装图，必须遵循有关国家标准的规定。例如，图形符号必须遵守 GB/T 50786—2012《建筑电气制图标准》、制图方法必须遵守 GB/T6988—2008《电气技术用文件的编制》有关电气制图的规定。

变配电所的电气安装图，包括变配电所主接线图、二次回路图、平剖面图和无标准图样的构件安装大样图等。

（1）变配电所主接线图。又称主电路图。如前所述，有两种绘制方式：一种是按全系统电力输送顺序绘制的系统式主电路图，如图 5-11 所示；另一种是按高低压配电装置相互排列位置分别绘制的装置式主电路图，如图 5-12 所示。

（2）变配电所平、剖面图。采用适当的比例绘制，如图 5-28 所示。供电设计制图常用的比例见表 5-6。

表 5-6 供电设计制图常用的比例

比　　例	适 用 范 围
1:2000、1:1000、1:500	工厂总平面图
1:200、1:100、1:50	建筑物的平、剖面图；采用 A2 图纸时，工厂总变、配电所多采用 1:100，车间变电所多采用 1:50
1:50、1:20、1:10	建筑物的局部放大图
1:20、1:10、1:5	装置的配件及其构造详图

绘制平面图时必须注意：

① 平面图一般在建筑物的门、窗洞口处水平剖切俯视，图上应包括剖切面及投影方向可见的建筑、设备及必要的尺寸等。

② 对电力变压器和所有柜、屏、构架及穿墙绝缘子等，均应按俯视绘制。

③ 平面图上剖切符号的剖视方向宜向左和向上。

绘制剖面图时必须注意：

① 剖面图的剖切部位，应选择最能反映主要结构特征和最有代表性的部位进行剖切。

② 剖面图上应包括剖切面及投射方向可见的建（构）筑物、设备及必要的尺寸、标高等。

③ 剖面图无论如何剖视，整个建（构）筑物和设备均应绘为垂直状态，不能按剖视方向倒置。

平、剖面图的图面布置，一般是平面图置于左上（或左下），而剖面图则对应地置于其下（或其上）和右侧，也可灵活布置，但都必须标出剖面图的代号。此外，在平、剖面图上还应附列设备一览表，依平、剖面图上设备的编号顺序在标题栏上方或其他空白处用表格列出设备名称、型号、规格、数量及备注等。

（3）无标准图样的构件安装大样图。对于在制作和安装上有特殊要求而无标准图样的构件，应绘制专门的大样图，注明尺寸、比例及有关材料和技术要求等，以便按图制作和安装。

❓问题引入　民用建筑变配电所的值班制度和要求是怎样的？变配电所的送电和停电操作有什么要求？电力变压器、配电装置的运行维护有什么要求？

5.6 民用建筑变配电所及其一次系统的运行维护

5.6.1 变配电所的运行值班制度与要求

1. 变配电所的运行值班制度

工厂变配电所的运行值班制度，主要有轮班制和无人值班制。

（1）轮班制。即全天分为早、中、晚三班，值班员分组轮流值班，全年 365 天都不间断。这种值班制度对于确保变配电所的安全运行有很大好处，是我国工矿企业目前仍普遍采用的一种值班制度。但这种轮班制耗费的人力多，运行费用高。

（2）无人值班制。变配电所无固定值班人员进行日常监视和操作。我国有些小型工厂及有的大中型工厂的车间变电所，往往采用无人值班制，仅由工厂的维修电工或总变配电所的值班电工每天定期巡视检查。不过如果变配电所自动化程度低，这种无人值班制是很难确保变配电所安全可靠运行的要求的。现代化工矿企业变配电所的发展方向，就是要实现高度自动化和无人值班。变配电所内的简单、单项操作由当地自动化装置自动完成，而复杂的和涉及系统运行的操作，则由远方调度控制中心来控制。因此变配电所的自动化系统是无人值班的变配电所安全可靠运行的技术支撑和物质基础。

2. 变配电所值班员的职责

（1）遵守变配电所值班工作制度，坚守工作岗位，做好变配电所的安全保卫工作，确保变配电所的安全运行。

（2）积极钻研本职工作，认真学习和贯彻有关规程，熟悉变配电所一、二次系统的接线及设备的装设位置、结构性能、操作要求和维护保养方法等，掌握安全工具和消防器材的使用方法和触电急救法，了解变配电所现在的运行方式、负荷情况及负荷调整、电压调节等措施。

（3）监视变配电所内各种设施的运行状态，定期巡视检查，按现场规程规定抄报各种运行数据，记录运行日志。发现设备缺陷和运行不正常时，及时处理，并做好有关记录，以备查考。

（4）按上级调度命令进行操作。发生事故时，进行紧急处理，并做好记录，以备查考。

（5）保管好变配电所内各种资料图表、工具仪器和消防器材等，并按规定定期进行检查或检验，同时做好和保持好所内设备和环境的清洁卫生。

（6）按规定进行交接班。值班员未办完交接班手续时，不得擅离岗位。在处理事故时，一般不得交接班。接班的值班员可在当班的值班员要求和主持下，协助处理事故。如果事故一时难于处理完毕，在征得接班的值班员同意或上级同意后，可进行交接班。

3. 变配电所运行值班注意事项

（1）有高压设备的变配电所，为保证安全，一般应至少由两人值班。但当室内高压设备

的隔离室设有遮栏且遮栏高度在 1.7 m 以上、安装牢固并加锁，而且室内高压开关的操作机构用墙或金属板与开关隔离或装有远方操作机构时，可由单人值班。但单人值班时，值班员不得单独从事修理工作。

（2）无论高压设备是否带电，值班员不得单独移开或跨过遮栏进行工作。如有必要移开遮栏时，须有监护人在场，并符合表 5-7 规定的安全距离。

表 5-7　设备不停电时的安全距离（据 2009 年《国家电网公司电力安全工作规程》）

电压等级/kV	10 及以下（13.8）	20、35	66、110	220	330	500
安全距离/m	0.70	1.00	1.50	3.00	4.00	5.00

注：表中未列的电压按高一级电压的安全距离设置。

（3）雷雨天巡视室外高压设备时，应穿绝缘靴，并且不得靠近避雷针和避雷器。

（4）高压设备发生接地时，室内不得接近故障点 4 m 以内，室外不得接近故障点 8 m 以内。进入上述范围的人员，应穿绝缘靴。接触设备的外壳和构架时，应带绝缘手套。

（5）巡视高压配电装置，进出高压室，必须随手关门。

（6）高压室的钥匙至少应有 3 把，由运行值班员负责保管，按时移交。一把专供紧急时使用，一把专供值班员使用，其他可以借给经批准的巡视高压设备人员和经批准的检修、施工队伍的工作负责人使用，但应登记签名，在巡视或当日工作结束之后交还。

5.6.2　变配电所的送电和停电操作

1. 操作的一般要求

为了确保运行安全，防止误操作，按 2005 年《国家电网公司电力安全工作规程》规定：倒闸操作必须根据值班调度员或运行值班负责人的指令，受令人复诵无误后执行。

倒闸操作可以通过就地操作、遥控操作或程序操作完成。遥控操作和程序操作的设备应满足有关的技术条件。

就地操作又分监护操作、单人操作和检修人员操作三种方式。

（1）监护操作。由两人进行，其中对设备比较熟悉者作监护。特别重要和复杂的倒闸操作，由熟练的运行人员操作，运行值班负责人监护。操作人必须填写操作票。

（2）单人操作。这适于单人值班的变电所。运行人员根据发令人用电话传达的操作指令填写操作票，复诵无误后执行。实行单人操作的设备、项目及运行人员须经设备运行管理单位批准，人员应通过专项考核。

（3）检修人员操作。经设备运行管理单位考试合格、批准的本企业的检修人员，可进行 220 kV 及以下的电气设备由热备用至检修或由检修至热备用的监护操作，监护人应是同一单位的检修人员或设备运行人员。检修人员进行操作的接、发令程序及安全要求，应由设备运行管理单位总工程师（技术负责人）审定，并报相关部门和调度机构备案。

倒闸操作票的格式见表 5-8。操作票内应填入下列项目：应拉合的断路器和隔离开关，检查断路器和隔离开关的位置，检查接地线是否拆除，检查负荷分配，装拆接地线，安装或拆除控制回路或电压互感器回路的熔断器，切换保护回路以及检验是否确无电压等。

表 5-8　变电所倒闸操作票的格式

单位：　　　　　　　　　　　　　　　　　　　　　　　　　　　　　　　编号：

发令人		发令人		发令人		年　月　日　时　分	
（　）监护下操作　　　（　）单人操作　　　（　）检修人员操作							
操作任务：							
顺序		操　作　项　目				√	
备　注：							
操作人：　　　　　　　　监护人：　　　　　　　值班负责人（值长）：							

操作票应填写设备的双重名称，即设备名称和编号。

操作票应用钢笔或圆珠笔逐项填写。用计算机开出的操作票，应与手写的格式一致。操作票票面应清楚整洁，不得任意涂改。操作人和监护人应根据模拟图或接线图核对所填写的操作项目，并分别签名，然后经值班负责人（检修人员操作时由工作负责人）审核签名。

开始操作前，应先在模拟图（或微机防误装置、微机监控装置）上进行核对性的模拟预演；无误后，再进行操作。操作前，应先核对设备名称、编号和位置。操作中应认真执行监护复诵制度（单人操作时也应高声唱票），现场宜全过程录音。必须按操作票填写的顺序逐项操作。每操作完一项，应检查无误后在操作票该项后面画一个"√"记号。全部操作完毕后进行复查。

操作中发生疑问时，应立即停止操作，并向发令人报告。待发令人再行许可后，方可继续操作。不准擅自更改操作票，不准随意解除闭锁装置。

用绝缘棒拉合隔离开关或经传动机构拉合隔离开关和断路器，均应带绝缘手套。雨天操作室外高压设备时，绝缘棒应有防雨罩，并应穿绝缘靴。接地网电阻不符合要求的，晴天也应穿绝缘靴。雷电时，一般不进行倒闸操作，禁止就地进行倒闸操作。

在发生人身触电事故时，为了解救触电人，可以不经许可，即行断开有关设备的电源，但事后必须立即报告调度和上级部门。

下列各项操作可不使用操作票：

① 事故应急处理；

② 拉合断路器的单一操作；

③ 拉开或拆除全所唯一的一组接地刀闸或接地线。

上述操作在完成后应做好记录，事故应急处理应保存原始记录。

2. 变配电所的送电操作

变配电所送电时，一般应从电源侧的开关合起，依次合到负荷侧开关。按这种程序操作，可使开关的闭合电流减至最小，比较安全，万一某部分存在故障，也容易发现。但在高压断路器－隔离开关电路和低压断路器－刀开关电路中，送电时一定要按照下列顺序依次操作：

① 合母线侧隔离开关或刀开关；

② 合线路侧隔离开关或刀开关；

③ 合高压或低压断路器。

如果变配电所是事故停电后恢复送电的操作，则视电源进线侧装设的开关的不同类型而采取不同的操作程序。如果电源进线侧装设的是高压断路器，则高压母线发生短路故障时，断路器自动跳闸。在故障消除后，直接合上断路器即可恢复送电。如果电源进线侧装设的是高压负荷开关，则在故障消除并更换了熔断器的熔管后，合上负荷开关即可恢复送电。如果电源进线侧装设的是高压隔离开关－熔断器，则在故障消除并更换了熔断器的熔管后，先断开所有出线开关，然后合上高压隔离开关，再合上所有出线开关才能全面恢复送电。如果电源进线侧装设的是跌开式熔断器（不是负荷型的），其送电操作程序与装设的隔离开关相同。如果装设的是负荷型跌开式熔断器，则其操作程序与装设的负荷开关相同。

3. 变配电所的停电操作

变配电所停电时，一般应从负荷侧的开关拉起，依次拉到电源侧的开关。按这种程序操作，可使开关的开断电流减至最小，也比较安全。但是在高压断路器－隔离开关电路和低压断路器－刀开关电路中，停电时，一定要按照下列顺序依次操作：

① 拉高低压断路器；

② 拉线路侧隔离开关或刀开关；

③ 拉母线侧隔离开关或刀开关。

线路或设备停电以后，为了安全，一般规定要在主开关的操作手柄上悬挂"禁止合闸，有人工作！"之类的标示牌。如果有线路或设备检修时，应在电源侧（如有可能两侧来电时，则应在其两侧）安装临时接地线。安装接地线时，应先接接地端，后接线路端，而拆除接地线时，操作程序恰好相反。

5.6.3　电力变压器的运行维护

1. 一般要求

电力变压器是变电所内最关键的电气设备，做好变压器的运行维护工作十分重要。

在有人值班的变电所内，应根据控制盘或开关柜上的仪表信号来监视变压器的运行情况，并每小时抄表一次。如果变压器在过负荷下运行，则至少每半小时抄表一次。安装在变压器上的温度计，应于巡视时检视和记录。

无人值班的变电所，应于每次定期巡视时，记录变压器的电压、电流和上层油温。

变压器应定期进行外部巡视。有人值班的变电所，每天应至少检查一次，每周进行一次夜间检查。无人值班的变电所，变压器容量大于 315 kVA 的，每月至少检查一次；容量在 315 kVA 及以下的，可两月检查一次。根据现场的具体情况，特别是在气候骤变时，应适当增加检查次数。

2. 变压器的巡视项目

（1）检查变压器的音响是否正常。变压器的正常音响应是轻微而均匀的嗡嗡声。如果其音响较平常（正常）时沉重，说明变压器过负荷；如果音响尖锐，说明电源电压过高。

（2）检查变压器油温是否超过允许值。油浸式变压器的上层油温一般不应超过 85℃，最高不应超过 95℃。油温过高，可能是变压器过负荷引起，也可能是变压器内部故障的原因。

（3）检查变压器油枕及瓦斯继电器的油位和油色，检查各密封处有无渗油和漏油现象。如果油面过低，就可能存在有渗油和漏油情况。如果油面过高，则可能是冷却装置运行不正常或变压器内部故障所引起。如果油色变深变暗，则说明油质变坏。

（4）检查变压器套管是否清洁，有无破损裂纹和放电痕迹；检查高低压接头的螺栓是否紧固，有无接触不良和发热现象。

（5）检查变压器防爆膜是否完整无损；检查吸湿器是否畅通，硅胶是否吸湿饱和。

（6）检查变压器的接地装置是否完好。

（7）检查变压器的冷却、通风装置运行是否正常。

（8）检查变压器及其周围有无影响其安全运行的异物（如易燃、易爆和腐蚀性物品等）和异常现象。

在巡视中发现的异常情况，应记入专用记录本内；重要情况应及时汇报上级，请示处理。

5.6.4 配电装置的运行维护

1. 一般要求

配电装置应定期进行巡视检查，以便及时发现运行中出现的设备缺陷和故障，例如导体连接的接头发热、绝缘瓷瓶破损、油断路器漏油等，并设法采取措施予以消除。

在有人值班的变配电所内，配电装置应每天进行一次外部检查。在无人值班的变配电所内，配电装置应至少每月检查一次。如遇短路引起开关跳闸或其他特殊情况（如雷击后），则应对设备进行特别检查。

2. 配电装置的巡视项目

（1）由母线及接头的外观或其温度指示装置（如变色漆、示温蜡）的指示，判断母线及接头的发热温度是否超过允许值。

（2）开关电器中所装的绝缘油的颜色和油位是否正常，有无渗、漏油现象，油位置指示器有无破损。

（3）绝缘瓷瓶是否赃污、破损，有无放电痕迹。

（4）电缆及其接头有无漏油或其他异常现象。

（5）熔断器的熔体是否熔断，熔断器有无破损和放电痕迹。

（6）二次系统的设备如仪表、继电器等的工作是否正常。

（7）接地装置及 PE 线、PEN 线的连接处有无松脱或断线情况。

（8）整个配电装置的运行状态是否符合当时的运行要求。停电检修部分有没有在其电源侧断开的开关操作手柄处悬挂"禁止合闸，有人工作!"的标示牌，有没有装设必要的临时接地线。

（9）高低压配电室的通风、照明及安全防火装置是否正常。

（10）配电装置本身及其周围有无影响其安全运行的异物（如易燃、易爆和腐蚀性物品等）和异常现象。

在巡视中发现的异常情况，应记入专用记录本内；重要情况应及时汇报上级，请示处理。

知识梳理与总结

通过多媒体课件、讲授、实训、课堂练习、课后作业等形式，了解民用建筑变配电所的任务、类型及所址选择；熟悉电力变压器和应急柴油发电机组及其选择；熟悉民用建筑变配电所的主接线图；掌握民用建筑变配电所的布置、结构及安装图；熟悉民用建筑变配电所及其一次系统的运行维护。清楚本课程性质与能力目标，为后续课程学习做好准备。

复习思考题 5

5-1　车间附设变电所与车间内变电所相比较，各有哪些优缺点？各适用于什么情况？

5-2　变配电所所址选择要考虑哪些要求？所址靠近负荷中心有哪些好处？如何确定负荷中心？

5-3　我国工厂变电所中应用的电力变压器，按其绕组绝缘及冷却方式分，有哪些类型？各适用于什么场合？按其绕组的连接组别分，有哪些连接组别？又各自适用于什么场合？

5-4　什么是电力变压器的额定容量？其实际容量（出力）如何计算？什么叫正常过负荷和事故过负荷？各与哪些因素有关？油浸式变压器的正常过负荷，对室内式的最多可过负荷多少？对室外式的最多可过负荷多少？

5-5　工厂或车间变电所的主变压器台数和容量各如何选择？变压器并列运行应满足哪些条件？

5-6 工厂应急柴油发电机组的容量如何选择？机组数如何考虑？

5-7 电流互感器和电压互感器各有哪些功能？电流互感器工作时开路有哪些问题？

5-8 电流互感器和电压互感器的选择校验，各应考虑哪些条件？

5-9 对变配电所主接线的设计有哪些要求？内桥式接线与外桥式接线各有什么特点？各适用于什么情况？

5-10 变配电所总体布置应考虑哪些要求？变压器室、高压配电室、低压配电室与值班室相互之间的位置通常是怎么考虑的？

5-11 应急柴油发电机组机房的布置应考虑哪些要求？

5-12 变配电所有哪几种运行值班方式？值班员有哪些基本职责？

5-13 变配电所进行倒闸操作应履行哪些程序？送电操作和停电操作时的操作程序一般应是怎样的？对于装有高压断路器及其两侧装有隔离开关的高压出线，送电和停电时各应按怎样的顺序操作？

5-14 变压器的巡视检查主要应注意哪些问题？配电装置的巡视检查主要应注意哪些问题？

练习题 5

5-1 某厂的有功计算负荷为 2500 kVA，功率因数经补偿后达到 0.91（最大负荷时）。该厂 10 kV 进线上拟安装一台 SN10 - 10 型少油断路器，其主保护动作时间为 0.9 s，断路器断路时间为 0.2 s，其 10 kV 母线上的 $I_k^{(3)} = 18$ kA。试选择此少油断路器的规格。

5-2 某 10/0.4 kV 的车间变电所，总计算负荷为 780 kVA，其中一、二级负荷为 460 kVA。当地年平均气温为 25℃。试初步选择该车间变电所主变压器的台数和容量。

5-3 某 10/0.4 kV 的车间变电所，装有一台 S9 - 1000/10 型变压器。现负荷增长，计算负荷达到 1300 kVA。问增加一台 S9 - 315/10 型变压器与 S9 - 1000/10 型变压器并列运行，有没有什么问题？如果引起过负荷，将是哪一台过负荷（变压器均为 Yyn0 连接）？

5-4 某 10 kV 线路上装设有 LQJ - 10 型电流互感器（A 相和 C 相各一个），其 0.5 级的二次绕组接测量仪表，其中电流表消耗功率 3 VA，有功电能表和无功电能表的每一电流线圈均内消耗功率 0.7 VA；其 3 级的二次绕组接电流继电器，其线圈消耗功率 15 VA。电流互感器二次回路接线采用 BV - 500 - 1 × 2.5 mm² 的铜芯塑料线，互感器至仪表、继电器的接线单向长度为 2 m。试检验此电流互感器是否符合要求？

提示：电流表接在两组电流互感器的公共连接线上，因此该电流表消耗的功率应由两互感器各负担一半。

学习单元6

民用建筑电力线路

教学导航

教学任务	理论	民用建筑电力线路及其接线方式	课时分配	8
		民用建筑电力线路的结构和敷设		
		导线和电缆的选择计算		
		车间动力电气平面布线图		
		民用建筑电力线路的运行维护		
	实训	认识高压开关设备，低压开关设备 认识常见的高低压配电设备		2
教学目标	知识方面	掌握民用建筑电力线路及其接线方式 熟悉民用建筑电力线路的结构和敷设 掌握导线和电缆的选择计算 掌握车间动力电气平面布线图 熟悉民用建筑电力线路的运行维护		
	技能方面	导线和电缆的选择计算、识读车间动力电气平面布线图、电力线路的运行维护		
重　点		民用建筑电力线路的结构和敷设 导线电缆的选择计算、电力线路的运行维护		
难　点		导线电缆的选择计算 车间动力电气平面图的应用		
教学载体与资源		教材，多媒体课件，一体化电工与电子实验室，工作页，课堂练习，课后作业		
教学方法建议		引导文法，讨论式、互动式教学，启发式、引导式教学，直观性、体验性教学，案例教学法，任务驱动法，项目导向法，多媒体教学，理实一体化教学		
教学过程设计		初步认识民用建筑电力线路的任务、类型→理论授课，高压线路和低压线路的接线方式→架空线路的结构和敷设→电缆线路的结构和敷设→车间线路的结构和敷设→实践操作，进一步认识导线和电缆，按不同的实际情况进行导线和电缆的选择计算→识读车间动力电气平面图→熟悉民用建筑电力线路的运行维护→学生作业		
考核评价内容和标准		掌握民用建筑电力线路及其接线方式 熟悉民用建筑电力线路的结构和敷设 掌握导线和电缆的选择计算 掌握车间动力电气平面布线图 熟悉民用建筑电力线路的运行维护		

6.1 电力线路的类型及接线方式

6.1.1 电力线路的任务和类型

电力线路（electric power line）是电力系统的重要组成部分，担负着输送和分配电能的任务。

电力线路按电压高低分，有高压线路和低压线路。高压线路指 1 kV 及以上电压的电力线路，低压线路指 1 kV 以下的电力线路，也有的将 1 kV 至 10 kV 或 35 kV 的电力线路称为中压线路，35 kV 或以上至 110 kV 或 220 kV 的电力线路称为高压线路，而将 220 kV 或 330 kV 以上的电力线路称为超高压线路。

6.1.2 高压线路的接线方式

高压线路有放射式、树干式和环形等基本接线方式。

1. 放射式线路

放射式接线如图 6-1 所示，线路之间互不影响，因此供电可靠性较高，而且便于装设自动装置，保护装置也较简单，但是高压开关设备用得较多，而且每台高压断路器须装设一个高压开关柜，从而使投资增加，而且在发生故障或检修时，该线路所供电的负荷都要停电。要提高这种放射式线路的供电可靠性，可在各车间变电所高压侧之间或低压侧之间敷设联络线。要进一步提高其供电可靠性，还可采用来自两个电源的两路高压进线，然后经分段母线，由两段母线用双回路对用户交叉供电。

2. 树干式线路

树干式接线（图 6-2）与上述放射式接线（图 6-1）相比，具有以下优点：多数情况下能减少线路的有色金属消耗量；采用的高压开关数量少，投资较省。但有下列缺点：供电可靠性较低，当高压干线发生故障或检修时，接于干线的所有变电所都要停电，且在实现自动化方面，适应性较差。要提高其供电可靠性，可采用如图 6-3（a）所示的双干线供电或图 6-3（b）所示的两端供电的接线方式。

3. 环形线路

环形接线（图 6-4）实质上与两端供电的树干式接线相同。这种接线在现代化城市电网中应用很广。

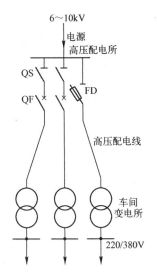

图6-1　高压放射式接线

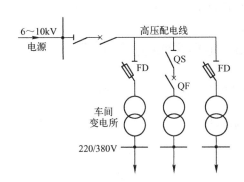

图6-2　高压树干式接线

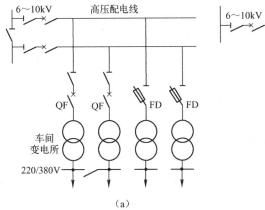

（a）

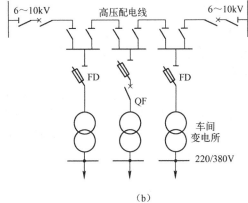

（b）

图6-3　双干线供电和两端供电的接线方式

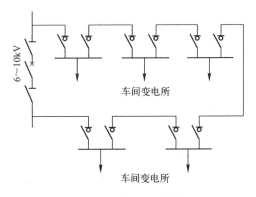

图6-4　高压环形接线

为了避免环形线路上发生故障时影响整个电网，也为了实现环形线路保护的选择性，绝大多数环形线路都采取"开口"运行的方式，即环形线路中间有一处的开关是断

开的。

实际上，工厂的高压配电线路往往是几种接线方式的组合，依具体情况而定。不过对大中型工厂，其高压配电系统多优先选用放射式，因为放射式接线的供电可靠性较高，且便于运行管理。但放射式接线采用的高压开关设备较多，投资较大，因此对于供电可靠性要求不高的辅助生产区和生活住宅区，则多采用比较经济的树干式或环形配电。

6.1.3 低压线路的接线方式

低压配电线路也有放射式、树干式和环形等基本接线方式。

1. 放射式接线

放射式接线如图6-5所示，其特点是：引出线发生故障时互不影响，供电可靠性较高，但是一般情况下，其有色金属消耗量较多，采用的开关设备也较多。因此放射式接线多用于设备容量较大或对供电可靠性要求较高的设备供电。

2. 树干式接线

树干式接线如图6-6所示，其特点正好与放射式接线相反。一般情况下，树干式接线采用的开关设备较少，有色金属消耗量也较少，但是当干线发生故障时，影响停电的范围大，因此供电可靠性较低。图6-6（a）所示树干式接线在机械加工车间、工具车间和机修车间中应用比较普遍，而且多采用成套的封闭型母线，灵活方便，也比较安全，适用于供电给容量较小而分布较均匀的用电设备，如机床、小型加热炉等。图6-6（b）所示的"变压器-干线组"接线，省去了变电所低压侧整套低压配电装置，从而使变电所的结构大为简化，投资大为降低。

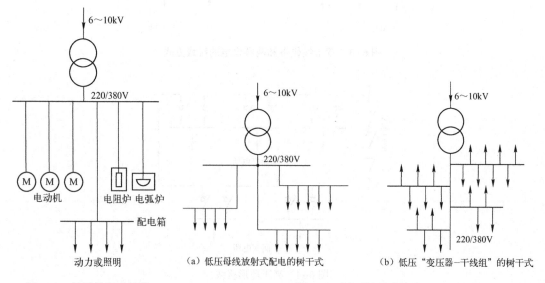

图6-5 低压放射式接线

（a）低压母线放射式配电的树干式　　（b）低压"变压器-干线组"的树干式

图6-6 低压树干式接线

图 6-7（a）和（b）是树干式接线的变形，称为链式接线。链式接线的特点与树干式基本相同，适用于用电设备彼此相距很近、容量都较小的情况。链式相连的用电设备一般不超过 5 台，链式相连的低压配电箱不宜超过 3 台，且总容量不宜超过 10 kW。

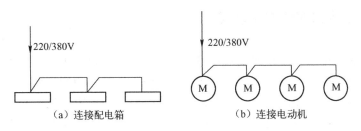

（a）连接配电箱　　　　　　　　（b）连接电动机

图 6-7　低压链式接线

3. 环形接线

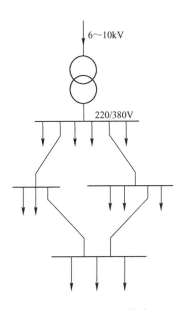

一些车间变电所低压侧，可以通过低压联络线相互连接成为环形。

环形接线如图 6-8 所示，供电可靠性较高，任一段线路发生故障或检修时，都不致造成供电中断，或只短时停电，一旦切换电源的操作完成，即能恢复供电。

环形接线可使电能损耗和电压损耗减少，但是其保护装置及其整定配合比较复杂。如果其保护的整定配合不当，容易发生误动作，反而扩大故障停电范围。实际上，低压环形接线也多采用"开口"方式运行。

在低压配电系统中，也往往是采用几种接线方式的组合，依具体情况而定。不过在正常环境的车间或建筑内，若大部分用电设备不是很大且无特殊要求时，宜采用树干式配电。这一方面是由于树干式配电较之放射式

图 6-8　低压环形接线

经济，另一方面是由于我国各工厂的供电技术人员对采用树干式配电积累了相当成熟的运行经验。

总的来说，电力线路的接线应力求简单。运行经验证明，供电系统如果接线复杂，层次过多，不仅浪费投资，维护不便，而且由于电路串联的元件过多，因操作失误或元件故障而发生事故的概率随之增加，且事故处理和恢复供电的操作也比较麻烦，从而延长了停电的时间。同时由于配电级数多，继电保护级数相应增加，动作时间也相应延长，对供电系统的故障保护十分不利。因此 GB 50052—2009《供配电系统设计规范》规定："供电系统应简单可靠，同一电压供电系统的变配电级数不宜多于两级。"

> ❓**问题引入**　民用建筑中，电力线路分为架空线路、电缆线路和车间线路，它们在结构上有什么区别？怎么敷设？

6.2 电力线路的结构和敷设

6.2.1 架空线路的结构和敷设

由于架空线路与电缆线路相比具有较多优点，如成本低投资少，安装容易，维护和检修方便，易于发现和排除故障等，所以架空线路在一般工厂中应用相当广泛。但是架空线路直接受大气影响，易受雷击和污秽空气危害且架空线路要占用一定的地面和空间，有碍交通和观瞻，因此受到一定的限制，现代化工厂有逐渐减少架空线路、改用电缆线路的趋向。

架空线路由导线、电杆、绝缘子和线路金具等主要元件组成，其结构如图 6-9 所示。为了防雷，有的架空线路上还装设有避雷线（又称架空地线）。为了加强电杆的稳固性，有的电杆还安装有拉线或扳桩。

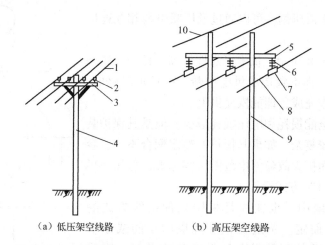

（a）低压架空线路　　　　　（b）高压架空线路

1—低压导线；2—针式绝缘子；3—低压横担；4—低压电杆；5—高压横担；
6—高压悬式绝缘子串；7—线夹；8—高压导线；9—高压电杆；10—避雷线

图 6-9　架空线路的结构

1. 架空线路的导线

导线是电力线路的主体，承担输送电能的功能。它架设在电杆上面，要经常承受自重和各种外力的作用，并要承受大气中各种有害物质的侵蚀。因此，导线必须具有良好的导电性，并要具有一定的机械强度和耐腐蚀性，尽可能质轻而价廉。

导线材质有铜、铝和钢。铜的导电性最好（电导率为 53 MS/m），机械强度也相当高（抗拉强度约为 380 MPa），但铜属于贵重金属，应尽量节约。铝的机械强度较差（抗拉强度约为 160 MPa），但其导电性较好（电导率为 32 MS/m），且具有质轻、价廉的优点。因此在能以铝代铜的场合，尽量采用铝导线。钢的机械强度很高（多股钢绞线的抗拉强度达1200 MPa），而且价廉，但其导电性差（电导率为 7.52 MS/m），功率损耗大（对交流电流还有铁磁损耗），并且容易锈蚀。因此钢线在架空线路上一般只用做避雷线，而且规定要使用

截面不小于 35 mm² 的镀锌钢绞线。

架空线路一般采用裸导线。裸导线按结构分，有单股线和多股绞线。工厂供电系统中一般采用多股绞线。绞线又有铜绞线、铝绞线和钢芯铝绞线。架空线路上一般采用铝绞线。在机械强度要求较高和 35 kV 及以上的架空线路上，则多采用钢芯铝绞线。钢芯铝绞线简称钢芯铝线，其截面结构如图 6-10 所示，其芯线是钢线，用以增强导线的抗拉强度，弥补铝线机械强度较差的缺点，而其外围为铝线，用以传导电流，取其导电性较好的优点。由于交流电流在导线中的集肤效应，交流电流

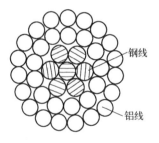

图 6-10　钢芯铝绞线截面

实际上只从铝线通过，从而弥补了钢线导电性差的缺点。钢芯铝线型号中表示的截面积就是导电的铝线部分的截面积。例如 LGJ-185，185 表示钢芯铝线（LGJ）中铝线（L）的额定截面积为 185 mm²。

架空线路常用裸导线全型号的表示和含义如下。

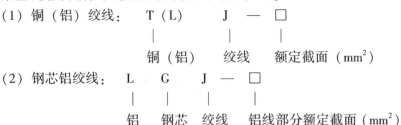

对于工厂和城市 10 kV 及以下的架空线路，若安全距离难以满足要求，或者邻近高层建筑及在繁华街道、人口密集地区，或者空气严重污秽地段和建筑施工现场，按 GB 50061—2010《66 kV 及以下架空电力线路设计规范》规定，可采用绝缘导线。

2. 电杆、横担和拉线

电杆是支持导线的支柱，是架空线路的重要组成部分。

对电杆的要求，主要是要有足够的机械强度，同时尽可能经久耐用，价廉，便于搬运和安装。

电杆按其采用的材料分，有木杆、水泥杆和铁塔。对工厂来说，水泥杆应用最为普遍。因为水泥杆可节约大量木材和钢材，而且经久耐用，维护简单也比较经济。

电杆按其在架空线路中的功能和地位分，有直线杆、分段杆、转角杆、终端杆、跨越杆和分支杆等形式。图 6-11 是上述各种杆型在低压架空线路上的应用示例。

横担安装在电杆的上部，用来安装绝缘子以架设导线。常用横担有木横担、铁横担和瓷横担。现在工厂的架空线路上普遍采用的是铁横担和瓷横担。瓷横担是我国独创的产品，具有良好的电气绝缘性能，兼有横担和绝缘子的双重功能，能节约大量的木材和钢材，有效地利用电杆高度，降低线路造价。它结构简单，安装方便，但比较脆，安装和使用中必须注意。图 6-12 是高压电杆上安装的瓷横担。

拉线是为了平衡电杆各方面的作用力并抵抗风压以防止电杆倾倒用的，例如终端杆、转角杆、分段杆等往往都装有拉线。拉线的结构如图 6-13 所示。

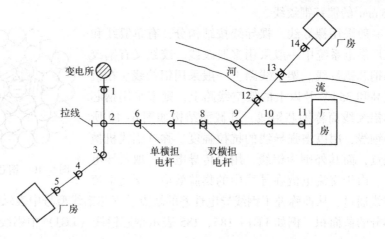

1、5、11、14—终端杆；2、9—分支杆；3—转角杆；8—分段杆（耐张杆）；

4、6、7、10—直线杆（中间杆）；12、13—跨越杆

图 6-11　各种杆型在低压架空线路上的应用

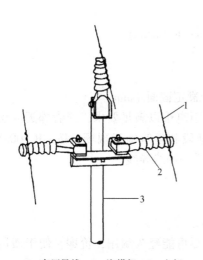

1—高压导线；2—瓷横担；3—电杆

图 6-12　高压电杆上安装的瓷横担

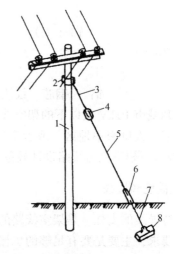

1—电杆；2—固定拉线的抱箍；3—上把；4—拉线绝缘子；

5—腰把；6—花篮螺钉；7—底把；8—拉线底盘

图 6-13　拉线的结构

3. 线路绝缘子和金具

绝缘子又称瓷瓶。线路绝缘子用来将导线固定在电杆上，并使导线与电杆绝缘。因此对绝缘子既要求具有一定的电气绝缘强度，又要求具有足够的机械强度。

线路绝缘子按电压高低分，有高压绝缘子和低压绝缘子两大类。图 6-14 是高压线路绝缘子的外形结构。

线路金具是用来连接导线、安装横担和绝缘子等的金属附件，如图 6-15（a）、（b）所示是用来安装低压针式绝缘子的直脚和弯脚，图 6-15（c）所示是用来安装蝴蝶式绝缘子的穿芯螺钉，图 6-15（d）所示是用来将横担或拉线固定在电杆上的 U 形抱箍，图 6-15（e）所示是用来调节拉线松紧的花篮螺钉，图 6-15（f）所示是高压悬式绝缘子串的挂环、挂板、线夹等。

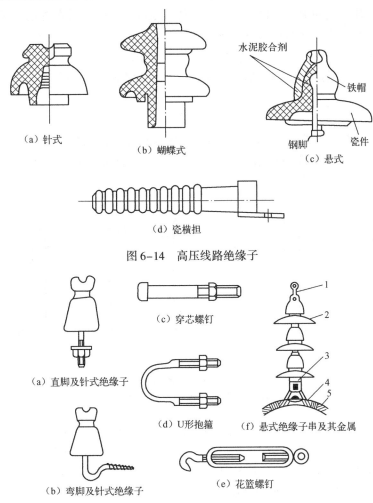

（a）针式　　　（b）蝴蝶式

水泥胶合剂

铁帽

钢脚　　瓷件

（c）悬式

（d）瓷横担

图 6-14　高压线路绝缘子

（a）直脚及针式绝缘子

（b）弯脚及针式绝缘子

（c）穿芯螺钉

（d）U 形抱箍

（e）花篮螺钉

（f）悬式绝缘子串及其金属

1—球头挂环；2—悬式绝缘子；3—碗头挂板；4—悬垂线夹；5—架空导线

图 6-15　架空线路用的金具

4. 架空线路的敷设

1）架空线路敷设的要求及其路径的选择

敷设架空线路，要严格遵守有关规程的规定。整个施工过程中，要重视安全教育，采取有效的安全措施，特别是在立杆、组装和架线时，更要注意人身安全，防止发生事故。竣工以后，要按照规定的程序和要求进行检查和验收，确保工程质量。

架空线路路径的选择，应认真进行调查研究，综合考虑运行、施工、交通条件和路径长度等因素，统筹兼顾，全面安排，进行多方位的比较，做到经济合理、安全适用。市区和工厂架空线路的选择应符合下列要求。

（1）路径要短，转角要少，尽量减少与其他设施交叉；当与其他架空电力线路或弱电线路交叉时，其间的间距及交叉点或交叉角的要求应符合 GB 50061—2010《66 kV 及以下架空电力线路设计规范》的有关规定。

（2）尽量避开河洼和雨水冲刷地带、不良地质地区及易燃、易爆等危险场所。

（3）不应引起机耕、交通和人行困难。

（4）不宜跨越房屋，应与建筑物保持一定的安全距离。

（5）应与工厂和城镇的总体规划协调配合，并适当考虑今后的发展。

2）导线在电杆上的排列方式

三相四线制低压架空线路的导线，一般都采用水平排列，如图 6-16（a）所示。由于中性线（N 线或 PEN 线）电位在三相对称时为零，而且其截面也较小，机械强度较差，所以中性线一般架设在靠近电杆的位置。

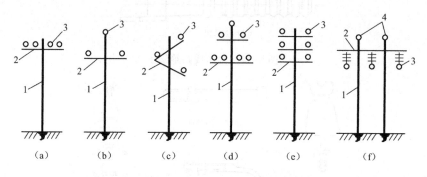

1—电杆；2—横担；3—导线；4—避雷线

图 6-16　导线在电杆上的排列方式

三相三线制架空线路的导线，可三角形排列，如图 6-16（b）、（c）所示，也可水平排列，如图 6-16（f）所示。多回路导线同杆架设时，可三角形和水平混合排列，如图 6-16（d）所示，也可全部垂直排列，如图 6-16（e）所示。电压不同的线路同杆架设时，电压较高的线路应架设在上面，电压较低的线路则架设在下面。

3）架空线路的档距、线距、弧垂及其他距离

架空线路的档距，又称跨距，是指同一线路上相邻两根电杆之间的水平距离，如图 6-17 所示。

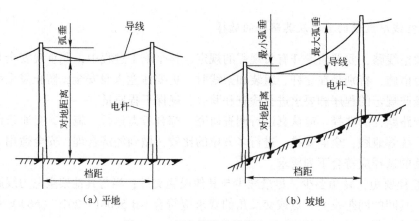

（a）平地　　　　　　　　　　　（b）坡地

图 6-17　架空线路的档距和弧垂

10 kV 及以下架空线路的档距，按 GB 50061—1997 规定，见表 6-1。

10 kV 及以下架空线路采用裸导线时的最小线间距离，按 GB 50061—2010 规定，见表 6-2。如果采用绝缘导线，则线距可结合当地运行经验确定。

表 6-1　10 kV 及以下架空线路的档距
（据 GB 50061—1997）

区　　域	线路电压 3～10 kV	线路电压 3 kV 以下
市区	档距 40～50 m	档距 40～50 m
郊区	档距 50～100 m	档距 40～60 m

表 6-2　10 kV 及以下架空线路采用裸导线时的
最小线距（据 GB 50061—2010）

线路电压	档距/m						
	40 及以下	50	60	70	80	90	100
	最小线间距离/m						
6～10 kV	0.6	0.65	0.7	0.75	0.85	0.9	1.0
3 kV 以下	0.3	0.4	0.45	—	—	—	—

注：3 kV 以下架空线路靠近电杆的两导线间的水平距离不应小于 0.5 m。

同杆架设的多回路线路，不同回路的导线间最小距离，按 GB 50061—2010 规定，应符合表 6-3 中的规定。

架空线路导线的弧垂，又称弛垂，是指其一个档距内导线的最低点与两端电杆上导线悬挂点间的垂直距离，如图 6-17 所示。导线的弧垂是导线存在着荷重所形成的。弧垂不宜过大，也不宜过小：过大则在导线摆动时容易引起相间短路，而且可造成导线对地或对其他物体的安全距离不够；过小则使导线的内应力增大，天冷时可能使导线收缩而绷断。

架空线路的导线与建筑物之间的垂直距离，按 GB 50061—2010 规定，在最大计算弧垂的情况下，应符合表 6-4 的要求。

表 6-3　不同回路导线间的
最小距离（据 GB 50061—2010）

线路电压	3～10 kV	35 kV	66 kV
线间距离	1.0 m	3.0 m	3.5 m

表 6-4　架空线路导线与建筑物间的
最小垂直距离（据 GB 50061—2010）

线路电压	3 kV 以下	3～10 kV	35 kV	66 kV
最小垂直距离	2.5 m	3.0 m	4.0 m	5.0 m

架空线路在最大计算风偏情况下，边导线与城市多层建筑或规划建筑线间的最小水平距离，按 GB 50061—2010 规定，应符合表 6-5 的要求。

表 6-5　架空线路边导线与建筑物间的最小水平距离（据 GB 50061—2010）

线路电压	3 kV 以下	3～10 kV	35 kV	66 kV
最小水平距离	1.0 m	1.5 m	3.0 m	4.0 m

架空线路导线对地面和水面的最小距离、架空线路与各种设施接近和交叉的最小距离等，在 GB 50061—2010 等技术规范中均有规定，设计和安装时必须遵循。

6.2.2　电缆线路的结构和敷设

电缆线路与架空线路相比，具有成本高、投资大、维修不便等缺点，但是它具有运行可

靠、不易受外界影响、不要架设电杆、不占地面、不碍观瞻等优点，特别是在有腐蚀性气体和易燃、易爆场所，不宜架设架空线路时，只有敷设电缆线路。在现代化工厂和城市中，电缆线路得到了越来越广泛的应用。

1. 电缆和电缆头

电缆是一种特殊结构的导线，在其几根（或单根）绞绕的绝缘导电芯线外面，统包有绝缘层和保护层。保护层又分内护层和外护层。内护层用以直接保护，常用的材料有铅、铝或塑料等。而外护层用以防止内护层受到机械损伤和腐蚀，通常采用钢丝或钢带构成的钢铠，外覆麻被、沥青或塑料护套。

电缆的类型很多。供电系统中常用的电力电缆，按其缆芯材质分，有铜芯和铝芯两大类。按其采用的绝缘介质分，有油浸纸绝缘电缆和塑料绝缘电缆两大类。油浸纸绝缘电缆具有耐压强度高、耐热性能好和使用寿命长等优点，因此应用相当普遍。但是它在运行中，其中的浸渍油会流动，因此其两端安装的高度差有一定的限制，否则电缆中低的一端可能因油压过大而使端头胀裂漏油，而其高的一端则可能因油流失而使绝缘干枯，耐压强度下降，甚至被击穿损坏。塑料绝缘电缆具有结构简单、制造加工方便、重量较轻、敷设安装方便、不受敷设高度差的限制及抗酸碱腐蚀性好等优点，因此在工厂供电系统中有逐步取代油浸纸绝缘电缆的趋势。目前我国生产的塑料绝缘电缆有两种：一种是聚氯乙烯绝缘及护套电缆；另一种是交联聚乙烯绝缘聚氯乙烯护套电缆，其电气性能更优越。

图6-18和图6-19分别是油浸纸绝缘电力电缆和交联聚乙烯绝缘电力电缆的结构图。

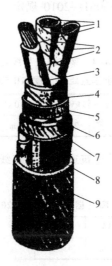

1—缆芯（铜芯或铝芯）；2—油浸纸绝缘层；
3—麻筋（填料）；4—油浸纸统包绝缘；
5—铅包（内护层）；6—涂沥青的纸带（内护层）；
7—浸沥青的麻被（内护层）；
8—钢铠（外护层）；9—麻被（外护层）
图6-18　油浸纸绝缘电力电缆

1—缆芯（铜芯或铝芯）；
2—交联聚乙烯绝缘层；
3—聚氯乙烯护套（内护层）；
4—钢铠或铝铠（外护层）；
5—聚氯乙烯（PVC）外护套（外护层）
图6-19　交联聚乙烯绝缘电力电缆

电力电缆全型号的表示和含义如下：

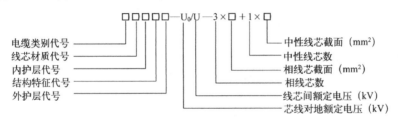

① 电缆类别代号：Z—油浸纸绝缘电力电缆；V—聚氯乙烯绝缘电力电缆；YJ—交联聚乙烯绝缘电力电缆；X—橡皮绝缘电力电缆；JK—架空电力电缆，加在上列代号之前；ZR 或 Z—阻燃型电力电缆，也加在上列代号之前。

② 线芯材质代号：L—铝芯；LH—铝合金芯；T—铜芯，一般不标；TR—软铜芯。

③ 内护层代号：Q—铅包，L—铝包，V—聚氯乙烯护套。

④ 结构特征代号：P—滴干式，D—不滴流式，F—分相铅包式。

⑤ 外护层代号：02—聚氯乙烯套，03—聚乙烯套，20—裸钢带铠装，22—钢带铠装聚氯乙烯套，23—钢带铠装聚乙烯套，30—裸细钢丝铠装，32—细钢丝铠装聚氯乙烯套，33—细钢丝铠装聚乙烯套，40—裸粗钢丝铠装，41—粗钢丝铠装纤维外被，42—粗钢丝铠装聚氯乙烯套，43—粗钢丝铠装聚乙烯套，441—双粗钢丝铠装纤维外被，241—钢带－粗钢丝铠装纤维外被。

必须注意：在考虑电缆线芯材质时，一般情况下可选用较价廉的铝芯电缆。但在下列情况下应选用铜芯电缆：

① 振动剧烈、有爆炸危险或对铝有腐蚀性等严酷的工作环境；

② 安全性、可靠性要求高的重要回路；

③ 耐火电缆及紧靠高温设备的电缆等。

电缆头包括电缆中间头和终端头。电缆头按使用的绝缘材料或填充材料分，有填充电缆胶的、环氧树脂浇注的、缠包式的和热缩材料的等。由于热缩材料的电缆头具有施工简便、价廉和性能良好等优点而在现代电缆工程中得到了推广应用。

图 6-20 是 10 kV 交联聚乙烯绝缘电缆的户内热缩终端头结构图。在户内热缩终端头上套入三孔热缩伞裙，然后各相套入单孔热缩伞裙，并分别加热固定，即为户外热缩终端头，如图 6-21 所示。

运行经验表明，电缆头是电缆线路中的薄弱环节，电缆的大部分故障都发生在电缆接头处。由于电缆头本身的缺陷或安装质量上的问题，往往造成短路故障，引起电缆头爆炸，破坏了电缆的正常运行，因此电缆头的安装质量至关重要，密封要好，其绝缘耐压强度不应低于电缆本身的耐压强度，要有足够的机械强度，且体积应尽可能小，结构简单，安装方便。

2. 电缆的敷设

1）电缆的敷设方式

常见的电缆敷设方式有直接埋地敷设（图 6-22）、沿墙敷设（图 6-23）、利用电缆沟

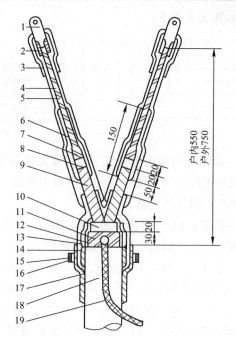

1—缆芯接线端子；2—密封胶；3—热缩密封管；4—热缩绝缘管；5—缆芯绝缘层；
6—应力控制管；7—应力疏散胶；8—半导体层；9—铜屏蔽层；10—热缩内护层；
11—钢铠；12—填充胶；13—热缩环；14—密封胶；15—热缩三芯手套；
16—喉箍；17—热缩密封套；18—PVC外护套；19—接地线

图6-20　10kV交联聚乙烯绝缘电缆的户内热缩电缆终端头

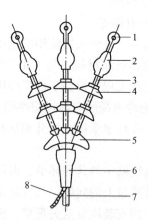

1—缆芯接线端子；2—热缩密封管；3—热缩绝缘管；4—单孔防雨伞裙；
5—三孔防雨伞裙；6—热缩三芯手套；7—PVC外护套；8—接地线

图6-21　户外热缩电缆终端头

（图6-24）和电缆桥架（图6-25）等；而电缆排管（图6-26）和电缆隧道（图6-27）多
见于发电厂和大型变电站，一般工厂中很少采用。

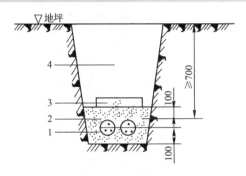

1—电力电缆；2—砂；3—保护盖板；4—填土

图 6-22　电缆直接埋地敷设

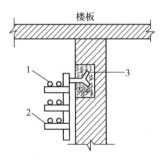

1—电力电缆；2—电缆支架；3—预埋铁件

图 6-23　电缆沿墙敷设

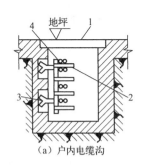

（a）户内电缆沟

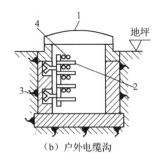

（b）户外电缆沟

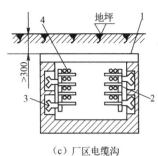

（c）厂区电缆沟

1—盖板；2—电缆支架；3—预埋铁件；4—电力电缆

图 6-24　电缆在电缆沟内敷设

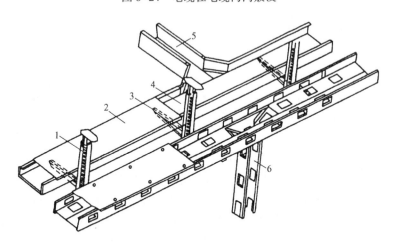

1—支架；2—盖板；3—支臂；4—线槽；5—水平分支线槽；6—垂直分支线槽

图 6-25　电缆桥架

2）电缆敷设路径的选择

电缆敷设路径的选择应符合下列条件：

① 避免电缆遭受机械性外力、过热及腐蚀等危害。

② 在满足安全要求的条件下电缆线路较短。

③ 便于运行维护。

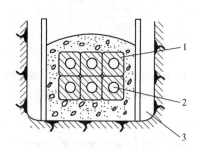

1—水泥排管；2—电缆穿孔；3—电缆沟

图 6-26　电缆排管

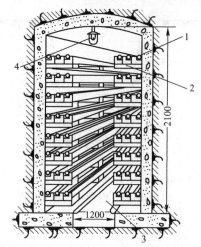

1—电缆；2—支架；3—维护走廊；4—照明灯具

图 6-27　电缆隧道

④ 应避开将要挖掘施工的地段。

3）电缆敷设的一般要求

敷设电缆一定要严格遵守有关技术规范的规定和设计的要求。竣工以后，要按规定程序和要求进行检查和验收，确保线路质量。

部分重要的技术要求如下：

（1）电缆长度宜按实际线路长度考虑 5% ~ 10% 的富裕量，以作为安装、检修时的备用；直埋电缆应做波浪形埋设。

（2）下列场合的非铠装电缆应采取穿管敷设：电缆进出建（构）筑物；电缆穿过楼板及墙壁处；从电缆沟引出至电杆，或沿墙敷设的电缆距地面 2 m 高度及埋入地下小于 0.3 m 深度的一段；电缆与道路、铁路交叉的一段。电缆保护管的内径不得小于电缆外径或多根电缆包络外径的 1.5 倍。

（3）多根电缆敷设在同一通道位于同侧的多层支架上时，应按下列要求进行配置：电力电缆应按电压等级由高至低的顺序排列，控制、信号电缆和通信电缆应按强电至弱电的顺序排列。支架层数受通道空间限制时，35 kV 及以下的相邻电压级的电力电缆，可排列在同一层支架上，1 kV 及以下的电力电缆也可与强电控制、信号电缆配置在同一层支架上。同一重要回路的工作电缆与备用电缆实行耐火分隔时，宜适当配置在不同层次的支架上。

（4）明敷的电缆不宜平行敷设于热力管道上边。电缆与管道之间无隔板保护时，按 GB 50217—2007《电力工程电缆设计规范》规定，其相互间距应符合表 6-6 的要求。

表 6-6　电缆与管道相互间的允许距离（据 GB 50217—2007）

电缆与管道之间走向		电力电缆	控制和信号电缆
热力管道	平行	1000 mm	500 mm
	交叉	500 mm	250 mm
其他管道	平行	150 mm	100 mm

（5）电缆应远离爆炸性气体释放源。敷设在爆炸性危险较小的场所时，应符合下列要求：易爆气体比空气重时，电缆应在较高处架空敷设，且对非铠装电缆采取穿管保护或置于托盘、槽盒内。易爆气体比空气轻时，电缆敷设在较低处的管、沟内，沟内非铠装电缆应埋沙。

（6）电缆沿输送易燃气体的管道敷设时，应配置在危险程度较低的管道一侧，且应符合下列规定：易燃气体比空气重时，电缆宜在管道上方；易燃气体比空气轻时，电缆宜在管道下方。

（7）电缆沟的结构应考虑到防火和防水。电缆沟从厂区进入厂房处应设置防火隔板。为了顺畅排水，电缆沟的纵向排水坡度不得小于0.5%，而且不得排向厂房内侧。

（8）直埋于非冻土地区的电缆，其外皮至地下构筑物基础的距离不得小于0.3 m，至对面的距离不得小于0.7 m。当位于车行道或耕地的下方时，应适当加深，且不得小于1 m。电缆直埋于冻土地区时，宜埋入冻土层以下。直埋敷设的电缆，严禁位于地下管道的正上方或正下方。在有化学腐蚀的土壤中，电缆不宜直埋敷设。

（9）电缆的金属外皮、金属电缆头及保护钢管和金属支架等，均应可靠接地。

6.2.3 车间线路的结构和敷设

车间线路包括室内配电线路和室外配电线路。室内（厂房内）配电线路大多采用绝缘导线，但配电干线多采用裸导线（母线），少数采用电缆。室外配电线路指沿车间外墙或屋檐敷设的低压配电线路，也包括车间之间的短距离的低压架空线路，一般都采用绝缘导线。

1. 绝缘导线的结构和敷设

绝缘导线按芯线材质分，有铜芯和铝芯两种。重要的、安全可靠性要求较高的线路，例如办公楼、实验楼、图书馆和住宅等线路和高温、振动场所及对铝有腐蚀的场所，均应采用铜芯绝缘导线，而其他场所一般可采用铝芯绝缘导线。

绝缘导线按绝缘材料分，有橡皮绝缘的和塑料绝缘的两种。橡皮绝缘导线的绝缘性能和耐热性能均较好，但耐油和抗酸碱腐蚀的能力较差，且价格较贵。塑料绝缘导线的绝缘性能好，且耐油和抗酸碱腐蚀，价格较低，并可节约大量橡胶和棉纱，因此在室内明敷和穿管敷设中应优先选用塑料绝缘导线。但是塑料绝缘导线的塑料绝缘材料在高温时易软化和老化，低温时又会变硬变脆，因此室外敷设及靠近热源的场所，宜优先选用耐热性较好的橡皮绝缘导线。

绝缘导线全型号的表示和含义如下：

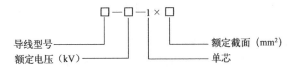

① 聚氯乙烯绝缘导线型号：BV（BLV）—铜（铝）芯聚氯乙烯绝缘导线，BVV（BLVV）—铜（铝）芯聚乙烯绝缘聚氯乙烯护套圆型导线，BVVB（BLVVB）—铜（铝）芯聚氯乙烯绝缘聚氯乙烯护套平型导线，BVR—铜芯聚氯乙烯绝缘软导线。

② 橡皮绝缘导线型号：BX（BLX）—铜（铝）芯橡皮绝缘棉纱或其他纤维编织导线，BXR—铜芯橡皮绝缘棉纱或其他纤维编织软导线，BXS—铜芯橡皮绝缘双股软导线。

绝缘导线的敷设方式分明敷和暗敷两种。明敷是导线直接或穿管子、线槽等敷设于墙壁、顶棚的表面及桁架、支架等处。暗敷是导线穿管子、线槽等敷设于墙壁、顶棚、地坪及楼板等的内部，或者在混凝土板孔内敷设。

绝缘导线的敷设要求应符合有关规程的规定。其中有几点要特别注意：

① 线槽布线和穿管布线的导线，在中间不许接头，接头必须经专门的接线盒。

② 穿金属管和穿金属线槽的交流线路，应将同一回路的所有相线和中性线（如有中性线时）穿于同一管、槽内；如果只穿部分导线，则由于线路电流不平衡而产生交变磁场作用于金属管、槽，在金属管、槽内产生涡流损耗，对钢管还要产生磁滞损耗，使管、槽发热导致其中绝缘导线过热甚至烧毁。

③ 穿导线的管、槽与热水管、蒸汽管同侧敷设时，应敷设在水、气管的下方；有困难时，可敷设在其上方，但相互间距应适当增大，或采取隔热措施。

2. 裸导线的结构和敷设

车间内的配电裸导线大多采用硬母线的结构，其截面形状有圆形、管形和矩形等，其材质有铜、铝和钢。车间中以采用 LMY 型硬铝母线较为普遍；也有少数采用 TMY 型硬铜母线的，但投资大。现代化的生产车间大多采用封闭式母线（通称"母线槽"）布线，如图 6-28 所示。封闭式母线安全、灵活、美观，但耗费的钢材较多，投资也较大。

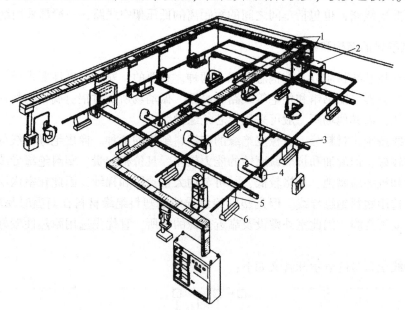

1—配电母线槽；2—配电装置；3—插接式母线；4—机床；5—照明母线槽；6—灯具

图 6-28　封闭式母线在车间内的布置

封闭式母线水平敷设时，至地面的距离不应小于 2.2 m。垂直敷设时，其距地面 1.8 m 以下的部分应采取防止机械损伤的措施，但敷设在电气专用房间如配电室、发电机室内的除外。

封闭式母线水平敷设的支撑点间距不宜大于 2 m。垂直敷设时，应在通过楼板处采用专用附件支撑。垂直敷设的封闭式母线，当进线盒及末端悬空时，应采用支架固定。

封闭式母线终端无引出或引入线时，端头应封闭。

封闭式母线的插接分支点，应设在安全及便于安装和维修的地方。

为了识别导线相序，以利于运行维修，GB 2681—1981《电工成套装置中的颜色》规定，交流三相系统中的裸导线应按表 6-7 涂色。裸导线涂色主要是为了辨别相序及其用途，同时也有利于防腐和改善散热条件。

表 6-7　交流三相系统中裸导线的涂色（据 GB 2681—1981）

裸导线类别	A 相	B 相	C 相	N 线、PEN 线	PE 线
涂漆颜色	黄	绿	红	淡蓝	黄绿双色

> **问题引入**　在民用建筑电力线路中，根据不同的环境需求，需要选择不同的导线和电缆，那么选择导线和线缆有哪些规定？如何对导线和线路进行选择计算呢？

6.3　导线和电缆的选择计算

6.3.1　导线和电缆选择的一般规定

1. 架空线路导线的选择

（1）110 kV 及以上架空线路宜采用钢芯铝绞线，截面不宜小于 150 ～ 185 mm²。35 ～ 66 kV 架空线路亦宜采用钢芯铝绞线，截面不宜小于 70 ～ 95 mm²。城市电网中 3 ～ 10 kV 架空线路宜采用铝绞线，主干线截面应为 150 ～ 240 mm²，分支线截面不宜小于 70 mm²；但在化工污秽及沿海地区，宜采用绝缘导线、铜绞线或钢芯铝绞线。当采用绝缘导线时，绝缘子绝缘水平应按 15 kV 考虑；采用铜绞线或钢芯铝绞线时，绝缘子绝缘水平应按 20 kV 考虑。农村电网中 10 kV 架空线路宜选用钢芯铝绞线或铝绞线，其主干线截面应按中期规划（5 ～ 10 年）一次选定，不宜小于 70 mm²。

（2）市区和工厂 10 kV 及以下架空线路，遇下列情况时可采用绝缘铝绞线（据 GB 50061—2010 规定）：线路走廊狭窄，与建筑物之间的距离不能满足安全要求的地段；高层建筑邻近地段；繁华街道或人口密集地区；游览区和绿化区；空气严重污秽地段；建筑施工现场。

（3）城市和工厂的低压架空线路宜采用铝芯绝缘线，主干线截面宜采用 150 mm²，一次建成；次干线宜采用 120 mm²，分支线宜采用 50 mm²。农村的低压架空线路可采用钢芯铝绞线或铝芯绝缘线，其主干线宜一次建成。

（4）架空线路导线的持续允许载流量，应按周围空气温度进行校正。周围空气温度（环境温度）应采用当地 10 年或以上的最热月的每日最高温度的月平均值。

（5）从供电变电所二次侧出口到线路末端变压器一次侧入口的 6 ～ 10 kV 架空线路的电

压损耗，不宜超过供电变电所二次侧额定电压的 5%。

（6）架空线路导线的截面，不应小于机械强度所要求的最小截面。

2. 电缆的选择

（1）电缆型号应根据线路的额定电压、环境条件、敷设方式和用电设备的特殊要求等进行选择。

（2）电缆的持续允许载流量，应按敷设处的周围介质温度进行校正：当周围介质为空气时，空气温度应取敷设处 10 年或以上的最热月的每日最高温度的月平均值。在生产厂房、电缆隧道及电缆沟内，周围空气温度还应计入电缆发热、散热和通风等因素的影响。当缺乏计算资料时，可按上述空气温度加 5℃。当周围介质为土壤时，土壤温度应取敷设处历年最热月的平均温度。电缆的持续允许载流量，还应按敷设方式和土壤热阻系数等因素进行校正。

（3）沿不同冷却条件的路径敷设电缆时，当冷却条件最差段的长度超过 10 m 时，应按该段冷却条件来选择电缆截面。

（4）电缆应按短路条件验算其热稳定度。

（5）农村电网中各级配电线路不宜采用电缆线路。

3. 住宅供电系统导线的选择

GB 50096—2011《住宅设计规范》规定：住宅供电系统（220/380 V）的电气线路应采用符合安全和防火要求的敷设方式配线，导线应采用铜线，每套住宅的进户线截面不应小于 10 mm^2，分支回路导线截面不应小于 2.5 mm^2。

6.3.2　导线和电缆截面选择计算的条件

为了保证供电系统安全、可靠、优质、经济地运行，导线和电缆截面的选择必须满足下列条件。

1. 发热条件

导线和电缆在通过正常最大负荷电流即计算电流时产生的发热温度，不应超过其正常运行时的最高允许温度。

2. 电压损耗条件

导线和电缆在通过正常最大负荷电流即计算电流时产生的电压损耗，不应超过其正常运行时允许的电压损耗。对于工厂内较短的高压线路，可不进行电压损耗校验。

根据设计经验，一般 10 kV 及以下高压线路及 1 kV 以下低压动力线路，通常是先按发热条件来选择导线或电缆截面，再校验电压损耗和机械强度。低压照明线路，因它对电压水平要求较高，故通常是先按允许电压损耗进行选择，再校验发热条件和机械强度。对长距离大电流线路和 35 kV 及以上高压线路，可先按经济电流密度确定一个截面，再校验其他条件。按上述经验选择计算，比较容易满足要求，较少返工。

下面分别介绍按发热条件、经济电流密度和电压损耗选择导线和电缆截面的问题。关于机械强度，对于工厂的电力线路，只要按其最小允许截面校验就行了，因此后面不再赘述。

6.3.3　按发热条件选择导线和电缆截面

1. 三相系统相线截面的选择

电流通过导线（包括电缆、母线等，下同）时，要产生电能损耗，使导线发热。导线温度过高时，会使导线接头处的氧化加剧，增大接触电阻，使之进一步氧化，最后可能发展到断线。而绝缘导线和电缆的温度过高时，可使绝缘加速老化甚至烧毁，或引起火灾。

按发热条件选择三相系统中的相线截面时，应使其允许载流量 I_{al} 不小于通过相线的计算电流 I_{30}，即

$$I_{al} \geq I_{30} \tag{6-1}$$

所谓导线的允许载流量（allowable current - carrying capacity），就是在规定的环境温度条件下，导线能够持续承受而不致使其稳定温度超过允许值的最大电流。如果导线敷设地点的环境温度与导线允许载流量所采用的环境温度不同时，则导线的允许载流量应乘以温度校正系数：

$$K_{\theta} = \sqrt{\frac{\theta_{al} - \theta_0'}{\theta_{al} - \theta_0}} \tag{6-2}$$

式中　θ_{al}——导线额定负荷时的最高允许温度；

　　　θ_0'——导线的允许载流量所采用的环境温度；

　　　θ_0——导线敷设地点的实际环境温度。

这里所说的"环境温度"，是按发热条件选择导线所采用的特定温度。如前所述，在室外，环境温度一般取当地最热月的每日最高温度的月平均值（即最热月平均最高气温）。在室内（包括电缆沟内和隧道内），则可取当地最热月平均最高气温加 $5℃$。对土中直埋的电缆，则取当地最热月地下 $0.8 \sim 1 \, m$ 的土壤平均温度，或近似地取当地最热月平均气温。

必须注意：按发热条件选择的绝缘导线和电缆截面，还必须与其相应的过电流保护装置（如熔断器或低压断路器的过电流脱扣器）的动作电流相配合。不允许发生绝缘导线和电缆因过电流作用引起过热甚至起燃而保护装置不动作的情况，因此绝缘导线和电缆的允许载流量还要满足下列条件：

$$I_{al} \geq I_{op}/K_{OL} \tag{6-3}$$

式中　I_{op}——过电流保护装置的动作电流（operate - current），对于熔断器为熔体额定电流；

　　　K_{OL}——绝缘导线和电缆允许的短时过负荷倍数。

2. 中性线、保护线和保护中性线截面的选择

1）中性线（N 线）截面的选择

三相四线制系统中的中性线，要通过系统中的不平衡电流即零序电流，因此中性线的允

许载流量不应小于三相系统的最大不平衡电流，同时应考虑系统中谐波电流的影响。

一般三相四线制线路的中性线截面 A_0，应不小于相线截面 A_φ 的 50%，即

$$A_0 \geqslant 0.5A_\varphi \tag{6-4}$$

由三相四线线路中引出的两相三线线路和单相线路，由于其中性线电流与相线电流相等，因此其中性线截面 A_0 应与相线截面 A_φ 相等，即

$$A_0 = A_\varphi \tag{6-5}$$

对于三次谐波电流突出的三相四线制线路，由于各相的三次谐波电流都要通过中性线，使得中性线电流可能接近甚至超过相线电流，因此其中性线截面 A_0 宜等于或大于相线截面 A_φ，即

$$A_0 \geqslant A_\varphi \tag{6-6}$$

2）保护线（PE 线）截面的选择

保护线要考虑三相系统发生单相短路故障时单相短路电流通过的短路热稳定度。

根据短路热稳定度的要求保护线的截面 A_{PE} 应按 GB 50054—1995《低压配电设计规范》的下列规定选择。

① 当 $A_\varphi \leqslant 16\ \text{mm}^2$ 时，

$$A_{PE} \geqslant A_\varphi \tag{6-7}$$

② 当 $16\ \text{mm}^2 \leqslant A_\varphi \leqslant 35\ \text{mm}^2$ 时，

$$A_{PE} \geqslant 16\ \text{mm}^2 \tag{6-8}$$

③ 当 $A_\varphi \geqslant 35\ \text{mm}^2$ 时，

$$A_{PE} \geqslant 0.5A_\varphi \tag{6-9}$$

④ 保护中性线（PEN 线）截面的选择：保护中性线兼有保护线和中性线的双重功能，因此其截面选择应同时满足上述保护线和中性线的要求，取其中最大值。

【实例6-1】有一条采用 BLV 型铝心塑料线明敷的 220/380 V 的 TN - S 线路，计算电流为 86 A，敷设地点的环境温度为 35℃。试按发热条件选择此线路的导线截面。

解： 此 TN - S 线路为具有单独 PE 线的三相四线制线路，包括相线、N 线和 PE 线。

（1）相线截面的选择。

查表 A-23 得 35℃ 时明敷的 BLV - 500 型铝心塑料线：

$$A_\varphi = 25\ \text{mm}^2$$

其 $I_{al} = 90\ \text{A} > I_{30} = 86\ \text{A}$，满足发热条件，故选

$$A_\varphi = 25\ \text{mm}^2$$

（2）N 线截面的选择。

按式（6-4），选 $A_0 = 16\ \text{mm}^2$。

（3）PE 线截面的选择。

按式（6-8），选 $A_{PE} = 16\ \text{mm}^2$。

该线路所选的导线型号规格可表示为 BLV - 500 - $(3 \times 25 + 1 \times 16 + \text{PE}16)$。

6.3.4　按经济电流密度选择导线和电缆截面

导线（或电缆，下同）的截面越大，电能损耗越小，但是线路投资、维修管理费用和有色金属消耗量都要增加。因此从经济方面考虑，导线应选择一个比较合理的截面，既要使电能损耗小，又不要过分增加线路投资、维修管理费用和有色金属消耗量。

图 6-29 是线路年运行费用 C 与导线截面 A 的关系曲线。其中曲线 1 表示线路的年折旧费（即线路投资除以折旧年限之值）和线路的年维修管理费之和与导线截面的关系曲线；曲线 2 表示线路的年电能损耗费与导线截面的关系曲线；曲线 3 为曲线 1 与曲线 2 的叠加，表示线路的年运行费用（包括线路的年折旧费、维修管理费和电能损耗费）与导线截面的关系曲线。由曲线 3 可以看出，与年运行费用最小值 C_a（曲线 3 上 a 点）相对应的导线截面 A_a 不一定是很经济合理的截面，因为 a 点附近曲线 3 比较平坦。如果将导线截面再选小一些，例如选为 A_b（b 点），年运行费

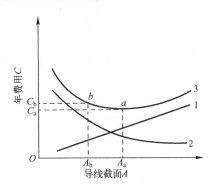

图 6-29　线路的年运行费用与
导线截面的关系曲线

用 C_b 增加不多，而导线截面即有色金属消耗量却显著减少。因此从全面的经济效益来考虑，导线截面选为 A_b 看来比选为 A_a 更为经济合理。这种从全面经济效益考虑，既使线路的年运行费用接近于最小，又适当考虑有色金属节约的导线截面，称为经济截面，用符号 A_{ec} 表示。

与经济截面对应的导线电流密度，称为经济电流密度。我国现行的经济电流密度值见表 6-8。

表 6-8　导线和电缆的经济电流密度（单位：A/mm^2）

线 路 类 别	导 线 材 质	年最大负荷利用小时		
		3000 h 以下	3000 ～ 5000 h	5000 h 以上
架空线路	铜	3.00	2.25	1.75
	铝	1.65	1.15	0.90
电缆线路	铜	2.50	2.25	2.00
	铝	1.92	1.73	1.54

按经济电流密度 j_{ec} 计算导线经济截面 A_{ec} 的公式为

$$A_{ec} = \frac{I_{30}}{j_{ec}} \tag{6-10}$$

式中　I_{30}——线路的计算电流。

按式（6-10）计算出 A_{ec} 后，应选最接近的标准截面（可取较小的标准截面），然后校验其他条件。

6.3.5　线路电压损耗的计算

由于线路存在着阻抗，所以在负荷电流通过线路时要产生电压损耗。按一般规定：高压配电线路的电压损耗，一般不得超过线路额定电压的5%；从变压器低压侧母线到用电设备受电端的低压配电线路的电压损耗，一般不得超过用电设备额定电压的5%；对视觉要求较高的照明线路，则为2%～3%。如果线路的电压损耗值超过了允许值，则应适当增大导线的截面，使之满足允许电压损耗的要求。

1. 集中负荷的三相线路电压损耗的计算

以图6-30（a）所示的带两个集中负荷的三相线路为例。线路图中的负荷电流都用小写i表示，各线段电流都用大写I表示；各线段的长度、每相电阻和电抗分别用小写l、r和x表示，而线路首端至各负荷点的线段长度、每相电阻和电抗则分别用大写L、R和X表示。

以线路末端的相电压$A_{\varphi2}$[1]作为参考轴，绘制成如图6-30（b）所示的线路电压电流相量图。由于线路上的电压降相对于线路电压来说很小（相量图上为了说明电压降的组成而将它放大了），$U_{\varphi1}$与$U_{\varphi2}$间的相位θ差实际上也很小，因此负荷电流i_1与电压$U_{\varphi1}$间的相位差φ_1在这里绘成i_1与$U_{\varphi2}$间的相位差。

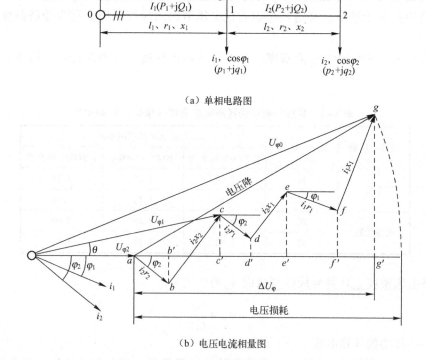

（a）单相电路图

（b）电压电流相量图

图6-30　带两个集中负荷的三相线路

【1】　为简化起见，这里将相量$\dot{U}$简写为U，省略了符号上边的"・"，其他相量符号相同。

由图6-30（b）所示的相量图可知，图6-30（a）所示线路的相电压损耗可按式（6-11）近似地计算：

$$\Delta U_\varphi = \overline{ab'} + \overline{b'c'} + \overline{c'd'} + \overline{d'e'} + \overline{e'f'} + \overline{f'g'} = i_2R_2\cos\varphi_2 + i_2X_2\sin\varphi_2 + i_1R_1\cos\varphi_1 + i_1X_1\sin\varphi_1$$

（6-11）

将式（6-11）中的 ΔU_φ 换算为 ΔU，并以带任意个集中负荷的一般公式来表示，即得电压损耗的一般计算公式为

$$\Delta U = \sqrt{3} \sum (Ir\cos\theta + Ix\sin\varphi) = \sqrt{3} \sum (I_a r + I_r x)$$

（6-12）

其中　$I_a = I\cos\varphi$，为线段电流有功分量；$I_r = I\sin\varphi$，为线段电流无功分量。

如果用负荷功率 p、q 来计算（感性负荷表示为 $p + jq$，则利用 $i = p/(\sqrt{3}\, U_N \cos\varphi) = q/(\sqrt{3}\, U_N \sin\varphi)$ 代入式（6-11），即可得电压损耗的一般公式：

$$\Delta U = \frac{\sum (pR + qX)}{U_N}$$

（6-13）

如果用线段功率 P、Q 来计算，则利用 $I = P/(\sqrt{3}\, U_N \cos\varphi) = Q/(\sqrt{3}\, U_N \sin\varphi)$ 代入式（6-12），即可得电压损耗的一般计算公式：

$$\Delta U = \frac{\sum (Pr + Qx)}{U_N}$$

（6-14）

对于"无感"线路，即线路感抗可略去不计或负荷的 $\cos\varphi \approx 1$ 的线路，其电压损耗为

$$\Delta U = \sqrt{3} \sum (iR) = \sqrt{3} \sum (Ir) = \frac{\sum (pR)}{U_N} = \frac{\sum (Pr)}{U_N}$$

（6-15）

对于"均一无感"线路，即全线路的导线型号规格一致且可不计感抗或负荷 $\cos\varphi \approx 1$ 的线路，则电压损耗为

$$\Delta U = \frac{\sum (pL)}{\gamma A U_N} = \frac{\sum (Pl)}{\gamma A U_N} = \frac{\sum M}{\gamma A U_N}$$

（6-16）

式中　γ——导线的电导率；

A——导线截面；

$\sum M$——线路的所有有功功率矩之和；

U_N——线路额定电压。

线路电压损耗的百分值为

$$\Delta U\% = \frac{\Delta U}{U_N} \times 100$$

（6-17）

"均一无感"线路的三相线路电压损耗百分值为

$$\Delta U\% = \frac{100 \sum M}{\gamma A U_N^2} = \frac{\sum M}{CA}$$

（6-18）

式中　C——计算系数，见表6-9。

表6-9　公式 $\Delta U\% = \dfrac{\sum M}{CA}$ 中的计算系数 C 值

线路电压/V	线路类别	C 的计算式	计算系数 $C/(\mathrm{kW \cdot m \cdot mm^{-2}})$	
			铜　线	铝　线
220/380	三相四线	$\gamma U_N^2/100$	76.5	46.2
	两相三线	$\gamma U_N^2/225$	34.0	20.5
220	单相及直流	$\gamma U_N^2/200$	12.8	7.74
110			3.21	1.94

注：表中 C 值是导线工作温度为50℃、功率矩 M 的单位为 $\mathrm{kW \cdot m}$、导线截面的单位为 $\mathrm{mm^2}$ 时的数值。

对于均一无感的单相交流线路和直流线路，由于其负荷电流（或功率）要通过来回两根导线，所以总的电压损耗应为一根导线电压损耗的两倍，而三相线路的电压损耗实际上是一根相线上的电压损耗，所以单相和直流线路的电压损耗百分值为

$$\Delta U\% = \frac{200 \sum M}{\gamma A U_N^2} = \frac{\sum M}{CA} \tag{6-19}$$

式中　C——计算系数，可查表6-9。

对于均一无感的两相三线线路［图6-31（a）］，由其相量图［图6-31（b）］可知，$I_A = I_B = I_0 = 0.5P/U_\varphi$，式中 P 为线路负荷，假设它平均分配于 A–N 和 B–N 之间。该线路的电压降应为相线与 N 线电压降的相量和，而该线路总的电压损耗则可认为是此电压降在以相线电压为参考轴上的投影。由图6-31（b）的相量图可知

$$\Delta U = I_A R + 0.5 I_A R = 1.5 IR = 1.5 \times \frac{0.5P}{U_\varphi} \times \frac{l}{\gamma A} = \frac{0.75}{U_\varphi \gamma A} \tag{6-20}$$

式中　R、l——一根导线的电阻和长度。

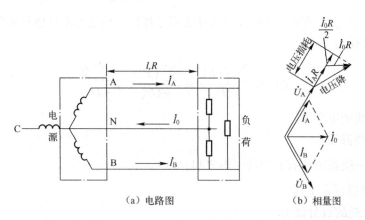

（a）电路图　　　　　（b）相量图

图6-31　两相三线线路

因此两相三线线路的电压损耗百分值为

$$\Delta U\% = \frac{75PI}{\gamma A U_\varphi^2} = \frac{75Pl}{\gamma A (U_N/\sqrt{3})^2} = \frac{225M}{\gamma A U_N^2} = \frac{\sum M}{CA} \tag{6-21}$$

式中　C——计算系数，也可查表6-9。

根据式（6–19）、式（6–20）和式（6–21）可得均一无感线路按允许电压损耗 $\Delta U_{al}\%$ 选择导线截面的公式为

$$A = \frac{\sum M}{C\Delta U_{al}\%} \tag{6-22}$$

式（6–22）常用于照明线路导线截面的选择。

2. 均匀分布负荷的三相线路电压损耗的计算

某线路带有一段均匀分布负荷，如图 6–32 所示。设单位长度的负荷电流为 i_0，则微小线段 dl 的负荷电流为 $i_0 dl$。一负荷电流 $i_0 dl$ 通过线路 l（其单位长度电阻为 R_0）产生的电压损耗为 $d(\Delta U) = \sqrt{3}i_0\,dl R_0 l$

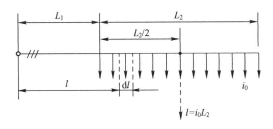

图 6–32 带有均匀分布负荷的线路

$$\Delta U = \int_{L_1}^{L_1+L_2} d(\Delta U) = \int_{L_1}^{L_1+L_2} \sqrt{3}i_0 R_0 l dl = \sqrt{3}i_0 R_0 \int_{L_1}^{L_1+L_2} l dl = \sqrt{3}i_0 R_0 \left(\frac{l^2}{2}\right)_{L_1}^{L_1+L_2}$$

$$= \sqrt{3}i_0 R_0 \times \frac{L_2(2L_1+L_2)}{2} = \sqrt{3}i_0 R_0 L_2\left(L_1 + \frac{L_2}{2}\right)$$

令 $i_0 L_2 = I$ 为与均匀分布负荷等效的集中负荷，则得

$$\Delta U = \sqrt{3}I R_0\left(L_1 + \frac{L_2}{2}\right) \tag{6-23}$$

式（6–23）说明，带有均匀分布负荷的线路，在计算其电压损耗时，可将其分布负荷集中于负荷分布线段的中点，按集中负荷来计算。

【实例6–2】 某 6 kV 三相架空线路，采用 LJ–50 型铝绞线，水平等距排列，线距为 0.8 m。该线路负荷 $P_{30} = 846$ kW，$Q_{30} = 406$ kvar，线路长 2.5 km。试计算其电压损耗百分值。

解： 线路的线间几何均距 0.8 m，查有关手册得线路的 $R_0 = 0.66\ \Omega/\text{km}$，$X_0 = 0.36\ \Omega/\text{km}$。故线路的电压损耗为

$$\Delta U = (P_{30}R + Q_{30}X)/U_N = (P_{30}R_0 l + Q_{30}X_0 l)$$

$$= (846\ \text{kW} \times 0.66 \times 2.5\ \Omega + 406\ \text{kvar} \times 0.36 \times 2.5\ \Omega)/6\ \text{kV}$$

$$= 294\ \text{V}$$

因此线路的电压损耗百分值为

$$\Delta U\% = 100\Delta U/U_N = 100 \times 294\ \text{V}/6000\ \text{V} = 4.9$$

6.4　车间动力电气平面布线图

电气平面布线图就是在建筑平面图上，应用国家标准规定的有关图形符号和文字符号，按照电气设备的安装位置及电气线路的敷设方式、部位和路径绘制的电气布置图。

电气平面布线图按布线地区来分，有厂区平面布线图、车间电气平面布线图、其他建筑（包括办公、住宅等）电气平面布线图及弱电系统（包括广播、电视和电话等）电气平面布线图等。这里介绍车间动力电气平面布线图。

车间动力电气平面布线图，是表示供电系统对车间动力设备配电的电气平面布线图。

图 6-33 是某机械加工车间的动力电气平面布线图示例（只绘出车间一角）。

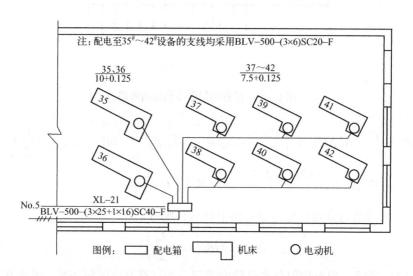

图 6-33　某机械加工车间（一角）的动力电气平面布线图

由图 6-33 可以看出，平面布线图上须表示出所有用电设备的位置，依次对设备编号，并注明设备的容量。按建设部 2001 年批准施行的 00DX001 号国家建筑标准设计图集《建筑电气工程设计常用图形和文字符号》规定，用电设备标注的格式为

$$\frac{a}{b} \tag{6-24}$$

式中　a——设备编号或设备位置号；

b——设备的额定容量（单位 kW 或 kVA）。

在电气平面布线图上，还须表示出所有配电设备的位置，同样要依次编号，并标注其型号规格。按 00DX001 标准图集规定，电气箱（柜、屏）标注的格式为

$$-a+b/c \tag{6-25}$$

式中　a——设备种类代号（表 6-10）；

b——设备安装位置的位置代号；

c——设备型号。

例如：– AP1 + 1 · B6/XL21 – 15，表示动力配电箱种类代号 – AP1，位置代号 + 1 · B6，表示安装位置在一层 B6 轴线，配电箱型号为 XL21 – 15。

表 6–10 是 00DX001 规定的部分电力设备在电气平面布线图上标注的文字符号（代号）。

表 6–10 部分电力设备的文字符号（据 00DX001）

设 备 名 称	英 文 名 称	文 字 符 号
交流（低压）配电屏	AC（Low – voltage）switchgear	AC
控制箱（柜）	Control box	AC
并联电容器屏	Shunt capacitor cubicle	ACC
直流配电屏、直流电源柜	DC switchgear，DC power supply cabinet	AD
高压开关柜	High – voltage switchgear	AH
照明配电箱	Lighting distribution board	AL
动力配电箱	Power distribution board	AP
电能表箱	Watt – hour meter box	AW
插座箱	Socket box	AX
空气调节器	Ventilator	EV
蓄电池	Battery	GB
柴油发电机	Diesel – engine generator	GD
电流表	Ammeter	PA
有功电能表	Watt – hour meter	PJ
无功电能表	Var – hour meter	PJR
电压表	Voltmeter	PV
电力变压器	Power transformer	T，TM
插头	Plug	XP
插座	Socket	XS
端子板	Terminal board	XT
信息插座	Telecommunication outlet	XTO

配电线路标注的格式为[1]

$$a \quad b - c(d \times e + f \times g + PEh)i - jk \qquad (6\text{–}26)$$

式中 *a*——线缆编号；

b——线缆型号；

c——并联电缆或线管根数（单根电缆或单根线管则省略）；

d——相线根数；

e——相线截面（mm^2）；

---

[1] 此格式系编者建议，与 00DX001 规定略有差异，00DX001 的格式中无"PEh"项。

f——N 线或 PEN 线根数；

g——N 线或 PEN 线截面（mm^2）；

h——PE 线截面（mm^2，无 PE 线则省略）；

i——线缆敷设方式代号（表6–11）；

j——线缆敷设部位代号（表6–12）；

k——线缆敷设高度（m）。

表6–11　线路敷设方式的标注（据00DX001）

序号	名　称	文字符号	英文名称
1	穿焊接钢管敷设	SC	Run in welded steel conduit
2	穿电线管敷设	MT	Run in electrical metallic tubing
3	穿硬塑料管敷设	PC	Run in rigid PVC conduit
4	穿阻燃半硬聚氯乙烯管敷设	FPC	Run in flame retardant semiflexible PVC conduit
5	电缆桥架敷设	CT	Installed in cable tray
6	金属线槽敷设	MR	Installed in metallic raceway
7	塑料线槽敷设	PR	Installed in PVC raceway
8	钢索敷设	M	Supported by messenger wire
9	穿聚氯乙烯塑料波纹电线管敷设	KPC	Run in corrugated PVC conduit
10	穿金属软管敷设	CP	Run in flexible metal conduit
11	直接埋设	DB	Direct burying
12	电缆沟敷设	TC	Installed in cable trough
13	水泥排管敷设	CE	Installed in concrete encasement

表6–12　导线敷设部位的标注（据00DX001）

序号	名　称	文字符号	英文名称
1	沿或跨梁（屋架）敷设	AB	Along or across beam
2	暗敷在梁内	BC	Concealed in beam
3	沿或跨柱敷设	AC	Along or across column
4	暗敷在柱内	CLC	Concealed in column
5	沿墙面敷设	WS	On wall surface
6	暗敷在墙内	WC	Concealed in wall
7	沿天棚或顶板面敷设	CE	Along ceiling or slab surface
8	暗敷在屋面或顶板内	CC	Concealed in ceiling or slab
9	吊顶内敷设	SCE	Recessed in ceiling
10	地板或地面下敷设	F	In floor or ground

　　例如：WP201 YJV – 0.6/1 kV – 2(3 × 150 + 1 × 70 + PE70) SC80 – WS3.5，表示电缆线路编号为 WP201，电缆型号为 YJV – 0.6/1 kV，2 根电缆并联，每根电缆有 3 根相线芯，截面为 $150\ mm^2$，有 1 根中性线芯，截面为 $70\ mm^2$，另有 1 根保护线芯，截面也为 $70\ mm^2$，敷设方式为穿焊接钢管，管内径为 $80\ mm$，沿墙面明敷，敷设高度离地 3.5 m。

6.5　电力线路的运行维护

6.5.1　架空线路的运行维护

1. 一般要求

对厂区架空线路，一般要求每月进行一次巡视检查。如遇大风、大雨及故障等特殊情况时，须临时增加巡视次数。

2. 架空线路的巡视项目

（1）电杆有无倾斜、变形、腐朽、损坏及基础下沉等现象。如有，应设法修理或更换。

（2）沿线路的地面是否堆放有易燃、易爆和强腐蚀性物品。如有，应设法挪开。

（3）沿线路周围有无危险建筑物。应尽可能保证在雷雨季节和大风季节里，这些建筑物不致对线路造成损坏。

（4）线路上有无树枝、风筝等杂物悬挂。如有，应设法清除。

（5）拉线和扳桩是否完好，绑扎线是否紧固可靠。如有缺陷，应设法修理或更换。

（6）导线的接头是否接触良好，有无过热发红、严重氧化、腐蚀或断脱现象，绝缘子有无破损和放电现象。如有，应设法修理或更换。

（7）避雷装置的接地是否良好，接地线有无锈断情况。在雷雨季节到来之前应重点检查，以确保防雷安全。

（8）其他危及线路安全运行的异常情况。

在巡视中发现的异常情况，应记入专用记录本内，重要情况要及时汇报上级，请示处理。

6.5.2　电缆线路的运行维护

1. 一般要求

电缆线路大多是敷设在地下的，要做好电缆线路的运行维护工作，就要全面了解电缆的敷设方式、结构布置、线路走向及电缆头位置等。对电缆线路，一般要求每季度进行一次巡视检查，并应经常监视其负荷大小和发热情况。如遇大雨、洪水及地震等特殊情况及发生故障时，须临时增加巡视次数。

2. 电缆线路的巡视项目

（1）电缆头及瓷套管有无破损和放电痕迹；对填充有电缆胶（油）的电缆头，还应检查有无漏油溢胶现象。

（2）对明敷电缆，还应检查电缆外皮有无锈蚀、损伤，沿线支架或挂钩有无脱落，线路上及附近有无堆放易燃、易爆及强腐蚀性物品。

（3）对暗敷及埋地电缆，应检查沿线的盖板和其他保护设施是否完好，有无挖掘痕迹，路线标桩是否完整无缺。

（4）电缆沟内有无积水或渗水现象，是否堆积有杂物及易燃、易爆物品。

（5）线路上各种接地装置是否完好，有无松脱、断股和锈蚀情况。

（6）其他危及电缆线路安全运行的异常情况。

在巡视中发现的异常情况，应记入专用记录本内，重要情况应及时汇报上级，请示处理。

6.5.3 车间配电线路的运行维护

1. 一般要求

要搞好车间配电线路的运行维护工作，必须全面了解车间配电线路的布线情况、结构形式，导线型号、规格及配电箱和开关、保护装置的位置等，并了解车间负荷的要求、大小及车间变电所的有关情况。对车间配电线路，有专门的维护电工时，一般要求每周进行一次巡视检查。

2. 车间配电线路的巡视检查项目

（1）检查导线的发热情况。例如，裸母线在正常运行时的最高允许温度一般为70℃，如果温度过高时，将使母线接头处氧化加剧，接触电阻增大，运行情况迅速恶化，最后可能引起接触不良或断线，所以一般要在母线接头处涂以变色漆或示温蜡，以检查其发热情况。

（2）检查线路的负荷情况。如果线路过负荷，可引起导线过热，对绝缘导线，其过热还可能引发火灾，十分危险。因此运行维护人员要经常注意线路的负荷情况，除了可从配电屏上的电流表指示了解外，还可用钳形电流表来测量线路的负荷电流。

（3）检查配电箱、分线盒、开关、熔断器、母线槽及接地保护装置的运行情况，着重检查接线有无松脱、瓷瓶有无放电破损等现象，并检查螺栓是否紧固。

（4）检查线路上和线路周围有无影响线路安全的异常情况。绝对禁止在带电的绝缘导线上悬挂物体，禁止在线路近旁堆放易燃、易爆物品。

（5）对敷设在潮湿、有腐蚀性物质的线路和设备，要定期进行绝缘检查，绝缘电阻（相间和相对地）一般不得低于0.5 MΩ。

在巡视中发现的异常情况，应记入专用记录本内，重要情况应及时汇报上级，请示处理。

6.5.4 线路运行中突然停电的处理

电力线路在运行中，如遇突然停电，可按不同情况分别处理。

（1）当进线没有电压时，说明是电源（公共电网）方面暂时停电。这时总开关不必拉开，但出线开关宜全部拉开，以免突然来电时，用电设备同时启动，造成过负荷和电压骤降，影响供电系统的正常运行。

（2）当双回路进线中的一个回路进线停电时，应立即进行切换操作（倒闸操作），将负荷特别是其中重要负荷转移给另一个回路进线供电。

（3）厂区架空线路发生故障使开关跳闸时，如果开关的断流容量允许，可以试合一次，争取尽快恢复供电。由于架空线路的多数短路故障是暂时性的，所以多数情况下可以试合成功，恢复供电。如果试合失败，开关再次跳闸，说明线路上的故障尚未消除，这时应对架空线路进行停电隔离检修。

（4）对放射式线路中某一分支线上的故障检查，可采用"分路合闸检查"的方法。如图6-34所示的供电系统，假设故障出现在线路 WL8 上，由于保护装置失灵或选择配合不当，致使线路 WL1 的开关越级跳闸，造成全厂停电。

分路合闸检查故障的步骤如下：

① 将出线 WL2 ～ WL6 的开关全部断开，然后合上 WL1 的开关。由于母线 WB1 正常，因此合闸成功。

② 依次试合 WL2 ～ WL6 的开关，结果除 WL5 的开关因其分支线 WL8 存在故障又跳闸外，其余出线均合闸成功，恢复供电。

③ 将分支线 WL7 ～ WL9 全部断开，然后合上 WL5 的开关。

④ 依次试合 WL7 ～ WL9 的开关，结果只有 WL8 的开关因其线路上存在故障又自动跳闸外，其余线路均恢复供电。这种分路合闸检查故障的方法，可将故障范围逐步缩小，迅速找出故障线路，并迅速恢复其他完好线路的供电。

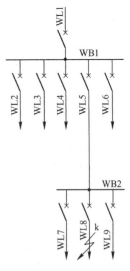

图6-34　供电系统分路合闸检查故障说明图

知识梳理与总结

本单元介绍了电力线路的任务和类型、民用建筑电力线路的结构和敷设、导线和电缆的选择计算，介绍了车间动力电气平面布线图、民用建筑电力线路的运行维护，为后续课程学习做好准备。

复习思考题 6

6-1　试比较放射式接线、树干式接线和环形接线的优缺点。

6-2　试比较架空线路和电缆线路的优缺点。

6-3　导线和电缆截面的选择应考虑哪些条件？它们在哪些方面有所不同？低压动力线路的导线截面一般先按什么条件选择？再校验哪些条件？照明线路的导线截面一般先按什么条件选择？再校验哪些条件？

6-4 低压配电系统中的中性线（N 线）截面一般情况下如何选择？两相三线线路和单相线路的中性线截面应如何选择？3 次谐波比较严重的三相系统中的中性线截面又该如何选择？

6-5 低压配电系统的保护线（PE 线）和保护中性线（PEN 线）的截面各如何选择？

6-6 什么是"经济截面"？如何按经济电流密度来选择导线和电缆的截面？

6-7 交流线路中的电压降和电压损耗各指的是什么？工厂供电系统中一般用电压降的哪一分量来计算电压损耗？公式 $\Delta U = \sum (pR + qX)/U_N$ 中各符号的含义是什么？

6-8 公式 $\Delta U\% = \sum M/CA$ 中各符号的含义是什么？此公式适用于什么性质的线路？

6-9 架空线路的巡视检查主要应注意哪些问题？电缆线路的巡视检查又主要应注意哪些问题？

6-10 单回路进线的工厂如突然停电，应如何处理？双回路（一路工作、一路备用）进线的工厂如突然停电，又该如何处理？

练习题 6

6-1 试按发热条件选择 220/380 V、TN－S 系统中的相线、中性线（N 线）和保护线（PE 线）的截面及穿线的硬塑料管（PC）的内径。已知线路的计算电流为 150 A，敷设地点的环境温度为 25℃，拟用 BLV 型铝芯塑料线穿硬塑料管埋地敷设。

6-2 有一条 380 V 的三相架空线路，配电给 2 台 40 kW、$\cos\varphi = 0.8$、$\eta = 0.85$ 的电动机。该线路长 70 m，线路的线间几何均距为 0.6 m，允许电压损耗为 5%，该地区最热月平均最高气温为 30℃。试选择该线路的相线和 PEN 线的 LJ 型铝绞线截面。

6-3 试选择一条供电给两台低损耗配电变压器的 10 kV 架空线路的 LJ 型铝绞线截面。全线截面一致。线路允许电压损耗为 5%。两台变压器的年最大负荷利用小时数均为 4500 h，$\cos\varphi = 0.9$。当地环境温度为 35℃。线路的三相导线做水平等距排列，线距为 1 m（注：变压器的功率损耗可按近似公式计算）。

6-4 某 380 V 的三相线路，供电给 16 台 4 kW、$\cos\varphi = 0.8$、$\eta = 85.5\%$ 的 Y 型电动机，各台电动机之间相距 2 m，线路全长 50 m。试按发热条件选择明敷的 BLX－500 型导线截面（环境温度为 30℃）并校验其机械强度，计算其电压损耗（建议 $K_\sum$ 取为 0.7）。

学习单元 7

民用建筑供电系统的过电流保护

教 学 任 务	理论	过电流保护的任务和要求	课时分配	8
		熔断器与低压断路器保护		
		常用的保护继电器		
		民用建筑高压线路的继电保护		
	实训	认识熔断器设备，低压断路器设备 认识常见的保护继电器		2
教 学 目 标	知识方面	掌握过电流保护的任务和要求 掌握熔断器、低压断路器的配置 掌握常用的保护继电器 熟悉民用建筑高压线路的继电保护方法		
	技能方面	认识熔断器设备，低压断路器设备，认识常见的保护继电器		
重　　点		过电流保护的任务和要求 熔断器与低压断路器保护 民用建筑高压线路的继电保护		
难　　点		熔断器在供电系统中的配置 低压断路器在低压配电系统中的配置		
教学载体与资源		教材，多媒体课件，一体化电工与电子实验室，工作页，课堂练习，课后作业		
教学方法建议		引导文法，讨论式、互动式教学，启发式、引导式教学，直观性、体验性教学，案例教学法，任务驱动法，项目导向法，多媒体教学，理实一体化教学		
教学过程设计		初步了解民用建筑供电系统、熔断器、低压断路器、继电器→理论授课，过电流保护的任务和要求→熔断器在供电系统中的配置、低压熔断器在低压配电系统中的配置→常用的继电器名称，型号，规格，用途→继电保护装置的接线方式、操作方式，带时限的过电流保护，电流速断保护，线路的过负荷保护→学生作业		
考核评价内容和标准		熟悉民用建筑供电系统中的过电流保护任务和要求 掌握熔断器在供电系统中的配置 掌握低压断路器在低压配电系统中的配置 掌握常用的保护继电器设备名称、型号、规格、用途 熟悉民用建筑高压线路的继电保护		

> 🅟 **问题引入**　随着我国国民经济的发展，民用建筑中用电负荷越来越多，这对民用建筑中的供电系统带来了新的挑战。过流保护是保障供电系统安全运行的保护方式之一，那么过流保护的任务和要求是什么呢？

7.1　过电流保护的类型与要求

7.1.1　过电流保护的类型和任务

为了保证供电系统安全可靠地运行，以防过负荷和短路引起的过电流对系统的影响，因此在供电系统中装设有不同类型的过电流保护装置。

供电系统的过电流保护装置有熔断器保护、低压断路器保护和继电保护。

熔断器保护，适用于高低压供电系统。由于其简单、经济，所以在供电系统中应用广泛。但是其断流能力较小，选择性较差，且其熔体熔断后要进行更换，不能迅速恢复供电，因此在要求供电可靠性较高的场合不宜采用。

低压断路器保护，又称低压自动开关保护，适用于要求供电可靠性较高和操作灵活方便的低压供电系统中。

继电保护，适用于要求供电可靠性较高、操作灵活方便特别是自动化程度较高的高压供电系统中。

熔断器保护和低压断路器保护都能在过负荷和短路时动作，断开电路，以切除过负荷特别是短路故障部分，而使系统的其他部分保持正常运行。但熔断器通常主要用于短路保护，而低压断路器有的还可在失电压或欠电压时动作。

继电保护装置在过负荷时动作，一般只发出报警信号，引起值班人员注意，以便及时处理；而在短路时，就要使相应的高压断路器跳闸，将短路故障部分切除。

7.1.2　对保护装置的基本要求

供电系统对保护装置有下列基本要求。

1. 选择性

当供电系统发生故障时，要求最靠近故障点的保护装置动作，切除故障，而供电系统的其他部分仍能正常运行。满足这一要求的动作，称为"选择性动作"。如果供电系统发生故障时，靠近故障点的保护装置不动作（拒动作），而离故障点远的前一级保护装置动作（越级动作），这就叫做"失去选择性"。

2. 速动性

为了防止故障扩大，减轻其危害程度，并提高电力系统运行的稳定性，因此在系统发生故障时，要求保护装置尽快动作，切除故障。

3. 可靠性

保护装置在应该动作时，就应该动作，而不应拒动作；而在不应该动作时，就不应误动作。保护装置的可靠程度，与保护装置的元器件质量、接线方案以及安装、整定和运行维护等多种因素有关。

4. 灵敏度

灵敏度是表征保护装置对其保护区内故障和不正常工作状态反应能力的一个参数。如果保护装置对其保护区内极轻微的故障都能及时地反应动作，就说明保护装置的灵敏度高。灵敏度用保护装置在保护区内电力系统最小运行方式时[1]的最小短路电流 $I_{k.min}$ 与保护装置一次动作电流（即保护装置动作电流换算到一次电路的值）$I_{op.1}$ 的比值来表示，这一比值就称为保护装置的灵敏系数或灵敏度，即

$$S_p = \frac{I_{k.min}}{I_{op.1}} \tag{7-1}$$

在 GB 50062—2008《电力装置的继电保护和自动装置设计规范》中，对各种继电保护的灵敏度（灵敏系数）都有规定，这将在后面讲述各种保护时分别介绍。

以上四项基本要求对一个具体的保护装置来说不一定都是同等重要的，而往往有所侧重。例如对于电力变压器，由于它是供电系统中最关键的设备，因此对它的保护装置的灵敏度要求就比较高，而对一般电力线路的保护装置，灵敏度要求就可低一些，而对其选择性要求较高。又如，在无法兼顾选择性和速动性的情况下，为了快速切除故障以保护某些关键设备，或者为了尽快恢复系统对某些重要负荷的供电，有时甚至牺牲选择性来保证速动性。

> ❓**问题引入**　在供电系统中，熔断器是如何配置的？在低压配电系统中，低压断路器是如何配置的？

7.2　熔断器与低压断路器保护

7.2.1　熔断器在供电系统中的配置

熔断器在供电系统中的配置，应符合选择性保护的要求，即熔断器要配置得使故障范围缩小到最低限度。此外应考虑经济性，即供电系统中配置的熔断器数量又要尽量少。

图 7-1 是低压放射式配电系统中熔断器配置的一种合理方案示例，既可满足保护选择性的要求，配置的熔断器数量又较少。图中 FU5 用来保护电动机及其支线。当 k-5 处短路时，FU5 熔断。其他 FU1～FU4 均各有其主要保护对象。当 k-1～k-4 中任一处短路时，对应

【1】　电力系统的最小运行方式，是指电力系统处于短路回路阻抗为最大、短路电流为最小的状态下的一种运行方式。例如，双回路的供电系统在只有一个回路运行时就是一种最小运行方式。

的熔断器熔断，切除故障。

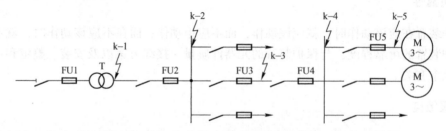

图 7-1　熔断器在低压配电系统中的合理配置示例

必须注意：低压配电系统中的 PE 线和 PEN 线上，不允许装设熔断器，以免 PE 线或 PEN 线因熔断器熔断而断路时，使所有接 PE 线或接 PEN 线的设备外壳带电，危及人身安全。

7.2.2　低压断路器在低压配电系统中的配置

低压断路器在低压配电系统中，通常有下列几种配置方式。

（1）对于只装一台主变压器的变电所，由于高压侧装有高压隔离开关，因此低压侧可单独装设低压断路器作为主开关，如图 7-2（a）所示。

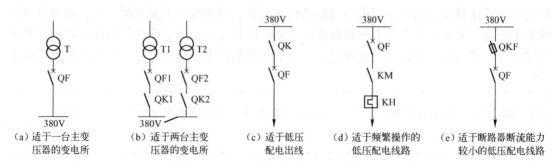

图 7-2　低压断路器常见的配置方式

（2）对于装有两台主变压器的变电所，低压侧采用低压断路器作为主开关时，应在低压断路器与低压母线之间加装刀开关，以便检修变压器或低压断路器时隔离来自低压母线的反馈电流，确保人身安全，如图 7-2（b）所示。

（3）对于低压配电出线上装设的低压断路器，为保证检修低压出线和低压断路器的安全，应在低压断路器之前（低压母线侧）加装刀开关，如图 7-2（c）所示。

（4）对于频繁操作的低压配电线路，宜采用低压断路器与接触器配合的接线，如图 7-2（d）所示。接触器用于频繁操作的控制，利用热继电器做过负荷保护，而低压断路器主要用于短路保护。

（5）如果低压断路器的断流能力不足以断开电路的短路电流，则它可与熔断器或熔断器式刀开关配合使用，如图 7-2（e）所示。利用熔断器做短路保护，而低压断路器用于电路的通断控制和过负荷保护。

❓问题引入　在民用建筑供电系统中，线路要进行保护，那么这些保护是通过什么设备来完成的？它们在操作过程中又有什么要求？

7.3　常用的保护继电器

继电器是一种在其输入的物理量（电量或非电量）达到规定值时，其电气输出电路被接通（导通）或分断（阻断、关断）的自动电器。

7.3.1　继电器的分类和型号

1. 继电器的分类

继电器按其输入量性质分，有电气继电器和非电气继电器两大类。按其用途分，有控制继电器和保护继电器两大类。控制继电器用于自动控制电路中，保护继电器用于继电保护电路中。这里只介绍保护继电器。

保护继电器按其在继电保护装置中的功能分，有测量继电器和有或无继电器两大类。测量继电器装设在继电保护装置电路中的第一级，用来反映被保护元件的特性变化。当其特性量达到动作值时即时动作，它属于基本继电器，或称启动继电器。有或无继电器是一种只按电气量是否在其工作范围内或者为零时而动作的电气继电器，包括时间继电器、信号继电器、中间继电器等，在继电保护装置中用来实现特定的逻辑功能，属于辅助继电器，或称逻辑继电器。

保护继电器按其构成元件分，有机电型、晶体管型和微机型。由于机电型继电器具有简单可靠、便于维修等优点，因此我国工厂供电系统中现在仍普遍应用传统的机电型继电器。

机电型继电器按其结构原理分，有电磁式、感应式等继电器。

保护继电器按其反应的物理量分，有电流继电器、电压继电器、功率继电器、瓦斯（气体）继电器等。

保护继电器按其反应的数量变化分，有过量继电器和欠量继电器，如过电流继电器、欠电压继电器。

保护继电器按其在保护装置中的功能分，有启动继电器、时间继电器、信号继电器、中间（出口）继电器等。图7-3是过电流保护的接线框图。当线路上发生短路时，启动用的电流继电器 KA 瞬时动作，使时间继电器 KT 启动，KT 经整定的一定时限（延时）后，接通信号继电器 KS 和中间继电器 KM。KM 就接通断路器的跳闸回路，使断路器自动跳闸。

保护继电器按其动作于断路器的方式分，有直接动作式和间接动作式两大类。断路器操作机构中的脱扣器实际上就是一种直接动作式继电器，而一般的保护继电器则为间接动作式。

保护继电器按其与一次电路联系的方式分，有一次式继电器和二次式继电器。一次式继电器的线圈是与一次电路直接相连的，例如低压断路器的过电流脱扣器和失压脱扣器，实际

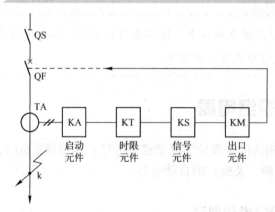

KA—电流继电器；KT—时间继电器；KS—信号继电器；KM—中间继电器

图7-3　过电流保护的接线框图

上就是一次式继电器，同时又是直动式继电器。二次式继电器的线圈是通过互感器接入一次电路的。高压系统中的保护继电器都是二次式继电器，均接在互感器的二次侧。

2. 继电器的型号

保护继电器型号的组成格式如下：

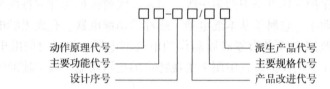

其中，继电器原理代号见表7-1，继电器功能代号见表7-2，设计序号和规格代号，均用阿拉伯数字表示；产品改进代号，一般用字母 A、B、C 等表示；派生产品代号用其产品特征的汉语拼音缩写字母表示，例如，"长期通电"用字母 C 表示，"前面接线"用字母 Q表示，"带信号牌"用字母 X 表示。

表7-1　继电器动作原理代号（部分）

代号	含　义	代号	含　义
B	半导体式	J	晶体管或集成电路式
C	磁电式	L	整流式
D	电磁式	S	数字式
G	感应式	W	微机式

表7-2　继电器主要功能代号（部分）

代号	含义	代号	含义	代号	含义
C	冲击	G	功率	S	时间
CD	差动	L	电流	X	信号
CH	重合闸	LL	零序电流	Y	电压
D	接地	N	逆流	Z	中间

7.3.2　电磁式电流继电器和电压继电器

电磁式电流继电器和电压继电器在继电保护装置中均为启动元件，属于测量继电器。电流继电器的文字符号为 KA，电压继电器的文字符号为 KV。

供电系统中常用的 DL - 10 系列电磁式电流继电器的内部结构如图 7-4 所示，其内部接线和图形符号如图 7-5 所示。

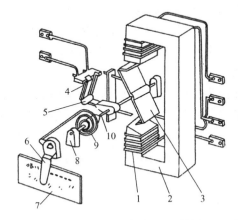

1—线圈；2—电磁铁；3—Z 形钢舌片；4—静触点；5—动触点；6—启动电流调节转杆；
7—标度盘（铭牌）；8—轴承；9—反作用弹簧；10—轴

图 7-4　DL - 10 系列电磁式电流继电器的内部结构

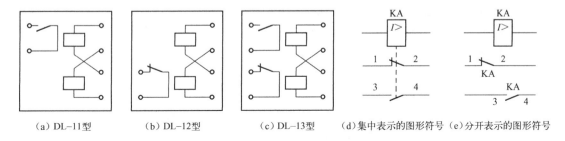

（a）DL-11型　（b）DL-12型　（c）DL-13型　（d）集中表示的图形符号　（e）分开表示的图形符号

KA1 - 2—常闭（动断）触点；KA3 - 4—常开（动合）触点
图 7-5　DL - 10 系列电磁式电流继电器的内部接线和图形符号

由图 7-4 可知，当继电器线圈 1 通过电流时，电磁铁 2 中产生磁通，力图使 Z 形钢舌片 3 向凸出磁极偏转。与此同时，轴 10 上的反作用弹簧 9 又力图阻止钢舌片偏转。当继电器线圈中的电流增大到使钢舌片所受的转矩大于弹簧的反作用力矩时，钢舌片便被吸近磁铁，使常开触点闭合，常闭触点断开，这就叫做继电器动作。

过电流继电器线圈中使继电器动作的最小电流，称为继电器的动作电流，用 I_{op} 表示。

过电流继电器动作后，减小其线圈电流到一定值时，钢舌片在弹簧作用下返回起始位置。

过电流继电器线圈中使继电器由动作状态返回到起始位置的最大电流，称为继电器的返回电流，用 I_{re} 表示。

继电器的返回电流与动作电流的比值，称为继电器的返回系数，用 K_{re} 表示，即

$$K_{re} = \frac{I_{re}}{I_{op}} \tag{7-2}$$

对于过量继电器（如过电流继电器），K_{re} 总小于 1，一般为 0.8。如果过电流继电器的 K_{re} 过低，还可能使保护装置发生误动作，这将在后面讲过电流保护的电流整定时加以说明。

电磁式电流继电器的动作电流有两种调节方法：

（1）平滑调节，即拨动调节转杆 6（图 7-4）来改变弹簧 9 的反作用力矩。

（2）级进调节，即利用线圈 1 的串联或并联来调节。

当线圈由串联改为并联时，相当于线圈匝数减少一倍。由于继电器动作所需的电磁力是一定的，即所需的磁动势是一定的，因此动作电流将增大一倍。反之，当线圈由并联改为串联时，动作电流将减少一倍。

这种电流继电器的动作极为迅速，可认为是瞬时动作的，因此它是一种瞬时继电器。

电磁式电压继电器的结构和原理，与上述电磁式电流继电器极为相似，只是电压继电器的线圈为电压线圈，而且大多做成低电压（欠电压）继电器。低电压继电器的动作电压 U_{op}，为其电压线圈上加的使继电器动作的最高电压；而其返回电压 U_{re}，为其电压线圈上加的使继电器由动作状态返回到起始位置的最低电压。低电压的返回系数 $K_{re} = U_{re}/U_{op} > 1$，其值越接近于 1，说明继电器越灵敏，一般为 1.25。

7.3.3 电磁式时间继电器

电磁式时间继电器在继电保护装置中，用来使保护装置获得所要求的延时（时限）。它属于机电式有或无继电器。时间继电器的文字符号为 KT。

供电系统中常用的 DS-110、120 系列电磁式时间继电器的内部结构如图 7-6 所示，其内部接线和图形符号如图 7-7 所示。DS-110 系列用于直流，DS-120 系列用于交流。

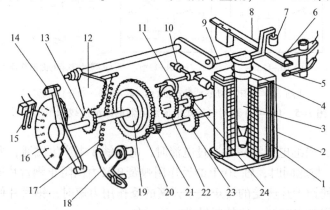

1—线圈；2—电磁铁；3—可动铁芯；4—返回弹簧；5、6—瞬时静触点；7—绝缘杆；
8—瞬时动触点；9—压杆；10—平衡锤；11—摆动卡板；12—扇形齿轮；13—传动齿轮；
14—主动触点；15—主静触点；16—动作时限标度盘；17—拉引弹簧；18—弹簧拉力调节机构；
19—摩擦离合器；20—主齿轮；21—小齿轮；22—掣轮；23、24—钟表机构传动齿轮

图 7-6 DS-110、120 系列时间继电器的内部结构

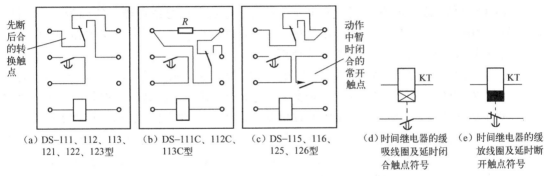

| (a) DS–111、112、113、121、122、123型 | (b) DS–111C、112C、113C型 | (c) DS–115、116、125、126型 | (d) 时间继电器的缓吸线圈及延时闭合触点符号 | (e) 时间继电器的缓放线圈及延时断开触点符号 |

图 7-7　DS–110、120 系列时间继电器的内部接线和图形符号

　　当继电器线圈接上工作电压时，铁芯被吸入，使卡住的一套钟表机构被释放，同时切换瞬时触点。在拉引弹簧作用下，经过整定的时间，使主触点闭合。继电器的延时，可借改变主静触点的位置（即它与主动触点的相对位置）来调节。调节的时间范围在标度盘上标出。

　　当继电器线圈断电时，继电器在弹簧作用下返回起始位置。

　　为了缩小继电器尺寸和节约材料，时间继电器的线圈通常不按长时间接上额定电压来设计，因此凡需长时间通电工作的时间继电器（如 DS111C 型等），应在继电器动作后，利用其常闭的瞬时触点的断开，使继电器线圈串入限流电阻［图 7–7（b）］，以限制线圈的电流，防止线圈过热烧毁，同时又使继电器保持动作状态。

7.3.4　电磁式信号继电器

　　电磁式信号继电器在继电保护装置中用来发出保护装置动作的指示信号，它也属于机电式有或无继电器。信号继电器的文字符号为 KS。

　　供电系统中常用的 DX–11 型电磁式信号继电器的内部结构如图 7–8 所示。它在正常状态即未通电时，其信号牌是被衔铁支撑住的。当继电器线圈通电时，衔铁被吸向铁芯而使信号牌掉下，显示动作信号，同时带动转轴旋转 90°，使固定在转轴上的动触点（导电条）与静触点接通，从而接通信号回路，同时使信号牌复位。

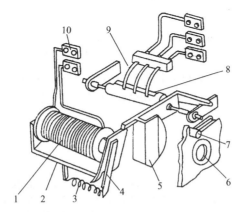

1—线圈；2—电磁铁；3—弹簧；4—衔铁；5—信号牌；6—玻璃窗孔；
7—复位旋钮；8—动触点；9—静触点；10—接线端子
图 7-8　DX–11 型信号继电器的内部结构

DX－11 型信号继电器有电流型和电压型两种。电流型信号继电器的线圈为电流线圈，阻抗很小，串联在二次回路内，不影响其他二次元件的动作。电压型信号继电器的线圈为电压线圈，阻抗大，在二次回路中只能并联使用。

DX－11 型信号继电器的内部接线和图形符号如图 7-9 所示。信号继电器的图形符号在 GB/T 4728.7—2000《电气简图用图形符号　第七部分：开关、控制和保护器件》中未直接给出，这里的图形符号是编者根据 GB/T 4728 规定的派生原则派生的，而且得到了广泛的认同。由于该继电器的操作部件具有机械保持的功能，因此继电器线圈采用 GB/T 4728 中机电式有或无继电器类的"机械保持继电器"的线圈符号；又由于该继电器的触点不能自动返回，因此其触点符号就在一般触点符号上面附加一个 GB/T 4728 规定的"非自动复位"的限定符号。

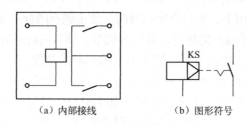

（a）内部接线　　　　　　（b）图形符号

图 7-9　DX－11 型信号继电器的内部接线和图形符号

7.3.5　电磁式中间继电器

电磁式中间继电器在继电保护装置中用做辅助继电器（此为中间继电器的又一英文名），以弥补主继电器触点数量或触点容量的不足。中间继电器通常装在保护装置的出口回路中，用来接通断路器的跳闸线圈，所以它也称出口继电器。中间继电器也属于机电式有或无继电器，其文字符号采用 KM[1]。

供电系统中常用的 DZ－10 系列中间继电器的内部结构如图 7-10 所示。当其线圈通电时，衔铁被快速吸向电磁铁，从而使触点切换。当线圈断电时，继电器就快速释放衔铁，触点全部返回到起始位置。

这种快吸快放的电磁式中间继电器的内部接线和图形符号，如图 7-11 所示。中间继电器的图形符号在 GB/T 4728 中也未直接给出，这里的图形符号也是编者根据 GB/T 4728 规定的派生原则派生的，也得到了广泛的认同。中间继电器的线圈符号就采用 GB/T 4728 中机电式有或无继电器的"快速（快吸快放）继电器"的线圈符号。

【1】　中间继电器的文字符号不用 KA（这是"辅助继电器"英文 auxiliary relay 的第一个字母 A 再冠以继电器类代号 K），以免与电流继电器的文字符号 KA 相混淆。中间继电器的文字符号用 KM，其中 M 为"中间"的英文"medium"的缩写，也是 GB 7159—1987《电气技术中的文字符号制订通则》规定的"中间"辅助文字符号。但是，KM 又是接触器的文字符号，因此在同时具有中间继电器和接触器的继电保护电路图中，中间继电器的文字符号用 KM，而接触器的文字符号可用其大类代号 K 来表示，以免二者混淆。

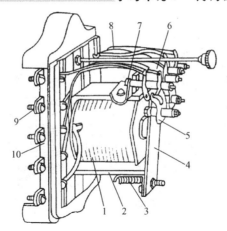

1—线圈；2—电磁铁；3—弹簧；4—衔铁；5—动触点；6、7—静触点；

8—连接线；9—接线端子；10—底座

图 7-10　DZ-10 系列中间继电器的内部结构

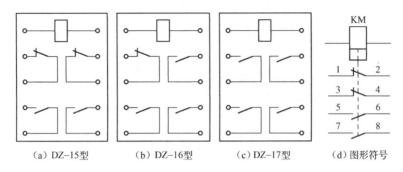

(a) DZ-15型　　　(b) DZ-16型　　　(c) DZ-17型　　　(d) 图形符号

图 7-11　DZ-10 系列中间继电器的内部接线和图形符号

7.3.6　感应式电流继电器

在工厂供电系统中，广泛采用感应式电流继电器来做过电流保护兼电流速断保护，因为感应式电流继电器兼有上述电磁式电流继电器、时间继电器、信号继电器和中间继电器的功能，从而可大大简化继电保护装置。而且感应式电流继电器组成的保护装置采用交流操作，可降低投资，因此它在中小型工厂变配电所中应用非常普遍。

供电系统中常用的 GL-10、20 系列感应式电流继电器的内部结构如图 7-12 所示。这种继电器由两组元件构成：一组为感应元件，另一组为电磁元件。感应式元件主要包括线圈 1、带短路环 3 的电磁铁 2 及装在可偏转的铝框架 6 上的转动铝盘 4。电磁元件主要包括线圈 1、电磁铁 2 和衔铁 15。线圈 1 和电磁铁 2 是两组元件共用的。

感应式电流继电器的工作原理可用图 7-13 来说明。

当线圈 1 有电流 I_{KA} 通过时，电磁铁 2 在短路环 3 的作用下，产生相位一前一后的两个磁通 Φ_1 和 Φ_2，穿过铝盘 4。这时作用于铝盘上的转矩为

$$M_1 \propto \Phi_1 \Phi_2 \sin\psi \tag{7-3}$$

式中　ψ——Φ_1 与 Φ_2 之间的相位差。

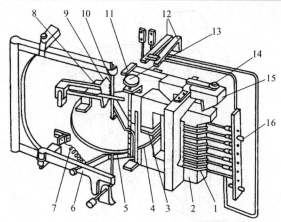

1—线圈；2—电磁铁；3—短路环；4—铝盘；5—钢片；6—铝框架；7—调节弹簧；

8—制动永久磁铁；9—扇形齿轮；10—蜗杆；11—扁杆；12—继电器触点；

13—时限调节螺杆；14—速断电流调节螺钉；15—衔铁；16—动作电流调节插销

图 7-12　GL-10、20 系列感应式电流继电器的内部结构

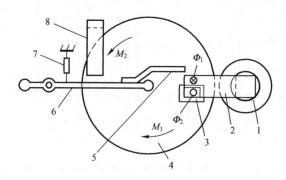

1—线圈；2—电磁铁；3—短路环；4—铝盘；5—钢片；

6—铝框架；7—调节弹簧；8—制动永久磁铁

图 7-13　感应式电流继电器的转矩 M_1 和制动力矩 M_2

式（7-3）通常称为感应式机构的基本转矩方程。

$$M_1 \propto I_{KA}^2 \tag{7-4}$$

铝盘 4 在转矩 M_1 作用下转动后，铝盘切割永久磁铁 8 的磁通，在铝盘上感应出涡流，涡流又与永久磁铁磁通作用，产生一个与 M_1 反向的制动力矩 M_2，它与铝盘转速 n 成正比，即

$$M_2 \propto n \tag{7-5}$$

当铝盘转速 n 增大到某一值时，$M_1 = M_2$，这时铝盘匀速转动。

继电器的铝盘在上述 M_1 和 M_2 的同时作用下，铝盘受力有使铝框架 6 绕轴顺时针方向偏转的趋势，但受到弹簧 7 的阻力。

当继电器线圈的电流增大到继电器的动作电流值 I_{op} 时，铝盘受到的力也增大到可克服弹簧阻力的程度，这时铝盘带动框架前偏（图 7-12），使蜗杆 10 与扇形齿轮 9 啮合，这就叫做继电器动作。由于铝盘继续转动，使扇形齿轮沿着蜗杆上升，最后使触点 12 切换，同时使信号牌（图 7-12 上未绘出）掉下，从外壳上的观察孔可看到红色或白色的指示，表示继电器已经动作。

继电器线圈中的电流越大，铝盘转动越快，扇形齿轮沿蜗杆上升的速度也越快，因此动作时间也越短，这也就是感应式电流继电器的"反时限（或反比延时）特性"，如图7-14所示曲线 abc，这一动作特性是其感应元件产生的。

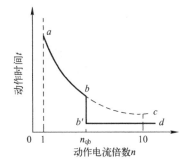

当继电器线圈进一步增大到整定的速断电流时，电磁铁2（图7-12）瞬时将衔铁15吸下，使触点12瞬时切换，同时也使信号牌掉下。很明显，电磁元件的作用又使感应式电流继电器兼有"电流速断特性"，如图7-14所示 $bb'd$ 曲线。因此该电磁元件又称电流速断元件。图7-14所示动作特性曲线上对应于开始速断时间的动作电流倍数，称为速断电流倍数，即

abc—感应元件的反时限特性
$bb'd$—电磁元件的速断特性

图7-14 感应式电流继电器的动作特性曲线

$$n_{qb} = \frac{I_{qb}}{I_{op}} \tag{7-6}$$

速断电流 I_{qb} 的含义，是指继电器线圈中的使电流速断元件动作的最小电流。GL-10、20系列电流继电器的速断电流倍数 $n_{qb} = 2 \sim 8$。

感应式电流继电器的这种有一定限度的反时限动作特性，称为"有限反时限特性"。

继电器的动作电流（亦称整定电流） I_{op}，可利用插销16（图7-12）改变线圈匝数来进行级进调节，也可利用调节弹簧7的拉力来进行平滑的细调。

继电器的速断电流倍数 n_{qb}，可利用螺钉14以改变衔铁15与电磁铁2之间的气隙来调节，气隙越大，n_{qb} 越大。

继电器感应元件的动作时间（亦称动作时限）利用螺杆13（图7-12）来改变扇形齿轮顶杆行程的起点，以使动作特性曲线上下移动。不过要注意，继电器动作时限调节螺杆的标度尺，是以"10倍动作电流的动作时间"来刻度的，也就是标度尺上所标示的动作时间是继电器线圈通过的电流为其整定的动作电流10倍时的动作时间。因此继电器实际的动作时间与实际通过继电器线圈的电流大小有关，须从继电器的动作特性曲线上去查得。

$GL-^{11,15}_{21,25}$ 型电流继电器的内部接线和图形符号，如图7-15所示。

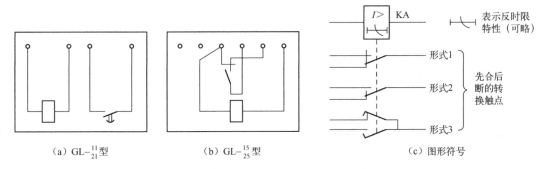

（a）$GL-^{11}_{21}$型　　　　（b）$GL-^{15}_{25}$型　　　　（c）图形符号

图7-15 $GL-^{11,15}_{21,25}$型感应式电流继电器的内部接线和图形符号

这里 GL-15、25 型电流继电器中的"先合后断转换触点"的结构及其动作说明如图7-16所示。这种继电器采用这种转换触点是为了满足后面将要讲述的"去分流跳闸"的保护要求。

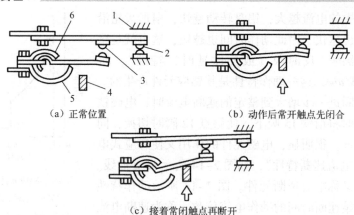

（a）正常位置　　　　　　　　　（b）动作后常开触点先闭合

（c）接着常闭触点再断开

1—上止挡；2—常闭触点；3—常开触点；4—衔铁；5—下止挡；6—簧片

图7-16　GL15、25型电流继电器"先合后断转换触点"的动作说明

> **？问题引入**　在民用建筑高压线路中要进行继电保护，继电保护装置的接线有哪些方式？操作有哪些方式？

7.4　民用建筑高压线路的继电保护

按GB 50062—2008《电力装置的继电保护和自动装置设计规范》规定，对3～66 kV电力线路，应装设相间短路保护、单相接地保护和过负荷保护。

由于一般工厂的高压线路不很长，容量不是很大，因此其继电保护装置通常比较简单。

作为线路的相间短路保护，主要采用带时限的过电流保护和瞬时动作的电流速断保护。但过电流保护的动作时间不大于0.5～0.7 s时，按GB 50062—2008规定，可以不再装设电流速断保护。相间短路保护应动作于断路器的跳闸机构，使断路器跳闸，切除短路故障部分。

作为单相接地保护，有两种方式。

（1）绝缘监视装置，装设在变电所的高压母线上，动作于信号。

（2）有选择性的单相接地保护（又称零序电流保护），也动作于信号；但当单相接地故障危及人身和设备安全时，应动作于跳闸。

对可能经常过负荷的电缆线路，应装设过负荷保护。

7.4.1　继电保护装置的接线方式

工厂高压线路的继电保护装置中，启动继电器与电流互感器之间的连接方式主要有两相两继电器式和两相一继电器式两种。

1．两相两继电器式接线（图7-17）

两相两继电器式接线，如果一次电路发生三相短路或任意两相短路，都至少有一个继电

器动作，从而使一次电路的断路器跳闸。

为了表述这种接线方式中继电器电流 I_{KA} 与电流互感器二次电流 I_2 的关系，特引入一个接线系数 K_w：

$$K_w = \frac{I_{KA}}{I_2} \tag{7-7}$$

两相两继电器式接线在一次电路发生任何形式的相间短路时，$K_w = 1$，即其保护灵敏度都相同。

2. 两相一继电器式接线（图7-18）

两相一继电器式接线又称为两相电流差接线。正常工作时，流入继电器的电流为两相电流互感器二次电流之差。

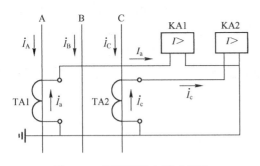

图 7-17 两相两继电器式接线

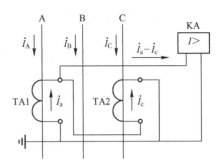

图 7-18 两相一继电器式接线

在一次电路发生三相短路时，流入继电器的电流为电流互感器二次电流的 $\sqrt{3}$ 倍（参看图 7-19（a）所示的相量图），即 $K_w^3 = \sqrt{3}$。

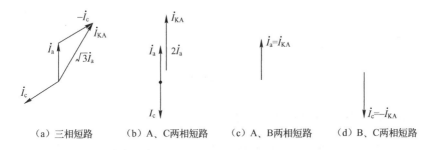

（a）三相短路　　（b）A、C两相短路　　（c）A、B两相短路　　（d）B、C两相短路

图 7-19 两相一继电器式接线发生不同相间短路时的电流相量分析

在一次电路的 A、C 两相间发生短路时，由于两相短路电流反映在 A 相和 C 相中大小相等、相位相反（参看图 7-19（b）所示的相量图），因此流入继电器的电流（两相电流差）为互感器二次电流的 2 倍，即 $K_w^{(A,C)} = \sqrt{2}$。

在一次电路的 A、B 两相或 B、C 两相间发生短路时，流入继电器的电流只有一相（A 相或 C 相）互感器的二次电流（参看图 7-19（c）、（d）所示的相量图），即 $K_w^{(A,B)} = K_w^{(B,C)} = 1$。

由以上分析可知，两相一继电器式接线能反应各种相间短路，但保护灵敏度各有不同，

有的甚至相差一倍，因此不如两相两继电器式接线，但是它少用一个继电器，较为简单经济。这种接线主要用于高压电动机的保护。

7.4.2 继电保护装置的操作方式

继电保护装置的操作电源有直流操作电源和交流操作电源两大类。由于交流操作电源具有投资少、运行维护方便和二次回路简单可靠等优点，因此它在中小型工厂中应用最为广泛。

交流操作电源供电的继电保护装置现在通用的有以下两种操作方式。

1. 直接动作式（图 7-20）

利用断路器手动操作机构内的过流脱扣器（跳闸线圈）YR 作为直动式过流继电器，接成两相一继电器式或两相两继电器式。正常运行时，YR 中流过的电流远小于 YR 的动作电流，因此不动作。而在一次电路发生相间短路时，短路电流反映到电流互感器的二次侧，流过 YR，达到或超过 YR 的动作电流，从而使断路器 QF 跳闸。这种操作方式简单经济，但保护灵敏度低，实际上较少应用。

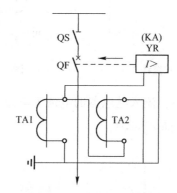

QF—断路器；TA1、TA2—电流互感器；YR—断路器跳闸线圈（即直动式继电器 KA）

图 7-20　直接动作式过电流保护电路

2. "去分流跳闸"的操作方式（图 7-21）

正常运行时，电流继电器 KA 的常闭触点将跳闸线圈 YR 短路分流，所以断路器 QF 不会跳闸。而在一次电路发生短路时，KA 动作，其常闭触点断开，使 YR 的短路分流支路被切断（即所谓"去分流"），从而使电流互感器的二次电流全部通过 YR，致使断路器 QF 跳闸，这就是"去分流跳闸"。这种操作方式接线简单，保护灵敏度也较高。但这要求电流继电器 KA 的触点具有足够大的分断能力才行。现在生产的 GL $-^{15,16}_{25,26}$ 等型的电流继电器，其触点容量相当大，短时分断电流可达 150 A，完全能够满足去分流跳闸的要求。因此这种去分流跳闸的操作方式现在在工厂供电系统中应用相当广泛。

但是，图 7-21 所示的这一"去分流跳闸"电路存在一个问题，即电流继电器 KA 的常闭触点如果由于外界振动偶然断开，可能造成误跳闸的事故。因此实际的"去分流跳闸"电

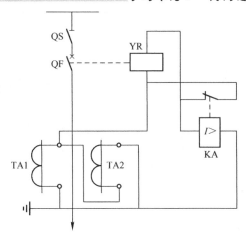

QF—断路器；TA1、TA2—电流互感器；KA—GL－11、21 型电流继电器；YR—跳闸线圈

图 7-21　"去分流跳闸"的过电流保护电路

路要利用图 7-16 所示的"先合后断转换触点"来弥补这一缺陷，这将在下面讲述反时限过电流保护时（图 7-23）予以介绍。

7.4.3　带时限的过电流保护

带时限的过电流保护按其动作时间特性分，有定时限过电流保护和反时限过电流保护两种。定时限就是保护装置的动作时间是按整定的动作时间固定不变的，与故障电流大小无关。而反时限就是保护装置的动作时间与故障电流成反比关系，故障电流越大，动作时间越短，所以反时限特性也称反比延时特性。

1. 定时限过电流保护装置的组成和原理

定时限过电流保护装置的原理电路如图 7-22 所示。其中图 7-22（a）为集中表示的原理电路图，通常称为接线图；图 7-22（b）为分开表示的原理电路图，通常称为展开图。从原理分析的角度来说，展开图更简明清晰，因此在二次回路图（包括继电保护电路图）中应用最为普遍。

下面分析图 7-22 所示定时限过电流保护的工作原理。

当一次电路发生相间短路时，电流继电器 KA 瞬时动作，闭合其触点，使时间继电器 KT 动作。KT 经过整定的时限后，其延时触点闭合，使串联的信号继电器 KS（电流型）和中间继电器 KM 动作。KS 动作后，其指示牌掉下，同时接通信号回路，给出灯光信号和音响信号。KM 动作后，接通跳闸线圈 YR 回路，使断路器 QF 跳闸，切除短路故障。QF 跳闸后，其辅助触点 QF1－2 随之切断跳闸回路，以减轻 KM 触点的工作。在短路故障被切除后，继电保护装置除 KS 外的其他所有继电器均自动返回到起始状态，而 KS 可手动复位。

2. 反时限过电流保护装置的组成和原理

反时限过电流保护装置由 GL$-^{25}_{15}$ 型电流继电器组成，其原理电路图如图 7-23 所示。

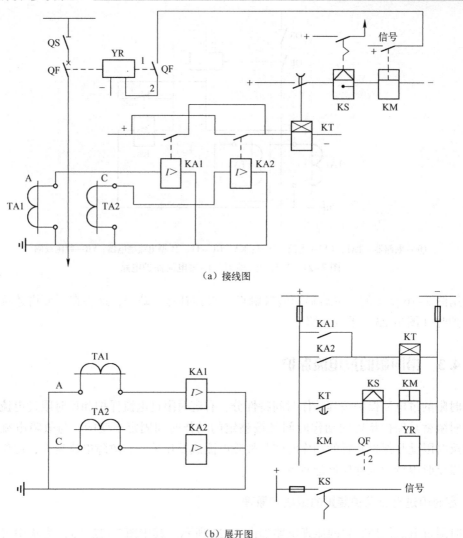

（a）接线图

（b）展开图

QF—断路器；KA—DL型电流继电器；KT—DS型时间继电器；
KS—DX型信号继电器；KM—DZ型中间继电器；YR—跳闸线圈

图7-22　定时限过电流保护的原理电路图

当一次电路发生相间短路时，电流继电器KA动作，经过一定的延时后，其常开触点闭合，紧接着其常闭触点断开（这两对触点为图7-16所示的"先合后断转换触点"）。这时断路器因其跳闸线圈YR"去分流"而跳闸，切除短路故障。在GL型继电器去分流跳闸的同时，其信号牌掉下，指示保护装置已经动作。在短路故障被切除后，继电器自动返回，其信号牌可利用外壳上的旋钮手动复位。

比较图7-23和图7-20可知，图7-23中的电流继电器（GL-15、25型）比图7-20中的电流继电器（GL-11、21型）增加了一对常开触点与跳闸线圈YR串联，其目的是防止其与YR并联的常闭触点在一次电路正常运行时由于外界振动的偶然因素使之断开而导致断路器误跳闸的事故。增加了这对触点后，即使常闭触点偶然断开，也不会造成断路器误跳闸。但是继电器的这两对触点的动作程序必须是：常开触点先闭合，常闭触点后断开，即必

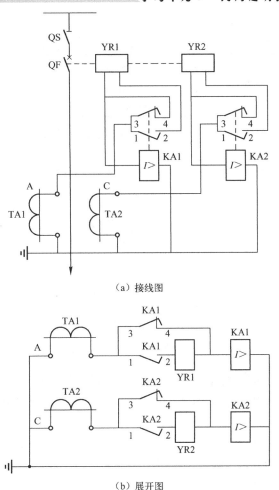

（a）接线图

（b）展开图

QF—断路器；KA—GL-15、25 型电流继电器；YR—跳闸线圈

图 7-23　反时限过电流保护的原理电路图

须采用"先合后断转换触点"。否则，如果常闭触点先断开，将造成电流互感器二次侧带负荷开路，这是不允许的，同时将使继电器失电返回，不起保护作用。

3. 过电流保护动作电流的整定

带时限的（包括定时限和反时限）过电流保护的动作电流 I_{op} 应躲过线路的最大负荷电流（包括正常过负荷电流和尖峰电流）$I_{L.max}$，以免在 $I_{L.max}$ 通过时保护装置误动作，而且其返回电流 I_{re} 也应躲过 $I_{L.max}$，否则保护装置还可能发生误动作。为了说明这一点，以图 7-24（a）所示的电路图为例来说明。

当线路 WL2 的首端 k 点发生短路时，由于短路电流远大于线路上的所有负荷电流，所以沿线路的过电流保护装置包括 KA1、KA2 均要动作。按照保护选择性，应是靠近故障点 k 的保护装置 KA2 首先断开 QF2，切除故障线路 WL2。这时由于故障已被切除，保护装置 KA1 应立即返回到起始位置，不致再断开 QF1。假设 KA1 的返回电流未躲过线路 WL1 的最大负荷电流，即 KA1 的返回系数过低时，则在 KA2 动作并切除故障线路 WL2 后，KA1 可能不返

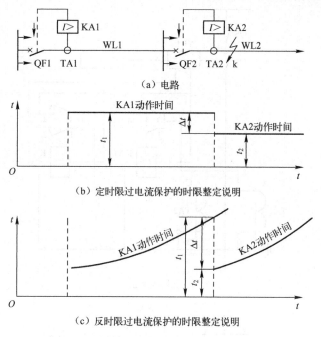

（a）电路

（b）定时限过电流保护的时限整定说明

（c）反时限过电流保护的时限整定说明

图7-24　线路过电流保护整定说明图

回而继续保持动作状态，而经过 KA1 所整定的时限后，错误地断开断路器 QF1，造成 WL1 停电，扩大了故障停电范围，这是不允许的。所以保护装置的返回电流也必须躲过线路的最大负荷电流。

设电流互感器的变流比为 K_i，保护装置的接线系数为 K_w，保护装置的返回系数为 K_{re}，则最大负荷电流换算到继电器中的电流为 $K_w I_{L.\,max}/K_i$。由于要求返回电流也躲过最大负荷电流，即 $I_{re} > K_w I_{L.\,max}/K_i$，而 $I_{re} = K_{re} I_{op}$，因此 $K_{re} I_{op} > K_w I_{L.\,max}/K_i$，即 $I_{op} > K_w I_{L.\,max}/(K_{re} K_i)$，写成等式，即

$$I_{op} = \frac{K_{rel} K_w}{K_{re} K_i} I_{L.\,max} \qquad (7-8)$$

式中　K_{rel}——保护装置电流整定的可靠系数（reliability coefficient），对 DL 型继电器，取 $K_{rel} = 1.2$，对 GL 型继电器，取 $K_{rel} = 1.3$；

K_w——保护装置的接线系数，对两相两继电器接线（相电流接线）为 1，对两相一继电器接线（两相电流差接线）为 $\sqrt{3}$；

$I_{L.\,max}$——线路上的最大负荷电流，可取为 $(1.5 \sim 3)I_{30}$，这里 I_{30} 为线路计算电流。

如果采用断路器手动操作机构中的过流脱扣器 YR 做过电流保护（图7-20），则脱扣器的动作电流（脱扣电流）应按式（7-9）整定：

$$I_{op(YP)} = \frac{K_{rel} K_w}{K_i} I_{L.\,max} \qquad (7-9)$$

式中　K_{rel}——脱扣器电流整定的可靠系数，可取 $2 \sim 2.5$，这里已计入脱扣器的返回系数。

4. 过电流保护动作时间的整定

过电流保护的动作时间，应按"阶梯原则"整定，以保证前后两级保护装置动作的选择

性，也就是在后一级保护装置所保护的线路首端［如图7-24（a）中的 k 点］发生三相短路时，前一级保护的动作时间 t_1 应比后一级保护中最长的动作时间 t_2，再大一个时间级差 Δt，如图7-24（b）和（c）所示，即

$$t_1 \geq t_2 + \Delta t \qquad (7\text{-}10)$$

这一时间级差 Δt，应考虑到前一级保护的动作时间 t_1 可能发生的负偏差（提前动作）Δt_1 及后一级保护的动作时间 t_2 可能发生的正偏差（延后动作）Δt_2，还要考虑保护装置（特别是 GL 型继电器）动作时的惯性误差。为了确保前后保护装置的动作选择性，还应加上一个保险时间 Δt_4（可取 $0.1 \sim 0.15\,\mathrm{s}$）。因此前后两级保护装置动作时间的时间级差

$$\Delta t = \Delta t_1 + \Delta t_2 + \Delta t_3 + \Delta t_4 \qquad (7\text{-}11)$$

对于定时限过电流保护，可取 $\Delta t = 0.5\,\mathrm{s}$；对于反时限过电流保护，可取 $\Delta t = 0.7\,\mathrm{s}$。

定时限过电流保护的动作时间，利用时间继电器来整定。反时限过电流保护的动作时间，由于 GL 型电流继电器的时限调节机构是按 10 倍动作电流的动作时间来标度的，因此要根据前后两级保护的 GL 型继电器的动作特性曲线来整定。假设图7-24（a）所示电路中，后一级保护 KA2 的 10 倍动作电流的动作时间已经整定为 t_2，现在要确定前一级保护 KA1 的 10 倍动作电流的动作时间 t_1，整定计算的方法步骤如下（图7-25）。

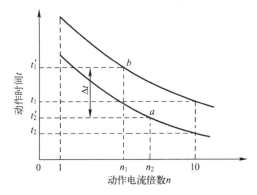

图 7-25　反时限过电流保护的动作时间整定

（1）计算 WL2 首端的三相短路电流 I_k 反映到 KA2 中的电流值：

$$I'_{k(2)} = \frac{K_{w(2)}}{K_{i(2)}} I_k \qquad (7\text{-}12)$$

式中　$K_{w(2)}$——KA2 与电流互感器相连的接线系数；

　　　$K_{i(2)}$——KA2 所连电流互感器的变流比。

（2）计算 $I'_{k(2)}$ 对 KA2 的动作电流 $I_{op(2)}$ 的倍数，即

$$n_2 = \frac{I'_{k(2)}}{I_{op(2)}} \qquad (7\text{-}13)$$

（3）确定 KA2 的实际动作时间。在图7-25所示 KA2 的动作特性曲线的横坐标轴上，找出 n_2，然后往上找到该曲线上的 a 点，该点所对应的动作时间 t'_2 就是 KA2 在通过 $I'_{k(2)}$ 时的实际动作时间。

（4）计算 KA1 的实际动作时间。根据保护选择性的要求，KA1 的实际动作时间 $t'_1 = t'_2 + \Delta t$。取 $\Delta t = 0.7\,\mathrm{s}$，故 $t'_1 = t'_2 + 0.7\,\mathrm{s}$。

（5）计算 WL2 首端的三相短路电流反映到 KA1 中的电流值，即

$$I'_{k(1)} = \frac{K_{w(1)}}{K_{i(1)}} I_k \qquad (7\text{-}14)$$

式中　$K_{w(1)}$——KA1 与电流互感器相连的接线系数；

　　　$K_{i(1)}$——KA1 所连的电流互感器的变流比。

（6）计算 $K'_{i(1)}$ 对 KA1 的动作电流 $I_{op(1)}$ 的倍数，即

$$n_1 = \frac{I'_{k(1)}}{I_{op(1)}} \qquad (7\text{-}15)$$

（7）确定 KA1 的 10 倍动作电流的动作时间。从图 7-25 所示 KA1 的动作特性曲线的横坐标轴上找出 n_1，从纵坐标轴上找出 t'_1，然后找到 n_1 与 t'_1 相交的坐标 b 点。这 b 点所在曲线所对应的 10 倍动作电流的动作时间 t_1 即为所求。

必须注意：有时 n_1 与 t'_1 相交的坐标点不在给出的动作特性曲线上，而在两条曲线之间，这时只有从上下两条曲线来粗略地估计其 10 倍动作电流的动作时间。

5. 过电流保护的灵敏度

根据式（7-1），保护灵敏度 $S_p = I_{k.\,min}/I_{op.\,1}$。对于线路过电流保护 $I_{k.\,min}$ 应取被保护线路末端在系统最小运行方式下的两相短路电流 $I_{k.\,min}^{(2)}$，而 $I_{op.\,1} = I_{op} K_i / K_w$，因此按规定，过电流保护的灵敏度必须满足下列要求：

$$S_p = \frac{K_w I_{k.\,min}^{(2)}}{K_i I_{op}} \geqslant 1.5 \qquad (7\text{-}16)$$

如果过电流保护为后备保护，其即满足要求。

当过电流保护灵敏度达不到上述要求时，可采用下述的低电压闭锁保护来提高其灵敏度。

6. 提高过电流保护灵敏度的措施——低电压闭锁

如图 7-26 所示，在线路过电流保护的电流继电器 KA 的常开触点回路中，串入低电压继电器 KV 的常闭触点，而 KV 经过电压互感器 TV 接至被保护线路的母线上。

当供电系统正常运行时，母线电压接近于额定电压，因此电压继电器 KV 的常闭触点是断开的。这时的电流继电器 KA 即使由于过负荷而误动作，使其触点闭合，断路器 QF 也不会误跳闸。正因为如此，凡装有低电压闭锁的过电流保护动作电流和返回电流不必按躲过线路的最大负荷电流 $I_{L.\,max}$ 来整定，而只要按躲过线路的计算电流 I_{30} 来整定，即

$$I_{op} = \frac{K_{rel} K_w}{K_{re} K_i} I_{30} \qquad (7\text{-}17)$$

式中各系数含义和取值与式（7-8）相同。

由于其 I_{op} 值的减小，从式（7-8）可知，能有效地提高过电流保护的灵敏度。

上述低电压继电器 KV 的动作电压按躲过母线正常最低工作电压 U_{min} 来整定，同时返回电压也应躲过 U_{min}。因此低电压继电器动作电压的整定计算公式为

$$U_{op} = \frac{U_{min}}{K_{rel} K_{re} K_u} \approx 0.6 \frac{U_N}{K_u} \qquad (7\text{-}18)$$

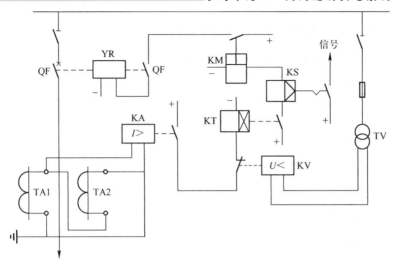

QF—断路器；TA—电流互感器；TV—电压互感器；KA—电流继电器；

KT—时间继电器；KS—信号继电器；KM—中间继电器；KV—电压继电器

图 7-26　低电压闭锁的过电流保护

式中　U_{min}——母线最低工作电压，取 $(0.85 \sim 0.95)U_N$；

$\quad\quad$ U_N——线路额定电压；

$\quad\quad$ K_{rel}——保护装置的可靠系数，可取 1.2；

$\quad\quad$ K_{re}——低电压继电器的返回系数，一般取 1.25；

$\quad\quad$ K_u——电压互感器的变压比。

7. 定时限过电流保护与反时限过电流保护的比较

定时限过电流保护的优点是：动作时间比较精确，整定简便，而且不论短路电流的大小，动作时间不变，不会出现因短路电流小动作时间长而延长故障时间的问题。但缺点是：所需继电器多，接线复杂，且须直流操作，投资较大。此外，越靠近电源的保护装置，其动作时间越长，这是带时限过电流保护共有的缺点。

反时限过电流保护的优点是：继电器的数量大为减少，而且可同时实现电流速断保护，加之可采用交流操作，因此相当简单经济，投资大大降低，故它在中小型工厂供电系统中得到广泛应用。但缺点是：动作时间的整定比较麻烦，而且误差较大。当短路电流较小时，其动作时间可能相当长，延长了故障持续时间。

7.4.4　电流速断保护

上述带时限的过电流保护有一个明显的缺点，就是越靠近电源的线路过电流保护，其动作时间越长，而短路电流则是越靠近电源，其值越大，危害也更加严重。因此 GB 50062—2008 规定，在过电流保护动作时间超过 0.5 ～ 0.7 s 时，应装设瞬动的电流速断保护装置。

1. 电流速断保护装置的组成及速断电流的整定

电流速断保护就是一种瞬时动作的过电流保护。对于采用 DL 系列电流继电器的速断保护来说，就相当于定时限过电流保护中抽去时间继电器，即在启动用的电流继电器之后，直接接信号继电器和中间继电器，最后由中间继电器触点接通断路器的跳闸回路。图 7-27 是线路上同时装有定时限过电流保护和电流速断保护的电路图，其中，KA1、KA2、KT、KS1 和 KM 属于定时限过电流保护，而 KA3、KA4、KS2 和 KM 属于电流速断保护，其中 KM 是两种保护共用的。

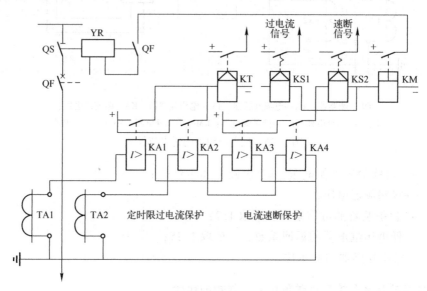

图 7-27　线路定时限过电流保护和电流速断保护电路图

如果采用 GL 系列电流继电器，则利用该继电器的电磁元件来实现电流速断保护，而其感应元件则用来做反时限过电流保护，因此非常简单经济。

为了保证前后两级瞬动的电流速断保护的选择性，电流速断保护的动作电流即速断电流 I_{qb}，应按躲过它所保护线路末端的最大短路电流，即其三相短路电流来 $I_{k.\,max}$ 整定。因为只有如此整定，才能避免在后一级速断保护所保护的线路首端发生三相短路时前一级速断保护误动作，确保选择性。

以图 7-28 所示线路为例，前一段线路 WL1 末端 k-1 点的三相短路电流，实际上与后一段线路 WL2 首端 k-2 点的三相短路电流是差不多相等的（由于 k-1 点与 k-2 点之间距离很短）。KA1 的速断电流 I_{qb} 只有躲过 $I_{k-1}^{(3)}$（即上述 $I_{k.\,max}$），才能躲过 $I_{k-2}^{(3)}$，防止 k-2 点短路时 KA1 误动作。因此电流速断保护的动作电流即速断电流的整定计算公式为

$$I_{qb} = \frac{K_{rel}K_w}{K_i}I_{k.\,max} \tag{7-19}$$

式中　$I_{k.\,max}$——保护线路末端的三相短路电流；

　　　K_{rel}——可靠系数，对 DL 型继电器取 1.2 ~ 1.3，对 GL 型继电器取 1.4 ~ 1.5，对过电流脱扣器取 1.8 ~ 2。

2. 电流速断保护的"死区"及其弥补

由于电流速断保护的动作电流 I_{qb} 要躲过线路末端的最大短路电流，因此靠近末端的一段线路上发生的不一定是最大的短路电流（如两相短路电流）时，电流速断保护不会动作，这说明，电流速断保护不可能保护线路的全长。这种保护装置不能保护的区域，称为死区（dead band），如图7-28所示。

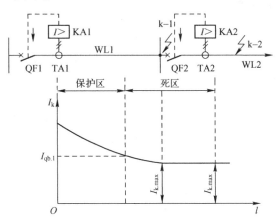

$I_{k.\,max}$——前一级速断保护躲过的最大短路电流

$I_{qb.\,1}$——前一级速断保护整定的一次动作电流

图 7-28　线路电流速断保护说明图

为了弥补死区得不到保护的缺陷，凡是装设有电流速断保护的线路，必须配备带时限的过电流保护。过电流保护的动作时间比电流速断保护至少长一个时间级差 $\Delta t = 0.5 \sim 0.7\,\text{s}$，而且前后的过电流保护动作时间又要符合"阶梯原则"，以保证选择性。

在电流速断保护的保护区内，速断保护为主保护，过电流保护作为后备；而在电流速断保护的死区内，则过电流保护为基本保护。

3. 电流速断保护的灵敏度

电流速断保护的灵敏度，应按安装处即线路首端在系统最小运行方式下的两相短路电流作为最小短路电流 $I_{k.\,min}$ 来检验。因此电流速断保护的灵敏度必须满足的条件为

$$S_p = \frac{K_w I_k^{(2)}}{K_i I_{op}} \geqslant 1.5 \sim 2 \tag{7-20}$$

一般宜取 $S_p \geqslant 2$；如果有困难时，可以 $S_p \geqslant 1.5$。GB 50062—2008《电力装置的继电保护和自动装置设计规范》规定：电流保护的最小灵敏系数为1.5，未另行规定电流速断保护的灵敏系数。而 JBJ6—1996《机械工厂电力设计规范》和 JGJ/T16—2008《民用建筑电气设计规范》等行业标准则规定：电流速断保护的最小灵敏系数为2。

7.4.5　有选择性的单相接地保护

在小接地电流的电力系统中，若发生单相接地故障时，只有很小的接地电容电流，而相

间电压仍然是对称的，因此可暂时继续运行。但是这毕竟是一种故障，而且由于非故障相的对地电压要升高为原对地电压的$\sqrt{3}$倍，因此对线路绝缘是一种威胁，如果长此下去，可能引起非故障相的对地绝缘击穿而导致两相接地短路，这将引起线路开关跳闸，线路停电。因此，在系统发生单相接地故障时，必须通过无选择性的绝缘监视装置或有选择性的单相接地保护装置，发出报警信号，以便运行值班人员及时发现和处理。

1. 单相接地保护的基本原理

单相接地保护又称零序电流保护。它利用单相接地所产生的零序电流使保护装置动作，给予信号。当单相接地故障危及人身和设备安全时，则动作于跳闸。

单相接地保护必须通过零序电流互感器（对电缆线路，如图7-29所示）或由三个相的电流互感器两端同极性并联构成的零序电流过滤器（对架空线路）将一次电路单相接地时产生的零序电流反映到其二次侧的电流继电器中去。电流继电器动作后，接通信号回路，发出接地故障信号，必要时动作于跳闸。由于工厂的高压架空线路一般不长，通常不装设单相接地保护。

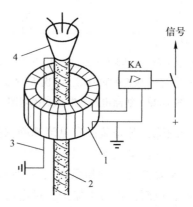

1—零序电流互感器（其环形铁芯上绕二次绕组，环氧树脂浇注）；

2—电缆；3—接地线；4—电缆头；KA—电流继电器（DL型）

图7-29　单相接地保护的零序电流互感器的结构和接线

单相接地保护的原理说明（以电缆线路WL1的A相发生单相接地为例），如图7-30所示。

图7-30中所示供电系统中，母线WB上接有三路出线WL1、WL2和WL3。每路出线上都装有零序电流互感器。现在假设电缆WL1的A相发生接地故障，这时A相的电位为地电位，所以A相没有对地电容电流，只有B相和C相有对地电容电流I_1和I_2。电缆WL2和WL3，也只有B相和C相有对地电容电流I_2、I_3和I_5、I_6。所有的这些对地电容电流$I_1 \sim I_6$都要经过接地故障点。

由图7-30可以看出，故障电缆WL1的故障芯线上流过所有对地电容电流$I_1 \sim I_6$，且与该电缆的其他两完好芯线和金属外皮上所流过的对地电容电流$I_1 \sim I_6$正好抵消，而其他正常电缆WL2、WL3的所有对地电容电流$I_3 \sim I_6$则经过故障电缆WL1的电缆头接地线流入地中。接地线流过的这一不平衡电流——零序电流就要在零序电流互感器TAN1的铁芯中产生磁通，使TAN1的二次绕组感应出电动势，使接于二次侧的电流继电器KA动作，发出信号。

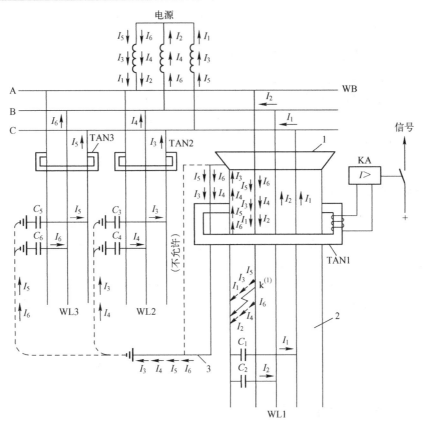

1—电缆头；2—电缆金属外皮；3—接地线；

TAN—零序电流互感器；KA—电流继电器；

$I_1 \sim I_6$—通过线路对地电容 $C_1 \sim C_6$ 的接地电容电流

图 7-30 单相接地时接地电容电流的分布

而在系统正常运行时，由于三相电流之和为零，没有不平衡电流（零序电流），因此零序电流互感器 TAN 的铁芯中不会产生磁通，继电器 KA 也不会动作。

由此可见，这种单相接地保护装置能够相当灵敏地监视小接地电流系统的对地绝缘状况，而且能具体地判断出发生故障的线路，因此 GB 50062—2008 规定：对 3 ~ 66 kV 中性点非直接接地的线路"宜装设有选择性的接地保护，并动作于信号。当危及人身和设备安全时，保护装置应动作于跳闸"。

这里必须强调指出：电缆头的接地线必须穿过零序电流互感器的铁芯，否则接地保护装置不起作用。

2. 单相接地保护装置动作电流的整定

由图 7-30 可以看出，当供电系统某一线路发生单相接地故障时，其他线路上都会出现不平衡的电容电流，但这些线路因本身是正常的，其接地保护装置不应该动作，因此单相接地保护的动作电流 $I_{op(E)}$ 应该躲过在其他线路上发生单相接地时在本线路上引起的电容电流 I_c，故单相接地保护动作电流的整定计算公式为

$$I_{op(E)} = \frac{K_{rel}}{K_i}I_C \tag{7-21}$$

式中　I_C——其他线路发生单相接地故障时，在被保护线路上产生的电容电流；

　　　　K_i——零序电流互感器的变流比；

　　　　K_{rel}——可靠系数：在保护装置不带时限时，取为 $4 \sim 5$，以躲过被保护线路发生两相短路时所出现的不平衡电流；在保护装置带时限时，取为 $1.5 \sim 2$，这时接地保护的动作时间应比相间短路的过电流保护动作时间大一个时间级差 Δt，以保证选择性。

3. 单相接地保护的灵敏度

单相接地保护的灵敏度，应按被保护线路末端发生单相接地故障时流过接地线的不平衡电流（电容电流）作为最小故障电流来检验，而这一电容电流为与被保护线路有电联系的总电网电容电流 $I_{C.\Sigma}$ 与该线路本身的电容电流 I_C 之差。式中 l，计算 $I_{C.\Sigma}$ 时，取与该线路同一电压级的有电联系的所有线路总长度，而计算 I_C 时，l 只取本线路的长度。因此单相接地保护装置的灵敏度必须满足的条件为

$$S_p = \frac{I_{C.\Sigma} - I_C}{K_i I_{op(E)}} \geqslant 1.5 \tag{7-22}$$

式中　K_i——零序电流互感器的变流比。

7.4.6　线路的过负荷保护

线路的过负荷保护，只对可能经常出现过负荷的电缆线路才装设，一般延时动作于信号，其接线如图 7-31 所示。

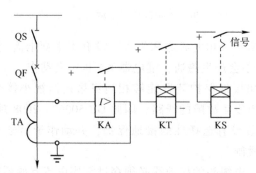

TA—电流互感器；KA—电流继电器；KT—时间继电器；KS—信号继电器

图 7-31　线路过负荷保护电路

过负荷保护的动作电流按躲过线路的计算电流 I_{30} 来整定，其整定计算公式为

$$I_{op(OL)} = \frac{1.2 \sim 1.3}{K_i}I_{30} \tag{7-23}$$

式中　K_i——电流互感器的变流比。

过负荷保护的动作时间一般取 $10 \sim 15\,s$。

知识梳理与总结

本单元介绍了民用建筑供电系统中的过电流保护任务和要求、断路器在供电系统中的配置，然后又介绍了低压断路器在低压配电系统中的配置，使学生熟悉了常用的保护继电器设备名称、型号、规格、用途，熟悉了民用建筑高压线路的继电保护。清楚本课程性质与能力目标，为后续课程学习做好准备。

复习思考题 7

7-1 供电系统中有哪些常用的过电流保护装置？对保护装置有哪些基本要求？

7-2 低压断路器（自动开关）的瞬时、短延时和长延时过流脱扣器的动作电流各如何整定？其热脱扣器的动作电流又如何整定？

7-3 低压断路器如何选择？校验万能式断路器和塑料外壳式断路器的断流能力时各应满足什么条件？

7-4 电磁式电流继电器、时间继电器、信号继电器和中间继电器在继电保护装置中各起什么作用？感应式电流继电器又具有哪些功能？

7-5 什么叫过电流继电器的动作电流、返回电流和返回系数？过电流继电器的返回系数过低有什么不好？

7-6 两相两继电器式接线（图7-17）和两相一继电器式接线（图7-18）作为相间短路保护，各有哪些优缺点？如果采用图7-32所示的两种接线，能不能实现相间短路保护？

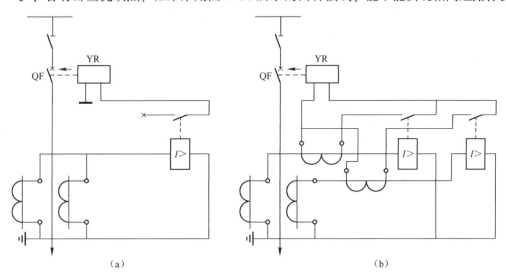

(a)　　　　　　　　　　　　　　　(b)

图 7-32　思考题 7-6 的两种保护接线

7-7 定时限过电流保护中，如何整定其动作电流和动作时间？反时限过电流保护中，又如何整定其动作电流和动作时间？什么叫10倍动作电流的动作时间？

7-8 在采用去分流跳闸方式的反时限过电流保护电路中（图7-21），为什么电流继电器的触点必须是先合后断的转换触点？否则会出现哪些问题？

7-9　过电流保护灵敏度达不到要求时，为什么采用低电压闭锁可提高其保护灵敏度？

7-10　电流速断保护的动作电流（速断电流）如何整定？什么叫"死区"？电流速断保护的死区如何消除或弥补？

7-11　在有选择性的单相接地保护中，电缆头的接地线为什么一定要穿过零序电流互感器的铁芯后接地？

7-12　什么情况下须装设过负荷保护？其动作电流和动作时间各如何整定？

练习题 7

7-1　某 10 kV 线路，采用两相两继电器式接线的去分流跳闸方式的反时限过电流保护装置，电流互感器的变流比为 200/5 A，线路的最大负荷电流（含尖峰电流）为 180 A，线路首端的三相短路电流周期分量有效值为 2.8 kA，末端的三相短路电流周期分量有效值为 1 kA。试整定该线路采用的 GL-15/10 型电流继电器的动作电流和速断电流倍数，并检验其保护灵敏度。

7-2　现有前后两级反时限过电流保护，均采用 GL-15 型过电流继电器，前一级采用两相两继电器接线，后一级采用两相电流差接线。后一级继电器的 10 倍动作电流的动作时间已整定为 0.5 s，动作电流整定为 9 A，前一级继电器的动作电流已整定为 5 A。前一级的电流互感器变流比为 100/5 A，后一级的电流互感器变流比为 75/5 A。后一级线路首端的 $I_k^{(3)} = 400$ A。试整定前一级继电器的 10 倍动作电流的动作时间（取 $\Delta t = 0.7$ s）。

7-3　某工厂 10 kV 高压配电所有一条高压配电线供电给一车间变电所。该高压配电线首端拟装设由 GL-15 型电流继电器组成的反时限过电流保护，两相两继电器式接线。已知安装的电流互感器变流比为 160/5 A。高压配电所的电源进线上装设的定时限过电流保护的动作时间整定为 1.5 s。高压配电所母线的 $I_{k-1}^{(3)} = 2.86$ kA，车间变电所的 380 V 母线的 $I_{k-2}^{(3)} = 22.3$ kA。车间变电所的一台主变压器为 S9-1000 型。试整定供电给该车间变电所的高压配电线首端装设的 GL-15 型电流继电器的动作电流和动作时间及电流速断保护的速断电流倍数，并检验其灵敏度（建议变压器的 $I_{L\,max} = 2I_{1N.T}$）。

学习单元 8

防雷、接地与电气安全

教学任务	理论	过电压与防雷		课时分配	8
		电气装置的接地			
		低压配电系统的接地故障保护、漏电保护和等电位连接			
		电气安全与触电急救			
教学目标	知识方面	掌握过电压和雷电的有关概念 掌握防雷设备及电气装置的防雷 熟悉建筑物及电子信息系统的防雷系统 掌握电气装置的接地及低压配电系统的接地故障保护、漏电保护和等电位连接 了解一些电工安全法规 掌握电气安全与触电急救知识			
	技能方面	能够正确识读建筑物防雷系统施工图 解决工程实际中具体问题			
重 点		防雷设备及电气装置的防雷 建筑物及电子信息系统的防雷系统 电气装置的接地及低压配电系统的接地故障保护、漏电保护和等电位连接 电气安全与触电急救知识			
难 点		建筑物及电子信息系统的防雷系统 电气装置的接地及低压配电系统的接地故障保护、漏电保护和等电位连接			
教学载体与资源		教材、多媒体课件、工作页、施工图纸 一体化电工与电子实验室 课堂练习与课后作业相结合			
教学方法建议		互动式教学，启发式、引导式教学，直观性、体验性教学，案例教学法，任务驱动法，多媒体教学，理实一体化教学			
教学过程设计		任务布置及知识引导→集中授课、分组学习、讨论和收集资料→学生编写报告，制作PPT、集中汇报→教师点评或总结			
考核评价内容和标准		掌握过电压和雷电的有关概念 掌握防雷设备及电气装置的防雷 熟悉建筑物及电子信息系统的防雷系统 掌握电气装置的接地及低压配电系统的接地故障保护、漏电保护和等电位连接 掌握电气安全与触电急救知识，熟悉电力系统的电压和电能质量 熟悉三相交流电网和电力设备的额定电压 熟悉电力系统中性点运行方式及低压配电系统接地形式			

8.1 过电压与防雷

8.1.1 过电压及雷电的概念与特点

1. 过电压

过电压是指在电气线路上或电气设备上出现的超过正常工作电压，对绝缘很有危害的异常电压。在电力系统中，过电压按其产生的原因，可分为两大类，如图8-1所示。

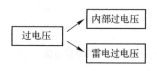

图8-1　过电压的分类

（1）内部过电压：指由于电力系统本身的开关操作、负荷剧变或发生故障等原因，使系统的工作状态突然改变，从而在系统内部出现电磁能量转换、振荡而引起的过电压。

内部过电压又分操作过电压和谐振过电压等形式。内部过电压一般不会超过系统正常运行时相对地（即单相）额定电压的3～4倍，因此对电力系统和电气设备绝缘的威胁不是很大。

（2）雷电过电压：是由于电力系统中的线路、设备或建（构）筑物遭受来自大气中的雷击或雷电感应而引起的过电压，又称大气过电压，也称外部过电压。

雷电过电压有直接雷击、间接雷击和雷电波侵入三种形式。

① 直接雷击是雷电直接击中电气线路、设备或建（构）筑物，其过电压引起的强大的雷电流通过这些物体放电入地，从而产生破坏性极大的热效应和机械效应，相伴的还有电磁脉冲和闪络放电。这种雷电过电压称为直击雷。

② 间接雷击是雷电没有直接击中电力系统中的任何部分，而是由雷电对线路、设备或其他物体的静电感应或电磁感应所产生的过电压。这种雷电过电压，也称感应雷，或称雷电感应。

③ 雷电波侵入是由于架空线路或金属管道遭受直接雷击或间接雷击而引起的过电压波，沿着架空线路或金属管道侵入变配电所或其他建筑物。这种雷电过电压形式，称为雷电波侵

入或高电位侵入。据我国几个大城市统计，供电系统中由于雷电波侵入而造成的雷害事故，占整个雷害事故的 50% ～ 70%。

2. 雷电

雷电是自然界中的一种放电现象。当雷电发生时，放电电流使空气燃烧出一道强烈的火花，并使空气膨胀，发出巨大的响声。雷电的放电时间仅为 50 ～ 100 μs，但放电电流的变化率可达 50 kA/μs。雷电的特点是时间短、电流强、频率高、感应或冲击电压大。雷电出现的地方，可能对电气设备、建筑物造成损害，对人的生命造成危害，甚至可能造成火灾、爆炸等事故。表 8–1 列出了雷电的种类与特点，表 8–2 列出了雷电的危害与防护措施。

表 8–1　雷电的种类与特点

种　类	说　明	特　点
直击雷	雷电直接打击在大地或建筑物上，称为直击雷。由于在上下气流的强烈撞击和摩擦下，雷云中的电荷越聚越多，一旦电场强度达到 25～30kV/cm 时，雷云便击穿空气绝缘，向建筑物的突出部分放电，其放电电流可达几十万安，电压可达几百万伏，温度可达 20 千摄氏度。在几微秒内，使空气通道烧成白热而猛烈膨胀，出现耀眼的亮光和巨响，这就是直击雷	一般作用于建筑物的突出部分或高层建筑的侧面
感应雷	由雷电的二次作用而形成，可分为静电感应雷和电磁感应雷两种。静电感应雷是建筑物的突出部分放电而形成的。电磁感应雷则由处在强磁场内的建筑物中的金属导体放电而形成	静电感应雷是建筑物顶部的电荷失去束缚以雷电波的形式高速传播而形成的。电磁感应雷是金属导体感应出很高的电压向周围放电而形成的
雷电波侵入	雷击打在架空线路或金属管道上，雷电波沿着金属管线侵入建筑物内部，危及人身或设备安全	高电位经金属管或导线引入

表 8–2　雷电的危害与防护措施

危害类型	说　明	防护措施
雷电的热效应危害	巨大的雷击电流通过被击物时，会产生强大的热量，但在短时间内又不易散发出来，伤害极大。凡雷击电流过的物体，金属被熔化，树木被烧焦。尤其是雷击电流过易燃、易爆物体时，会引起火灾或爆炸，造成建筑物倒塌，设备毁坏，危及人体生命的重大事故	建筑物装设防雷装置。防雷装置包括接闪器、引下线和接地装置
雷电的电磁效应危害	当有很强的带电雷云出现在建筑物上空时，就会在建筑物上感应出与雷云等量的异性电荷。当雷云在空间对地放电后，空中电场消失，但聚集在建筑上的电荷并不能很快地泄入大地，因而对地形成很高的电压，这是电磁感应残留的电荷形成的。同样，对其周围导体的输电线、金属管道等也能产生很高的感应电压，其值高达几十万伏，足以破坏一般电气设备的绝缘，造成短路，导致火灾或爆炸，对建筑物产生很大的破坏。有时还会沿着输电线或金属管道将过电压引入建筑物内，造成设备的损坏及人身触电伤亡事故	将建筑物的金属框架、钢窗等与接地装置连接，同时将建筑物内的金属设备、金属管道构架、电缆的金属外皮等与接地装置可靠连接
雷电的机械效应危害	当雷电流过被击物体时，能产生巨大的电动力的作用，或使物体内缝隙的气体剧烈膨胀，或使物体内的水分受热蒸发为大量的气体，造成内压力骤增，使被雷击物体劈裂甚至爆炸	安装避雷器，将雷击电流引入大地，使建筑物避免雷击（避雷器有阀型避雷器、管型避雷器和羊角保护间隙）

续表

危害类型	说　明	防护措施
电磁波辐射危害	闪电电流随时间做非均匀变化，一次闪电由成千上万个脉冲组成，脉冲电流向外辐射电磁波，这些向外辐射的电磁波的频带宽为 100 Hz～100 MHz。架空天线、电线，外露的电源、电缆，甚至埋地的线管都会感受到强大的感应过电压和脉冲电流，对各种设备造成严重干扰甚至损坏	安装避雷器，设备外壳可靠接地
闪电脉冲对计算机的危害	当闪电产生电磁波辐射时，其磁场脉冲幅度超过 0.07G(1G = 1 × 10^{-4} T)时，计算机误动作，超过 2.4G 时，计算机永久性损坏	安装避雷器，计算机外壳可靠接地

8.1.2　防雷设备

1. 接闪器

接闪器又称受雷装置，是专门用来接受直接雷击（雷闪）的金属物体（表 8-3），通常指避雷针、避雷带或避雷网。接闪的金属杆，称为避雷针；接闪的金属线，称为避雷线，亦称架空地线；接闪的金属带，称为避雷带；接闪的金属网，称为避雷网。

表 8-3　接闪器

接闪器	功　能	结构及规格尺寸	示　意　图
避雷针	起引雷作用，把雷电流引入地下，从而保护线路、设备和建筑物等	采用镀锌圆钢： 针长 1 m 以下时直径不小于 12 mm 针长 1～2 m 时直径不小于 16 mm 采用镀锌钢管： 针长 1 m 以下时内径不小于 20 mm 针长 1～2 m 时内径不小于 25 mm	
避雷线	与避雷针基本相同，保护电力线路	一般采用截面积不小于 35 mm² 的镀锌钢绞线架设	

接闪器	功　能	结构及规格尺寸	示　意　图
避雷带	保护建筑物特别是高层建筑物，使之免遭直接雷击和雷电感应	采用圆钢或扁钢，优先采用圆钢 圆钢直径应不小于 8 mm 扁钢截面应不小于 48 mm²，其厚度应不小于 4 mm 当烟囱上采用避雷环时： 圆钢直径应不小于 12 mm 扁钢截面应不小于 100 mm²，其厚度应不小于 4 mm	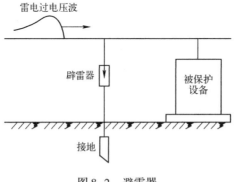
避雷网			

2. 避雷器

避雷器是用来防止雷电波侵入变配电所或其他建筑物内的避雷装置，以免危及被保护设备的绝缘，或用来防止雷电电磁脉冲对电子信息系统的电磁干扰。

避雷器应与被保护设备并联，且安装在被保护设备的电源侧，如图 8-2 所示。

图 8-2　避雷器

避雷器有阀式避雷器、排气式避雷器、保护间隙、金属氧化物避雷器和电涌保护器多种类型，见表 8-4。

表 8-4　避雷器的类型

避雷器类型	功能及结构	示　意　图
阀式避雷器 （FV）	保护电力设备、电力线路等又称阀型避雷器，由火花间隙和阀片组成，装在密封的瓷套管内 　阀式避雷器中火花间隙和阀片的多少，与其工作电压高低成比例	FS4-10型高压阀式避雷器　FS-0.38型低压阀式避雷器
排气式避雷器 （FE）	保护电力线路等 　又称管型避雷器，由产气管、内部间隙和外部间隙等组成 　排气式避雷器具有简单经济、残压很小的优点，但它动作时有电弧和气体从管中喷出，因此它只能用在室外架空场所，主要用在架空线路上	
保护间隙 （FG）	又称角型避雷器，只用于室外不重要的架空线路上 　保护间隙的安装，是一个电极接线路，另一个电极接地。但为了防止间隙被外物偶然短接而造成接地或短路故障，没有辅助间隙的保护间隙必须在其公共接地引下线中间串入一个辅助间隙	
金属氧化物避雷器 （FMO）	保护高压设备 　按有无火花间隙分为无火花间隙和有火花间隙，最常见的一种是无火花间隙只有压敏电阻片的避雷器	

避雷器类型	功能及结构	示　意　图
电涌保护器 （SPD）	又称浪涌保护器，是用于低压配电系统中电子信号设备上的一种雷电电磁脉冲（浪涌电压）保护设备，它的连接与一般避雷器一样，也与被保护设备并联，接于被保护设备的电源侧 按应用性质分有电源线路电涌保护器和信号线路电涌保护器两种 按工作原理分，有电压开关型、限压型和复合型	

3. 引下线

引下线是连接接闪器与接地装置的金属导体，如图 8-3 和图 8-4 所示。其作用是构成将雷电能量向大地泄放的通道。引下线一般采用圆钢或扁钢，要求镀锌处理。引下线应满足机械强度、耐腐蚀和热稳定性的要求。

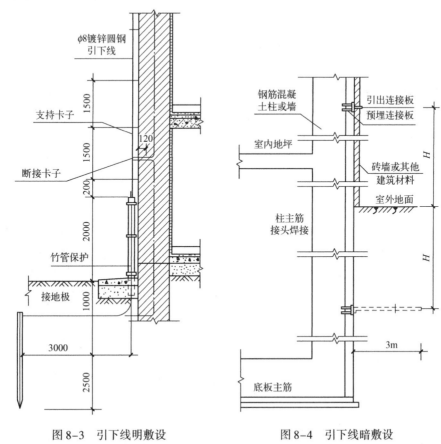

图 8-3　引下线明敷设　　　　　图 8-4　引下线暗敷设

① 一般要求。引下线可以专门敷设，也可利用建筑物内的金属构件。

② 引下线施工要求。明敷的引下线应镀锌，焊接处应涂防腐漆。地面上约 1.7 m 至地下 0.3 m 的一段引下线，应有保护措施，防止受机械损伤和人身接触。

引下线施工不得直角转弯，与雨水管接近时可以焊接在一起。高层建筑的引下线应该与金属门窗电气连通，当采用两根主筋时，其焊接长度应不小于直径的 6 倍。引下线是防雷装置极重要的组成部分，必须可靠敷设，以保证防雷效果。

4. 接地装置

无论是工作接地还是保护接地，都是经过接地装置与大地连接的。接地装置包括接地体和接地线两部分，它是防雷装置的重要组成部分，如图 8-5 所示。接地装置的主要作用是向大地均匀地泄放电流，使防雷装置对地电压不致于过高。

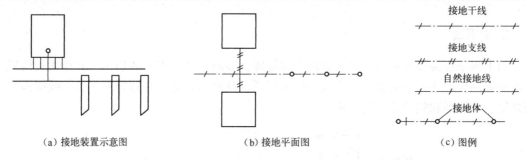

（a）接地装置示意图　　　　（b）接地平面图　　　　（c）图例

图 8-5　接地装置示意图和图例

8.1.3　电气装置的防雷

1. 架空线路的防雷措施

① 架设避雷线。这是防雷的有效措施，但造价高，因此只在 66 kV 及以上的架空线路上才全线架设，35 kV 的架空线路上，一般只在进出变配电所的一段线路上装设，而 10 kV 及以下的架空线路上一般不装设。

② 提高线路本身的绝缘水平。在架空线路上，可采用木横担、瓷横担或高一级电压的绝缘子，以提高线路的防雷水平。这是 10 kV 及以下架空线路防雷的基本措施之一。

③ 利用三角形排列的顶线兼做防雷保护线。对于中性点不接地系统的 3 ~ 10 kV 架空线路，可在其三角形排列的顶线绝缘子上装设保护间隙，如图 8-6 所示。

④ 装设自动重合闸装置。线路上因雷击放电造成线路电弧短路时，会引起线路断路器跳闸，但断路器

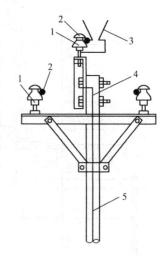

1—绝缘子；2—架空导线；3—保护间隙；
4—接地引下线；5—电杆

图 8-6　顶线绝缘子附加保护间隙

跳闸后电弧会自行熄灭。如果线路上装设一次自动重合闸，使断路器经 0.5 s 自动重合闸，电弧通常不会复燃，从而能恢复供电，这对一般用户不会有多大影响。

⑤ 个别绝缘薄弱地点加装避雷器。对架空线路中个别绝缘薄弱地点，如跨越杆、转角杆、分支杆、带拉线杆以及木杆线路中个别金属杆等处，可装设排气式避雷器或保护间隙。

2. 变配电所的防雷措施

① 装设避雷针。室外配电装置应装设避雷针来防护直击雷。如果变配电所处在附近更高的建筑物上防雷设施的保护范围之内或变配电所本身为车间内型，则可不必再考虑直击雷的防护。

② 装设避雷线。处于峡谷地区的变配电所，可利用避雷线来防护直击雷。在 35 kV 及以上的变配电所架空进线上，架设 1～2 km 的避雷线，以消除一段进线上的雷击闪络，避免其引起的雷电侵入波对变配电所电气装置的危害。

③ 装设避雷器。用来防止雷电侵入波对变配电所电气装置特别是对主变压器的危害。变配电所对高压侧雷电波侵入防护的接线如图 8-7 所示。在每路进线终端和每段母线上，均装设阀式避雷器或金属氧化物避雷器。如果进线是具有一段引入电缆的架空线路，则在架空线路终端的电缆头处装设阀式避雷器或排气式避雷器，其接地端与电缆头相连后接地。

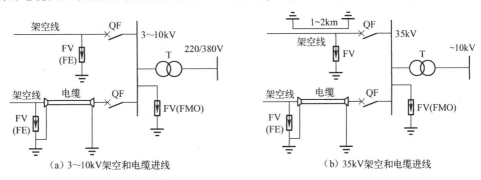

（a）3～10kV架空和电缆进线　　　　　　（b）35kV架空和电缆进线

FV—阀式避雷器；FE—排气式避雷器；FMO—金属氧化物避雷器

图 8-7　变配电所对雷电波侵入的防护

8.1.4　建筑物的防雷

1. 建筑物防雷的分类

建筑物根据其重要性、使用性质、发生雷击事故可能产生的后果和受雷击可能性的大小，按防雷要求分为三类，各类防雷建筑的具体划分方法，在国标 GB 50057—2010 中有明确规定，见表 8-5。

表 8-5　建筑物防雷等级划分

防雷建筑等级	防雷建筑划分条件
第一类防雷建筑物	凡制造、使用或存储炸药、火药、起爆药、火工品等大量爆炸物质的建筑物，因火花而引起爆炸，会造成巨大破坏和人身伤亡的
第二类防雷建筑物	国家级重点文物保护建筑物、会堂、办公建筑物、大型展览和博览建筑物、大型火车站、国宾馆、国家级档案馆、大型城市的重要给水泵房等特别重要的建筑物 制造、使用或存储爆炸物质的建筑物，且电火花不易引起爆炸或不致造成巨大破坏和人身伤亡的

防雷建筑等级	防雷建筑划分条件
第三类防雷建筑物	省级重点文物保护的建筑物及省级档案馆 预计雷击次数大于或等于0.012次/a，且小于或等于0.06次/a的省级办公建筑物及其他重要或人员密集的公共建筑物 预计雷击次数大于或等于0.06次/a，且小于或等于0.3次/a的住宅、办公楼等一般性的民用建筑物 平均雷暴日大于15 d/a的地区，高度在20 m及以上的烟囱、水塔等孤立的高耸建筑物

2. 建筑物的防雷措施

接闪器、引下线与接地装置是各类防雷建筑都应装设的防雷装置，但由于对防雷的要求不同，各类防雷建筑物在使用这些防雷装置时的技术要求就有所差异。

在可靠性方面，对第一类防雷建筑物所提的要求相对来说是最为苛刻的。通常第一类防雷建筑物的防雷保护措施应包括防直击雷、防雷电感应和防雷电波侵入等保护内容，同时这些基本措施还应当被高标准地设置；第二类防雷建筑物的防雷保护措施与第一类相比，既有相同处，又有不同之处，综合来看，第二类防雷建筑物仍采取与第一类防雷建筑物相类似的措施，但其规定的指标不如第一类防雷建筑物严格；第三类防雷建筑物主要采取防直击雷和防雷电波侵入的措施。各类防雷建筑物的防雷装置的技术要求对比见表8-6。

表8-6 建筑物防雷装置的技术要求对比

防雷建筑等级	防雷建筑划分条件	防雷措施
第一类防雷建筑物	凡制造、使用或存储炸药、火药、起爆药、火工品等大量爆炸物质的建筑物，因火花而引起爆炸，会造成巨大破坏和人身伤亡的	① 防直击雷。装设独立避雷针或架空避雷线（网），使被保护建筑物及其风帽、放散管等突出屋面的物体均处于接闪器的保护范围内。避雷网格尺寸不应大于5 m×5 m或6 m×4 m。接闪器接地引下线的冲击接地电阻$R_{sh}\leq10\Omega$。当建筑物高于30 m时，尚应采取防侧击雷的措施 ② 防雷电感应。建筑物内外的所有可产生雷电感应的金属物件均应接到防雷电感应的接地装置上，其工频接地电阻$R_E\leq10\Omega$ ③ 防雷电波侵入。低压线路宜全线采用电缆直接埋地敷设。在入户端，应将电缆的金属外皮、钢管接到防雷电感应的接地装置上。当全线采用电缆有困难时，可采用水泥电杆和铁横担的架空线，并使用一段电缆穿钢管直接埋地引入，其埋地长度不应小于15 m。在电缆与架空线连接处，还应装设避雷器。避雷器、电缆金属外皮、钢管及绝缘子铁脚、金具等均应连接在一起接地，其冲击接地电阻$R_{sh}\leq10\Omega$
第二类防雷建筑物	国家级重点文物保护建筑物、会堂、办公建筑物、大型展览和博览建筑物、大型火车站、国宾馆、国家级档案馆、大型城市的重要给水泵房等特别重要的建筑物 制造、使用或存储爆炸物质的建筑物，且电火花不易引起爆炸或不致造成巨大破坏和人身伤亡的	① 防直击雷。采取在建筑物上装设避雷网（带）或避雷针或由其混合组成的接闪器，使被保护的建筑物及其风帽、放散管等突出屋面的物体均处于接闪器的保护范围内。避雷网格尺寸不应大于10 m×10 m或12 m×8 m。接闪器接地引下线的冲击接地电阻$R_{sh}\leq10\Omega$。当建筑物高于45 m时，尚应采取防侧击雷的措施 ② 防雷电感应。建筑物内的设备、管道、构架等主要金属物，应就近接至防直击雷的接地装置或电气设备的保护接地装置上，可不另设接地装置 ③ 防雷电波侵入。当低压线路全长采用埋地电缆或敷设在架空金属线槽内的电缆引入时，在入户端将电缆金属外皮和金属线槽接地。低压架空线改换一段埋地电缆引入时，埋地长度也不应小于15 m。平均雷暴日小于30日/年地区的建筑物，可采用低压架空线直接引入建筑物内，但在入户处应装设避雷器，或设2～3 mm的保护间隙，并与绝缘子铁脚、金具连接在一起接到防雷装置上，其冲击接地电阻$R_{sh}\leq10\Omega$

续表

防雷建筑等级	防雷建筑划分条件	防雷措施
第三类防雷建筑物	省级重点文物保护的建筑物及省级档案馆 预计雷击次数大于或等于0.012次/a，且小于或等于0.06次/a的省级办公建筑物及其他重要或人员密集的公共建筑物 预计雷击次数大于或等于0.06次/a，且小于或等于0.3次/a的住宅、办公楼等一般性的民用建筑物 平均雷暴日大于15 d/a的地区，高度在20 m及以上的烟囱、水塔等孤立的高耸建筑物	① 防直击雷。宜采取在建筑物上装设避雷网（带）或避雷针或由其混合组成的接闪器。避雷网格尺寸不应大于20 m×20 m或24 m×16 m。接闪器接地引下线的冲击接地电阻 $R_{sh} \leqslant 30\,\Omega$。当建筑物高于60 m时，应采取防侧击雷的措施 ② 防雷电感应。为防止雷电流流经引下线和接地装置时产生的高电位对附近金属物或电气线路的反击，引下线与附近金属物和电气线路的间距应符合规范的要求 ③ 防雷电波侵入。对电缆进出线，应在进出端将电缆的金属外皮、钢管等与电气设备的接地相连接。当电缆转换为架空线时，应在转换处装设避雷器。电缆金属外皮和绝缘子铁脚、金具等应连接在一起接地，其冲击接地电阻 $R_{sh} \leqslant 30\,\Omega$。进出建筑物的架空金属管道，在进出处应就近连接到防雷或电气设备的接地装置上或单独接地，其冲击接地电阻 $R_{sh} \leqslant 30\,\Omega$

8.1.5　电子信息系统的防雷

1. 建筑物雷电电磁脉冲防护区的划分

按 GB50343—2004《建筑物电子信息系统防雷技术规范》规定，建筑物雷电防护区（Lightning Protection Zone，LPZ）的划分，如图8-8和表8-7所示。

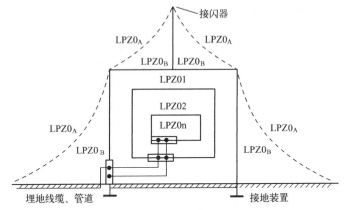

图8-8　建筑物雷电防护区（LPZ）的划分

表8-7　建筑物雷电防护区

建筑物雷电防护区	特　点
直击雷非防护区（LPZ0$_A$）	雷电电磁场没有衰减，各类物体均可能遭到直接雷击，属于完全暴露的不设防区
直击雷防护区（LPZ0$_B$）	雷电电磁场没有衰减，但各类物体很少会遭到直接雷击，属于充分暴露的直击雷防护区

建筑物雷电防护区	特　　点
第一防护区 （LPZ1）	流经各类导体的雷电流比直击雷防护区（LPZ0$_B$）减小，雷电电磁场得到了初步的衰减，各类物体不可能遭到直接雷击
第二防护区 （LPZ2）	为进一步减小所导引的雷电流或电磁场而引入的后续防护区
后续防护区 （LPZn）	为再进一步减小雷电电磁脉冲以保护敏感度水平更高的设备的后续防护区

2. 电子信息系统防雷电电磁脉冲的措施

建筑物电子信息系统的防雷，包括对雷电电磁脉冲的防护，必须将外部防雷措施与内部防雷措施协调统一，按工程整体要求进行全面规划，做到安全可靠、技术先进、经济合理。

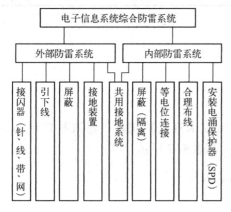

图 8-9　建筑物电子信息系统的综合防雷系统

建筑物电子信息系统的综合防雷系统，如图 8-9 所示。

（1）等电位连接与共用接地系统要求。

① 电子信息系统的机房应设置等电位连接网络。电气和电子设备的金属外壳、机柜、机架、金属管、槽、屏蔽线缆外层、信息设备防静电接地、安全保护接地、电涌保护器（SPD）接地端等，均应以最短距离与等电位连接网络的接地端子相连接。

② 在直击雷非防护区（LPZ0$_A$）或直击雷防护区（LPZ0$_B$）与第一防护区（LPZ1）的交界处，应设置总等电位接地端子板，每层楼宜设置楼层等电位接地端子板，电子信息系统设备机房应设置局部等电位接地端子板。各接地端子板应装设在便于安装和检查的位置，不得安装在潮湿或有腐蚀性气体及易受机械损伤的地方。

③ 共用接地装置应与总等电位接地端子板连接，通过接地干线引至楼层等电位接地端子板，由此引至设备机房的局部等电位接地端子板。局部等电位接地端子板应与预留的楼层主钢筋接地端子连接。接地干线宜采用多股铜芯导线或铜带，其截面不应小于 16 mm^2。接地干线应在电气竖井内明敷，并应与楼层主钢筋做等电位连接。

④ 不同楼层的综合布线系统设备间或不同雷电防护区的配线交接间应设置局部等电位接地端子板。楼层配电箱的接地线应采用绝缘铜导线，截面不小于 16 mm^2。

⑤ 防雷接地如与交流工作接地、直流工作接地、安全保护接地共用一组接地装置时，接地装置的接地电阻值必须按接入设备中要求的最小值确定。

⑥ 接地装置应优先利用建筑物的自然接地体。当自然接地体的接地电阻达不到要求时，应增加人工接地体。当设置人工接地体时，人工接地体宜在建筑物四周散水坡外大于 1 m 处埋设成环形接地网，并可作为总等电位连接带使用。

（2）屏蔽及合理布线要求。

电子信息系统设备机房的屏蔽应符合下列规定。

① 电子信息系统设备主机房宜选择在建筑物低层中心部位，其设备应远离外墙结构柱，设置在雷电防护区的高级别区域内。

② 金属导体、电缆屏蔽层及金属线槽（架）等进入机房时，应做等电位连接。

③ 当电子信息系统设备为非金属外壳，且机房屏蔽未达到设备电磁环境要求时，应设金属屏蔽网或金属屏蔽室。金属屏蔽网和金属屏蔽室应与等电位接地端子板连接。

线缆屏蔽应符合下列规定。

① 需要保护的信号电缆，宜采用屏蔽电缆，且应在其屏蔽层两端及雷电防护区交界处做等电位连接并接地。

② 当采用非屏蔽电缆时，应敷设在金属管道内并埋地引入，金属管道应电气导通，并应在雷电防护区交界处做等电位连接并接地。电缆埋地长度应符合下式要求且不小于15 m：

$$l \geqslant 2\sqrt{\rho}$$

式中　l——为电缆埋地长度（m），ρ 为电缆埋地处的土壤电阻率（$\Omega \cdot m$）。

③ 当建筑物之间采用屏蔽电缆互连，且电缆屏蔽层能存载可预见的雷电流时，电缆可不敷设在金属管道内。

④ 光缆的所有金属接头、金属挡潮层、金属加强芯等，应在入户处直接接地。

线缆敷设应符合下列规定。

① 电子信息系统线缆主干线的金属线槽宜敷设在电气竖井内。

② 电子信息系统线缆与其他管线的间距应符合表8-8的规定。

表8-8　电子信息系统线缆与其他管线的净距（据 GB 50343—2012）

其 他 管 线	线缆与其他管线净距	
	最小平行净距/mm	最小交叉净距/mm
防雷引下线	1000	300
保护地线	50	20
给水管	150	20
压缩空气管	150	20
热力管（不包封）	500	500
热力管（包封）	300	300
煤气管	300	20

③ 布置电子信息系统信号线缆的路径走向时，应尽量减小由线缆本身形成的感应环路面积。

④ 电子信息系统线缆与电力电缆的间距应符合表8-9的规定。

表8-9　电子信息系统线缆与电力电缆的净距（据 GB 50343—2012）

类　　别	与电子信息系统信号线缆接近情况	最小净距/mm
380 V 电力电缆容量 小于 2 kVA	与信号线缆平行敷设	130
	有一方在接地的金属线槽或钢管中	70
	双方都在接地的金属线槽或钢管中	10

续表

类　别	与电子信息系统信号线缆接近情况	最小净距/mm
380 V 电力电缆容量 为 2～5 kVA	与信号线缆平行敷设	300
	有一方在接地的金属线槽或钢管中	150
	双方都在接地的金属线槽或钢管中	80
380 V 电力电缆容量 大于 5 kVA	与信号线缆平行敷设	600
	有一方在接地的金属线槽或钢管中	300
	双方都在接地的金属线槽或钢管中	150

注：当 380 V 电力电缆的容量小于 2 kVA，双方都在接地的金属线槽中，如在两个不同线槽中或在同一线槽中用金属板隔开，且平行长度不大于 10 m 时，则双方最小间距可以是 10 mm。电话线缆中存在振铃电流时，不宜与计算机网络同在一根双绞电缆中。

⑤ 电子信息系统电缆与配电箱、变电室、电梯机房、空调机房之间的最小净距应符合表 8-10 的规定。

表 8-10　电子信息系统线缆与电气设备之间的净距（据 GB 50343—2012）

名　称	最小间距/m	名　称	最小间距/m
配电箱	1.00	电梯机房	2.00
变电室	2.00	空调机房	2.00

电子信息系统的电源线路中电涌保护器（SPD）的装设要求，见表 8-11。

表 8-11　电源线路中电涌保护器的装设要求

电子信息系统分类	电子信息系统的电源线路中电涌保护器的装设要求
TN 系统中电涌保护器 （SPD）	电子信息系统设备由 TN 系统供电时，配电线路通常采用 TN－C－S 系统的接地形式，在三根相线与 PE 之间装设 SPD
TT 系统中电涌保护器 （SPD）	TT 系统中的 SPD 有两种装设方式
IT 系统中电涌保护器 （SPD）	IT 系统中 SPD 的装设，PE 线不得穿过 RCD 的铁芯。由于 IT 系统的电源中性点不接地或经约 1000 Ω 电阻接地，当其中设备发生单相接地故障时，另外两非故障相的对地电位将升高，使 SPD 上承受的电压相应升高，为确保 SPD 安全运行，SPD 的最大持续运行电压应取为 $U_C \geq 1.15 U_1$，这里 U_1 为配电线路的线电压。

8.2　电气装置的接地

8.2.1　接地的概念与有关物理量

1. 接地和接地装置

（1）接地是电力系统中电气设备或装置的某部分与大地之间通过导体做良好的电气连接。埋入地中并直接与大地接触的金属导体，称为接地体或接地极。专门为接地而人为装设的接地体，称为人工接地体。兼作接地体用的直接与大地接触的各种金属构件、金属管道及建筑物的钢筋混凝土基础等，称为自然接地体。连接接地体与设备、装置接地部分的金属导体，称为接地线。接地线在设备、装置正常运行情况下是不载流的，但在故障情况下要通过接地故障电流。

（2）接地装置由接地线与接地体两部分组成。由若干接地体在大地中相互用接地线连接起来的一个整体，称为接地网。其中接地线又分接地干线和接地支线，如图8-10所示。接地干线一般应采用不少于两根导体在不同地点与接地网相连接。

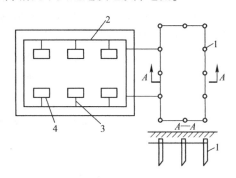

1—接地体；2—接地干线；
3—接地支线；4—电气设备

图 8-10　接地网示意图

2. 接地电流和对地电压

当电气设备发生接地故障时，电流就通过接地体向大地以半球形散开。这一电流，称为接地电流，用 I_E 表示。由于这半球形的球面，距离接地体越远，球面越大，其散流电阻越小，相对于接地点的电位来说，其电位越低。

电气设备的接地部分，例如接地的外壳和接地体等，与零电位的"地"（大地）之间的电位差，就称为接地部分的对地电压，用 U_E 表示。

3. 接触电压和跨步电压

（1）接触电压是指设备的绝缘损坏时，在身体可触及的两部分之间出现的电位差，例如，人站在发生接地故障的设备旁边，手触及设备的金属外壳，则人手与脚之间所呈现的电位差，即为接触电压。

（2）跨步电压是指在接地故障点附近行走时，两脚之间所出现的电位差。在带电的断线落地点附近及雷击时防雷装置泄放雷电流的接地体附近行走时，同样也有跨步电压。越靠近接地点及跨步越长，跨步电压越大。离接地故障点达 20 m 时，跨步电压为零。

4. 工作接地、保护接地和重复接地（表8-12）

表 8-12　电力系统接地的种类

种　类	作　用	实　例
工作接地	为保证电力系统和设备的正常工作要求而进行的一种接地	发电机、变压器中性点的接地，防雷接地
保护接地	电力设备的金属外壳、钢筋混凝土电杆和金属杆塔由于绝缘损坏可能带电，为了防止这种电压危及人身安全而设置的接地	接零：电气设备外壳与零线连接 接地：电气设备外壳不与零线连接，而与独立的接地装置连接
重复接地	将零线上的一点或多点与地再次做电气连接，以防零线在某处断开而威胁人身安全	

8.2.2　电气装置的接地要求及接地电阻

1. 电气装置应接地或接零的金属部分和电气装置可不接地或接零的金属部分

具体参考 GB 50169—2006《电气装置安装工程·接地装置施工及验收规范》规定。

2. 接地电阻

接地电阻是接地线和接地体的电阻与接地体散流电阻的总和。由于接地线和接地体的电阻相对很小，因此接地电阻可认为就是接地体的散流电阻。

接地电阻按其通过电流的性质分以下两种。

（1）工频接地电阻：是工频接地电流流经接地装置入地所呈现的接地电阻，用 R_E（或 $R\sim$）表示。

（2）冲击接地电阻：是雷电流流经接地装置入地所呈现的接地电阻，用 R_{sh}（或 R_i）表示。

8.2.3　接地装置参数的计算

1. 人工接地体工频接地电阻的计算

在工程设计中，人工接地体的工频接地电阻可采用下列简化公式计算。

（1）单根垂直管形或棒形接地体的接地电阻（单位 Ω）：

$$R_{E(1)} \approx \frac{\rho}{l} \tag{8-1}$$

式中　ρ——土壤电阻率（单位 $\Omega\cdot m$）；

　　　l——接地体长度（单位 m）。

（2）多根垂直接地体的接地电阻（单位 Ω）。

n 根垂直接地体通过连接扁钢（或圆钢）并联时，由于接地体间屏蔽效应的影响，使得总的接地电阻 $R_E > R_{E(1)}/n$，因此实际总的接地电阻为

$$R_E = \frac{R_{E(1)}}{n\eta_E} \tag{8-2}$$

式中　$R_{E(1)}$——单根接地体的接地电阻（Ω）；

　　　η_E——多根接地体并联时的接地体利用系数。

利用管间距离 a 与管长 l 之比及管子数目 n 去查表 A-28。由于该表所列 η_E 未列入连接扁钢的影响，因此实际的值比表列数值略高，但这样更能满足接地的要求。

（3）单根水平带形接地体的接地电阻（单位为 Ω）：

$$R_E \approx \frac{2\rho}{l} \tag{8-3}$$

式中　ρ——土壤电阻率（单位 $\Omega\cdot m$）；

　　　l——接地体长度（单位 m）。

（4）n 根放射形水平接地带（$n\leqslant 12$，每根长度 $l\approx 60\,m$）的接地电阻（单位为 Ω）：

$$R_E \approx \frac{0.062\rho}{n+1.2} \tag{8-4}$$

（5）环形接地网（带）的接地电阻（单位为 Ω）：

$$R_E \approx \frac{0.6\rho}{\sqrt{A}} \tag{8-5}$$

式中　*A*——环形接地网（带）所包围的面积（单位为 m^2）。

2. 自然接地体工频接地电阻的计算

部分自然接地体的工频接地电阻可按下列简化计算公式计算。

（1）电缆金属外皮和水管等的接地电阻（单位 Ω）：

$$R_E \approx \frac{2\rho}{l} \tag{8-6}$$

（2）钢筋混凝土基础的接地电阻（单位 Ω）：

$$R_E \approx \frac{0.2\rho}{\sqrt[3]{V}} \tag{8-7}$$

式中　*V*——钢筋混凝土基础的体积（m^3）。

（3）钢筋混凝土电杆的接地电阻（单位 Ω）：

单杆　　　　　　　　　　　　$R_E \approx 0.9\rho$　　　　　　　　　　　（8-8）

双杆　　　　　　　　　　　　$R_E \approx 0.2\rho$　　　　　　　　　　　（8-9）

带拉线的单、双杆　　　　　　$R_E \approx 0.1\rho$　　　　　　　　　　（8-10）

拉线地盘　　　　　　　　　　$R_E \approx 0.28\rho$　　　　　　　　　（8-11）

8.2.4　接地装置的装设与布置

1. 自然接地体的利用

在设计和装设接地装置时，首先应充分利用自然接地体，以节约投资，节约钢材。如果实地测量所利用的自然接地体接地电阻已满足要求，且这些自然接地体又满足短路热稳定度条件，除 35 kV 及以上变配电所外，一般就不必再装设人工接地装置了。

可以利用的自然接地体，按 GB 50169—2006 规定有：

（1）埋设在地下的金属管道，但不包括可燃和有爆炸物质的管道；

（2）金属井管；

（3）与大地有可靠连接的建筑物的金属结构；

（4）水工建筑物及其类似的构筑物的金属管、桩等。

对于变配电所来说，可利用其建筑物的钢筋混凝土基础作为自然接地体。对 3～10 kV 变配电所来说，如果其自然接地电阻满足规定值时，可另设人工接地。对 35 kV 及以上变配电所则还必须敷设以水平接地体为主的人工接地网。

利用自然接地体时，一定要保证其良好的电气连接。在建筑物结构的结合处，除已焊接者外，都要采用跨接焊接，而且跨接线不得小于规定值。

2. 人工接地体的装设

人工接地体有垂直埋设和水平埋设两种，如图 8-11 所示。

最常用的垂直接地体为直径 50 mm、长 2.5 m 的钢管。如果采用的钢管直径小于 50 mm，则因钢管的机械强度较小，易弯曲，不适于用机械方法打入土中；如果钢管直径大于 50 mm，

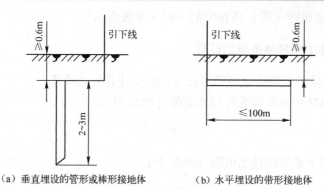

（a）垂直埋设的管形或棒形接地体　　　　（b）水平埋设的带形接地体

图 8-11　人工接地体

则钢材耗用增大，而散流电阻减小甚微，很不经济（如钢管直径由 50 mm 增大到 125 mm 时，散流电阻仅减小 15%）。如果采用的钢管长度小于 2.5 m 时，散流电阻增加很多；如果钢管长度大于 2.5 m 时，则难于打入土中，而散流电阻也减小不多。由此可见，采用直径为 50 mm、长度为 2.5 m 的钢管作为垂直接地体是最为经济合理的。但是为了减少外界温度变化对散流电阻的影响，埋入地下的接地体，其顶端离地面不宜小于 0.6 m。

3. 防雷装置的接地装置要求

避雷针宜设独立的接地装置。防雷的接地装置（包括接地体和接地线）及避雷针（线、网）引下线的结构尺寸，应按 GB 50057—2010《建筑物防雷设计规范》规定：防雷的接地装置，圆钢直径不应小于 10 mm；扁钢截面不应小于 100 mm²，厚度不应小于 4 mm；角钢厚度不应小于 4 mm；钢管壁厚不应小于 3.5 mm。作为引下线，圆钢直径不应小于 8 mm；扁钢截面不应小于 48 mm²，厚度不应小于 4 mm。

为了防止雷击时雷电流在接地装置上产生的高电位对被保护的建筑物和配电装置及其接地装置进行"反击闪络"，危及建筑物和配电装置的安全，防直击雷的接地装置与建筑物和配电装置及其接地装置之间应有一定的安全距离，此安全距离与建筑物的防雷等级有关，在 GB 50057—2010 中有具体规定，但总的来说，空气中的安全距离 $S_0 \geqslant 5\,\mathrm{m}$，地下的安全距离 $S_E \geqslant 3\,\mathrm{m}$。

为了降低跨步电压保障人身安全，按 GB 50054—2010《低压配电设计规范》规定，防直击雷的人工接地体距建筑物入口或人行道的距离不应小于 3 m。当小于 3 m 时，应采取下列措施之一：

① 水平接地体局部埋深应不小于 1 m。

② 水平接地体局部应包绝缘物，可采用 50～80 mm 厚的沥青层。

③ 采用沥青碎石地面，或在接地体上面敷设 50～80 mm 厚的沥青层，其宽度应超过接地体 2 m。

8.3　低压配电系统的保护和等电位连接

8.3.1　低压配电系统的接地故障保护

接地故障是指低压配电系统中的相线对地或对与地有联系的导电体之间的短路，包括相线与大地、相线与 PE 线或 PEN 线以及相线与设备的外露可导电部分之间的短路。

接地故障的危害很大。在 TN 系统中，接地故障就是单相短路，故障电流很大，必须迅速切除，否则将产生严重后果，甚至引起火灾或爆炸。在 TT 系统和 IT 系统中，接地故障电流虽然较小，但故障设备的外露可导电部分可能呈现危险的对地电压。如不及时予以信号报警或切除故障，就有发生人身触电事故的可能。因此对接地故障必须重视，应该对接地故障采取适当的安全防护措施。

接地故障保护电器的选择，应根据低压配电系统的接地形式、电气设备类别（移动式、手握式或固定式）以及导体截面大小等因素确定。

8.3.2　低压配电系统的漏电保护

1. 漏电保护器的功能与原理

漏电保护器又称"剩余电流保护器"（IEC 标准名称，英文为 Residual Current Protective Device，RCD），它是在规定条件下，当漏电电流（剩余电流）达到或超过规定值时能自动断开电路的一种保护电器。它用来对低压配电系统中的漏电和接地故障进行安全防护，防止发生人身触电事故及因接地电弧引发的火灾。

漏电保护器按其反应动作的信号分，有电压动作型和电流动作型两类。电压动作型技术上尚存在一些问题，所以现在生产的漏电保护器差不多都是电流动作型。

电流动作型漏电保护器利用零序电流互感器来反应接地故障电流，以动作于脱扣机构。它按脱扣机构的结构分，又有电磁脱扣型和电子脱扣型两类。

电流动作的电磁脱扣型漏电保护器的原理接线图如图 8-12 所示。设备正常运行时，穿过零序电流互感器 TAN 的三相电流相量和为零，零序电流互感器 TAN 二次侧不产生感应电动势，因此极化电磁铁 YA 的线圈中没有电流通过，其衔铁靠永久磁铁的磁力保持在吸合位置，使开关维持在合闸状态。当设备发生漏电或单相接地故障时，就有零序电流穿过互感器 TAN 的铁芯，使其二次侧感生电动势，于是电磁铁 YA 的线圈中有交流电流通过，从而使电磁铁 YA 的铁芯中产生交变磁通，与原有的永久磁通叠加，产生去磁作用，使其电磁吸力减小，衔铁被弹簧拉开，使自由脱扣机构 YR 动作，开关跳闸，断开故障电路，从而起到漏电保护的作用。

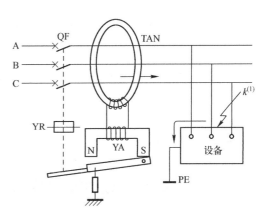

TAN—零序电流互感器；YA—极化电磁铁；
QF—断路器；YR—自由脱扣机构

图 8-12　电流动作的电磁脱扣型漏电
保护器原理接线图

电流动作的电子脱扣型漏电保护器是在零序电流互感器 TAN 与自由脱扣机构 YR 之间接入一个电子放大器 AV。当设备发生漏电或单相接地故障时，互感器 TAN 二次侧感生的电信号经电子放大器 AV 放大后，接通脱扣机构 YR，使开关跳闸，从而也起到漏电保护的作用。

2. 漏电保护器的分类

漏电保护器按其保护功能和结构特征，可分以下四类，见表8–13。

表8–13　漏电保护器的类型

类　型	组成、功能及作用	实　物　图
漏电保护开关	零序电流互感器、漏电脱扣器和主开关组装在一绝缘外壳中 具有漏电保护及手动通断电路的功能，但不具有过负荷和短路保护的功能 应用于住宅，通称漏电开关	
漏电断路器	在低压断路器的基础上加装漏电保护部件 具有漏电保护及过负荷和短路保护的功能。它有些产品就是在低压断路器之外拼装漏电保护附件而成 广泛应用于家用及类似场所的漏电断路器	
漏电继电器	由零序电流互感器和继电器组成 具有检测和判断漏电和接地故障的功能，由继电器发出信号并控制断路器或接触器切断电路	
漏电保护插座	由漏电开关或漏电断路器与插座组合而成，使插座回路连接的设备具有漏电保护功能	

8.3.3　低压配电系统的等电位连接

1. 等电位连接的功能与类别

等电位连接是使电气装置各外露可导电部分和装置外可导电部分的电位基本相等的一种电气连接。等电位连接的功能在于降低接触电压，以确保人身安全。

按 GB 50054—2011《低压配电设计规范》规定：采用接地故障保护时，在建筑物内应做总等电位连接（Main Equipotential Bonding，MEB）。当电气装置或其某一部分的接地故障保护不能满足要求时，尚应在其局部范围内进行局部等电位连接，总等电位连接和局部等电位连接见表8–14。

表 8–14 总等电位连接和局部等电位连接

电位连接类型	应 用 场 所
总等电位连接	在建筑物进线处，将 PE 线或 PEN 线与电气装置接地干线、建筑物内的各种金属管道如水管、煤气管、采暖空调管道等以及建筑物的金属构件等，都接向总等电位连接端子，使它们都具有基本相等的电位
局部等电位连接	在远离总等电位连接处、非常潮湿、触电危险性大的局部地区内进行的等电位连接，作为总等电位连接的一种补充，特别是在容易触电的浴室及安全要求极高的胸腔手术室等处，宜做局部等电位连接

2. 等电位连接的连接线要求

等电位连接的主母线截面，规定不应小于装置中最大 PE 线或 PEN 线的一半，但采用铜线时截面不应小于 $6\ mm^2$，采用铝线时截面不应小于 $16\ mm^2$。采用铝线时，必须采取机械保护，且应保证铝线连接处的持久导电性。如果采用铜导线做连接线，其截面可不超过 $25\ mm^2$。如果采用其他材质导线时，其截面应能承受与之相当的载流量。

连接装置外露可导电部分与装置外可导电部分的局部等电位连接线，其截面也不应小于相应的 PE 线或 PEN 线的一半。而连接两个外露可导电部分的局部等电位连接线，其截面不应小于接至该两个外露可导电部分的较小 PE 线的截面。

3. 等电位连接中的几个具体问题

(1) 两金属管道连接处缠有黄麻或聚乙烯薄膜，是否需要做跨接线？

由于两管道在做丝扣连接时，上述包缠材料实际上已被损伤而失去了绝缘作用，因此管道连接处在电气上依然是导通的。所以除自来水管的水表两端须做跨接线外，金属管道连接处一般不用跨接。

(2) 现在有些管道系统以塑料管取代金属管，塑料管道系统要不要做等电位连接？

做等电位连接的目的在于使人体可同时触及的导电部分的电位相等或相近，以防人身触电。而塑料管是不导电物质，不可能传导电流或呈现电位，因此不用对塑料管道做等电位连接。但是对金属管道系统内的小段塑料管须做跨接。

（3）在等电位连接系统内是否须对一管道系统做多次重复连接？

只要金属管道全长导通良好，原则上只要做一次等电位连接。例如，在水管进入建筑物的主管上做一次总等电位连接，再在浴室内的水管主管上做一次局部等电位连接就行了。

（4）是否需要在建筑物的出入口处采取均衡电位的措施，以降低跨步电压？

对于 1000 V 及以下的工频低压装置，不必考虑跨步电压的危害，因为一般情况下，其跨步电压不足以构成对人体的伤害。

8.4　电气安全与触电急救

8.4.1　电气危害的种类与主要因素

1. 电气危害的种类

电气危害有两个方面：一方面是对系统自身的危害，如短路、过电压、绝缘老化等；另一方面是对用电设备、环境和人员的危害，如触电、电气火灾、电压异常升高造成用电设备损坏等，其中尤以触电和电气火灾危害最为严重。触电可直接导致人员伤残、死亡，或引发坠落等二次事故致人伤亡。电气火灾是近 20 年来在我国迅速蔓延的一种电气灾害，我国电气火灾在火灾总数中所占的比例已达 30% 左右。另外，在有些场合，静电产生的危害也不能忽视，它是电气火灾的原因之一，对电子设备的危害也很大。

触电又分为电击和电伤。

电击指电流通过人体内部，造成人体内部组织、器官损坏以致死亡的一种现象。电击在人体内部、人体表皮往往不留痕迹。

电伤是指电流的热效应、化学效应等对人体造成的伤害。对人体外部组织造成的局部伤害，往往在肌体上留下伤疤。

2. 电对人体的危害因素

电危及人体生命安全的直接因素是电流而不是电压，而且电流对人体的电击伤害的严重程度与通过人体的电流大小、频率、持续时间、流经途径和人体的健康情况有关。现就其主要因素分述如下。

1）电流的大小

通过人体的电流越大，人体的生理反应越大，见表 8-15。人体对电流的反应虽然因人而异，但相差不甚大，可视做大体相同。根据人体反应，可将电流划为三级。

表 8-15　电流对人体的影响

电流/mA	交流电源/50 Hz		直流电源
	通电时间	人体反应	人体反应
0～0.5	连续	无感觉	无感觉
0.5～5	连续	有麻刺、疼痛感，无抽搐	无感觉

电流/mA	交流电源/50 Hz		直流电源
	通电时间	人体反应	人体反应
5～10	几分钟内	痉挛、剧痛，尚可摆脱电源	针刺、压迫及灼热感
10～30	几分钟内	迅速麻痹，呼吸困难，不自主	压痛，刺痛，灼热强烈，抽搐
30～50	几秒到几分钟内	心跳不规则，昏迷，强烈痉挛	感觉强烈、剧痛痉挛
50～100	超过3 s	心室颤动，呼吸麻痹，心脏停止跳动	剧痛，强烈痉挛，呼吸困难或麻痹

感知电流——引起人感觉的最小电流，称为感知阈。感觉轻微颤抖刺痛，可以自己摆脱电源，此时大致为工频交流电1 mA。感知阈与电流的持续时间长短无关。

摆脱电流——通过人体的电流逐渐增大，人体反应增大，感到强烈刺痛、肌肉收缩。但是由于人的理智还是可以摆脱带电体的，此时的电流称为摆脱电流。当通过人体的电流大于摆脱阈时，受电击者自救的可能性就小。摆脱阈主要取决于接触面积、电极形状和尺寸及个人的生理特点，因此不同的人摆脱电流也不同。摆脱阈一般取10 mA。

致命电流——当通过人体的电流能引起心室颤动或呼吸窒息而死亡时，称为致命电流。

人体心脏在正常情况下，是有节奏地收缩与扩张的。这样，可以把新鲜血液送到全身。当通过人体的电流达到一定数量时，心脏的正常工作受到破坏。每分钟数十次变为每分钟数百次以上的细微颤动，称为心室颤动。心脏在细微颤动时，不能再压送血液，血液循环终止。若在短时间内不能摆脱电源，不设法恢复心脏的正常工作，将会死亡。

引起心室颤动不仅与人体通过的电流大小有关，还与电流持续时间有关。一般认为30 mA以下是安全电流。

2）人体阻抗和安全电压

人体的阻抗主要由皮肤阻抗和人体内阻抗组成，且阻抗的大小与触电电流通过的途径有关。皮肤阻抗可视为由半绝缘层和许多小的导电体（毛孔）构成，为容性阻抗，当接触电压小于50 V时，其阻值相对较大，当接触电压超过50 V时，皮肤阻抗值将大大降低，以致于完全被击穿后的阻抗可忽略不计。人体内阻抗则由人体脂肪、骨骼、神经、肌肉等组织及器官所构成，大部分为阻性的，不同的电流通路有不同的内阻抗。据测量，人体表皮0.05～0.2 mm厚的角质层阻抗最大，约为1000～10000 Ω，其次是脂肪、骨骼、神经、肌肉等。但是，若皮肤潮湿、出汗、有损伤或带有导电性粉尘，人体电阻会下降到800～1000 Ω。所以在考虑电气安全问题时，人体的电阻只能按800～1000 Ω计算。不同条件下人体电阻值见表8-16。

表8-16　不同条件下的人体电阻

加于人体的电压/V	人体电阻/Ω			
	皮肤干燥	皮肤潮湿	皮肤湿润	皮肤浸入水中
10	7000	3500	1200	600
25	5000	2500	1000	500
50	4000	2000	875	440

加于人体的电压/V	人体电阻/Ω			
	皮肤干燥	皮肤潮湿	皮肤湿润	皮肤浸入水中
100	3000	1500	770	375
200	2000	1000	650	325

注：① 表内值的前提为电流为基本通路，接触面积较大；

② 皮肤潮湿，相当于有水或者汗痕；

③ 皮肤湿润，相当于有水蒸气或处于特别潮湿的场合中；

④ 皮肤浸入水中，相当于在游泳或者浴池中，基本上是体内电阻；

⑤ 此表数值为大多数人的平均值。

安全电压是指人体不戴任何防护设备时，触及带电体不受电击或电伤。人体触电的本质是电流通过人体产生了有害效应，然而触电的形式通常都是人体的两部分同时触及了带电体，而且这两个带电体之间存在着电位差。因此在电击防护措施中，要将流过人体的电流限制在无危险范围内，即在形式上将人体能触及的电压限制在安全的范围内。国家标准制定了安全电压系列，称为安全电压等级或额定值，这些额定值指的是交流有效值，分别为 42 V、36 V、24 V、12 V、6 V 等。

要注意安全电压指的是一定环境下的相对安全，并非是确保无电击的危险。对于安全电压的选用，一般可参考下列数值：遂道、人防工程手持灯具和局部照明应采用 36 V 安全电压；潮湿和易触及带电体的场所的照明，电源电压应不大于 24 V；特别潮湿的场所、导电良好的地面、锅炉或金属容器内使用的照明灯具应采用 12 V。

3）触电时间

人的心脏在每一收缩扩张周期中间，约有 0.1 ～ 0.2 s 称为易损伤期。当电流在这一瞬间通过时，引起心室颤动的可能性最大，危险性也最大。

人体触电，通过电流的时间越长，能量积累增加，引起心室颤动所需的电流也就越小；触电时间越长，越易造成心室颤动，生命危险性就愈大。据统计，触电 1 min 后开始急救，90% 有良好的效果。

4）电流途径

电流途径从人体的左手到右手、左手到脚、右手到脚等，其中电流经左手到脚的流通是最不利的一种情况，因为这一通道的电流最易损伤心脏。电流通过心脏，会引起心室颤动，通过神经中枢会引起中枢神经失调。这些都会直接导致死亡，电流通过脊髓，还会导致半身瘫痪。流经心脏的电流与通过人体总电流的比例如表 8-17 所示。

表 8-17　电流路径与通过人体心脏电流的比例关系

电 流 路 径	左手至脚	右手至脚	左手至右手	左脚至右脚
流经心脏的电流与通过人体总电流的比例（%）	6.4	3.7	3.3	0.4

5）电流频率

电流频率不同，对人体伤害也不同。据测试，15 ～ 100 Hz 的交流电流对人体的伤害最严重。由于人体皮肤的阻抗是容性的，所以与频率成反比，随着频率增加，交流电的感知、摆脱阈值都会增大。虽然频率增大，对人体伤害程度有所减轻，但高频高压还是有致命的危险的。

6）人体状况

人体不同，对电流的敏感程度也不一样，一般来说，儿童较成年人敏感，女性较男性敏感。患有心脏病者，触电后的死亡可能性就更大。

8.4.2　电气安全的一般措施

（1）按照规定使用电气安全用具。

电气安全用具分为基本安全用具和辅助安全用具两类。

① 基本安全用具：这类安全用具的绝缘足以承受电气设备的工作电压，操作人员必须使用它才允许操作带电设备。

② 辅助安全用具：这类安全用具的绝缘不足以完全承受电气设备工作电压的作用，但是工作人员使用它可使人身安全有进一步的保障。例如，绝缘手套、绝缘靴、绝缘地毯、绝缘垫台、高压验电器、低压试电笔、临时接地线及"禁止合闸，有人工作"、"止步，高压危险！"等标示牌等。

（2）电气作业必须执行《安全标志》（GB 2894—1996）和《安全色》（GB 2893—2008）的规定。为了引起人们的注意，预防电气伤害事故的发生，需要在各有关场所做出醒目的标志，在厂矿内也不容忽视。

安全色是表达安全信息含义的颜色，用来表达禁止、警告、指令、提示等。安全色规定为红、蓝、黄、绿四种颜色。

安全标志：安全标志分为禁止标志、警告标志、指令标志、提示标志四类，还有补充标志。

（3）电气工作人员的从业条件。

电工作业即从事发电、输电、变电、配电和用电装置的安装、运行、检修、实验等工作。电工属特种作业人员，其考核和管理应按照 GB 5306—1985《特种作业人员安全技术考核管理规则》的要求。

（4）电工作业人员应经过安全技术培训、考核，取得操作证后方准独立作业。发现非电气人员从事电气操作应及时制止，并报告领导。严格遵守有关安全法规、规程和制度，不得违章作业。

（5）架设临时线路和进行危险作业时，应完备审批手续，否则应拒绝施工。

（6）有权制止违章作业和拒绝违章指挥。

（7）电气工作人员应具备良好的精神素质，要坚持岗位责任制，工作中头脑要清醒，作风要严谨，文明细致，不敷衍塞责，不草率从事，对不安全因素要时刻保持警惕。

（8）电气工作人员必须掌握触电急救知识。

（9）停电检修技术措施：在停电检修工作中，应防止突然来电（误送电、反送电）和误入带电隔离，同时也要防止带临时接地线合闸。为此，在全部停电或部分停电的电气设备

上工作。必须采取停电、验电、装拆临时接地线、悬挂警示牌和装设遮拦物等保证安全的技术措施。检修完毕后，应在清理完现场、撤离人员后，再对检修点逐一进行检查，内容包括：检修质量是否合格，有无漏修、误接现象；是否遗留有工具、元器件、边角余料等。检查无误方可送电。

（10）带电的安全操作：带电作业人员的穿着应符合电工作业要求。带电作业必须穿绝缘靴，戴安全帽和绝缘手套，带电作业必须站在绝缘垫上，使用绝缘手柄的工具。禁止使用钢卷尺或金属丝的皮卷尺进行测量。带电作业人员必须有上岗证。在工作中保持人体与大地之间，人体与周围接地金属之间、人体与其他相线导体（包括零线）之间有良好的绝缘和适当的安全距离。在带电的低压导线上操作时，如果导线之间未采取绝缘措施，则不得穿越导线。在带电的电流互感器二次回路上，严禁将电流互感器二次回路开路。否则，二次回路上产生的高压将危及人身安全。带电检修时间不宜过长，以免疲劳导致注意力分散而发生事故。

（11）每个电工应该养成"一停、二看、三想、四动手"的习惯。

8.4.3　触电的急救处理

现场急救对抢救触电者是非常重要的，因为人触电后不一定立即死亡，而往往是"假死"状态，如现场抢救及时，方法得当，呈"假死"状态的人就可以获救。据国外资料记载，触电后 1 min 开始救治者，90% 有良好效果；触电后 6 min 开始救治者，10% 有良好效果；触电后 12 min 开始救治者，救活的可能性就很小。这个统计资料虽不完全准确，但说明抢救的时间是个重要因素。因此，触电急救应争分夺秒，不能等待医务人员。为了做到及时急救，平时就要了解触电急救常识，对与电气设备有关的人员还应进行必要的触电急救训练。

1. 解脱电源

发现有人触电时，首先尽快使触电人脱离电源，这是实施其他急救措施的前提。解脱电源的方法如下。

（1）如果电源的闸刀开关就在附近，应迅速拉断开关。一般的电灯开关、拉线开关只控制单线，而且不一定控制的是相线（俗称火线），所以拉断这种开关并不保险，还应该拉断闸刀开关。

（2）如闸刀开关距离触电地点很远，则应迅速用绝缘良好的电工钳或有干燥木把的利器（如刀、斧、锹等）把电线砍断（砍断后，有电的一头应妥善处理，防止又有人触电），或用干燥的木棒、竹竿、木条等物迅速将电线拨离触电者。拨线时应特别注意安全，能拨的不要挑，以防电线甩在别人身上。

（3）若现场附近无任何合适的绝缘物可利用，而触电人的衣服又是干的，则救护人员可用包有干燥毛巾或衣服的一只手去拉触电者的衣服，使其脱离电源。若救护人员未穿鞋或穿湿鞋，则不宜采用这样的办法抢救。以上抢救办法不适用于高压触电情况，遇有高压触电应及时通知有关部门拉掉高压电源开关。

2. 对症救治

当触电人脱离了电源以后，应迅速根据具体情况做对症救治，同时向医务部门呼救。

（1）如果触电人的伤害情况并不严重，神志还清醒，只是有些心慌，四肢发麻，全身无力或虽曾一度昏迷，但未失去知觉，只要使之就地安静休息 1～2 h，不要走动，并做仔细观察。

（2）如果触电人的伤害情况较严重，无知觉、无呼吸，但心脏有跳动（头部触电的人易出现这种症状），应采用口对口人工呼吸法抢救。如有呼吸，但心脏停止跳动，则应采用人工胸外心脏挤压法抢救。

（3）如果触电人的伤害情况很严重，心跳和呼吸都已停止，则须同时进行口对口人工呼吸和人工胸外心脏挤压。如现场仅有一人抢救时，可交替使用这两种办法，先进行口对口吹气两次，再做心脏挤压 15 次，如此循环连续操作。

3. 人工呼吸法和人工胸外心脏挤压法

1）口对口人工呼吸法

（1）迅速解开触电人的衣领，松开上身的紧身衣、围巾等，使胸部能自由扩张，以免妨碍呼吸。置触电人为向上仰卧位置，将颈部放直，把头侧向一边掰开嘴巴，清除其口腔中的血块和呕吐物等，如图 8-13 所示。如舌根下陷，应把它拉出来，使呼吸道畅通，如图 8-14 所示。如触电者牙关紧闭，可用小木片、金属片等从嘴角伸入牙缝慢慢撬开，然后使其头部尽量后仰，鼻孔朝天，这样，舌根部就不会阻塞气流了。

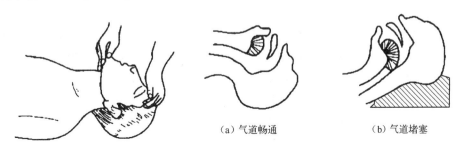

（a）气道畅通　　　　（b）气道堵塞

图 8-13　仰头抬颚　　　　　　　图 8-14　气道状况

（2）救护人站在触电人头部的一侧，用一只手捏紧其鼻孔（不要漏气），另一只手将其下颈拉向前方（或托住其后颈），使嘴巴张开（嘴上可盖一块纱布或薄布），准备接受吹气。

（3）救护人做深吸气后，紧贴触电人的嘴巴向他大量吹气，同时观察其胸部是否膨胀。以决定吹气是否有效和适度，如图 8-15 所示。

（4）救护人员吹气完毕换气时，应立即离开触电人的嘴巴，并放松捏紧的鼻子，让他自动呼气。按照以上步骤连续不断地进行操作，每 5 s 一次。

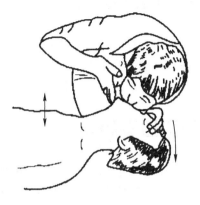

图 8-15　口对口人工呼吸

2) 人工胸外心脏挤压法

(1) 使触电人仰卧，松开衣服，清除口内杂物。触电人后背着地处应是硬地或木板。

(2) 救护人位于触电人的一边，最好是跨骑在其胯骨（腰部下面腹部两侧的骨）部，两手相叠，将掌根放在触电人胸骨下 1/3 的部位，即把中指尖放在其颈部凹陷的下边缘，即"当胸一手掌、中指对凹膛"，手掌的根部就是正确的压点，如图 8-16 所示。

(3) 找到正确的压点后，自上而下均衡地用力向脊柱方向挤压，压出心脏里的血液。对成年人的胸骨可压下 3 ～ 4 cm，如图 8-17 所示。

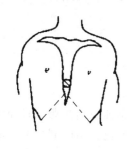
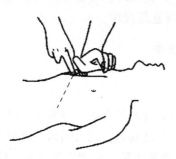

图 8-16　正确的按压位置　　　　　　　图 8-17　按压姿势与用力方法

(4) 挤压后，掌根要突然放松（但手掌不要离开胸壁），使触电人胸部自动恢复原状，心脏扩张后血液又回到心脏。

按以上步骤连续不断地进行操作，每秒一次。挤压时定位必须准确，压力要适当，不可用力过大过猛，以免挤压出胃中的食物，堵塞气管，影响呼吸，或造成肋骨折断、气血胸和内脏损伤等。但也不能用力过小，而达不到挤压的作用。

触电急救应尽可能就地进行，只有在条件不允许时，才可把触电人抬到可靠的地方进行急救。在运送医院途中，抢救工作也不要停止，直到医生宣布可以停止时为止。

抢救过程中不要轻易注射强心针（肾上腺素），只有当确定心脏已停止跳动时才可使用。

知识梳理与总结

本单元首先讲述了过电压与防雷，包括过电压和雷电的有关概念、防雷设备及电气装置的防雷、建筑物及电子信息系统的防雷等；然后讲述了电气装置的接地及低压配电系统的接地故障保护、漏电保护和等电位连接；最后讲述了电气安全与触电急救知识。

复习思考题 8

8-1　什么叫过电压？过电压有哪些类型？

8-2　什么叫接地？什么叫接地装置？什么叫人工接地体和自然接地体？

8-3　什么叫接地电流和对地电压？什么叫接触电压和跨步电压？

8-4　什么叫工作接地和保护接地？什么叫保护接零？为什么同一低压配电系统中不能有的设备采取保护接地，有的设备采取保护接零？

8-5　什么叫接地故障保护？TN 系统、TT 系统和 IT 系统中各自的接地故障保护有什么特点？

8-6　在低压配电线路中装设漏电保护器（RCD）的目的是什么？电磁脱扣型 RCD 和电子脱扣型 RCD 各是如何进行漏电保护的？

8-7　什么叫安全电流？安全电流与哪些因素有关？一般认为的安全电流是多少？

8-8　什么叫安全电压？一般正常环境条件下的安全特低电压是多少？

8-9　什么叫直接触电防护和间接触电防护？试举例说明。

8-10　什么叫基本安全用具和辅助安全用具？试举例说明。

练习题 8

8-1　有一座第二类防雷建筑物，高 10 m，其屋顶最远的一角距离一高 50 m 的烟囱 15 m 远。该烟囱上装有一根 2.5 m 高的避雷针，试验算此避雷针能否保护该建筑物。

8-2　有一台 630 kVA 的配电变压器低压中性点需要进行接地，可利用的变电所钢筋混凝土基础的自然接地体电阻为 12 Ω。试确定需要补充的人工接地体的接地电阻值及人工接地的垂直埋地钢管、连接扁钢和布置方案。已知接地处的土壤电阻率为 100 Ω·m，单相短路电流可达 2.8 kA，短路电流持续时间为 0.7 s。

附录 A　民用建筑常用高低压设备性能参数表

表 A-1　用电设备组的需要系数、二项式系数及功率因数参考值

用电设备组名称	需要系数 K_d	二项式系数		最大容量设备台数 x①	$\cos\varphi$	$\tan\varphi$
		b	c			
小批生产的金属冷加工机床电动机	0.16~0.2	0.14	0.4	5	0.5	1.73
大批生产的金属冷加工机床电动机	0.18~0.25	0.14	0.5	5	0.5	1.73
小批生产的金属热加工机床电动机	0.25~0.3	0.24	0.4	5	0.6	1.33
大批生产的金属热加工机床电动机	0.3~0.35	0.26	0.5	5	0.65	1.17
通风机、水泵、空压机及电动发电机组电动机	0.7~0.8	0.65	0.25	5	0.8	0.75
非连锁的连续运输机械及铸造车间整砂机械	0.5~0.6	0.4	0.4	5	0.75	0.88
连锁的连续运输机械及铸造车间整砂机械	0.65~0.7	0.6	0.2	5	0.75	0.88
锅炉房和机加、机修、装配等类车间的吊车（$\varepsilon=25\%$）	0.1~0.15	0.06	0.2	3	0.5	1.73
铸造车间的吊车（$\varepsilon=25\%$）	0.15~0.25	0.09	0.3	3	0.5	1.73
自动连续装料的电阻炉设备	0.75~0.8	0.7	0.3	2	0.5	1.73
实验室用小型电热设备（电阻炉、干燥箱等）	0.7	0.7	0	—	1.0	0
工频感应电炉（未带无功补偿装置）	0.8	—	—	—	0.35	2.68
高频感应电炉（未带无功补偿装置）	0.8	—	—	—	0.6	1.33
电弧熔炉	0.9	—	—	—	0.87	0.57
点焊机、缝焊机	0.35	—	—	—	0.6	1.33
对焊机、铆钉加热机	0.35	—	—	—	0.7	1.02
自动弧焊变压器	0.5	—	—	—	0.4	2.29
单头手动弧焊变压器	0.35	—	—	—	0.35	2.68
多头手动弧焊变压器	0.4	—	—	—	0.35	2.68
单头弧焊电动发电机组	0.35	—	—	—	0.6	1.33
多头弧焊电动发电机组	0.7	—	—	—	0.75	0.88
生产厂房及办公室、阅览室、实验室照明②	0.8~1	—	—	—	1.0	0
变配电所、仓库照明②	0.5~0.7	—	—	—	1.0	0
宿舍、生活区照明②	0.6~0.8	—	—	-3	1.0	0
室外照明、应急照明②	1	—	—	—	1.0	0

注：① 如果用电设备组的设备总台数 $n<2x$ 时，则最大容量设备台数取 $x=n/2$，且按"四舍五入"修约规则取整数。例如，某机床电动机组 $n=7<2x=2\times5=10$，故取 $x=7/2\approx4$。

② 这里的 $\cos\varphi$ 和 $\tan\varphi$ 值均为白炽灯照明数据。如为荧光灯照明，则 $\cos\varphi=0.9$，$\tan\varphi=0.48$；如为高压汞灯、钠灯等照明，则 $\cos\varphi=0.5$，$\tan\varphi=1.73$。

表 A–2 部分工厂的需要系数、功率因数及年最大有功负荷利用小时参考值

工厂类别	需要系数 K_d	功率因数 $\cos\varphi$	年最大有功负荷利用小时 T_{max}
汽轮机制造厂	0.38	0.88	5000
锅炉制造厂	0.27	0.73	4500
柴油机制造厂	0.32	0.74	4500
重型机械制造厂	0.35	0.79	3700
重型机床制造厂	0.32	0.71	3700
机床制造厂	0.2	0.65	3200
石油机械制造厂	0.45	0.78	3500
量具刃具制造厂	0.26	0.60	3800
工具制造厂	0.34	0.65	3800
电机制造厂	0.33	0.65	3000
电器开关制造厂	0.35	0.75	3400
电线电缆制造厂	0.35	0.73	3500
仪器仪表制造厂	0.37	0.81	3500
滚珠轴承制造厂	0.28	0.70	5800

表 A–3 三相线路导线和电缆单位长度每相阻抗值

类别		导线（线芯）截面积/mm²													
		2.5	4	6	10	16	25	35	50	70	95	120	150	185	240
导线类型	导线温度/℃	每相电阻/Ω/km													
LJ	50	—	—	—	—	2.07	1.33	0.96	0.66	0.48	0.36	0.28	0.23	0.18	0.14
LGJ	50	—	—	—	—	—	0.89	0.68	0.48	0.35	0.29	0.24	0.18	0.13	
绝缘导线 铜芯	50	8.40	5.20	3.48	2.05	1.26	0.81	0.58	0.40	0.29	0.22	0.17	0.14	0.11	0.09
	60	8.70	5.38	3.61	2.12	1.30	0.84	0.60	0.41	0.30	0.23	0.18	0.14	0.12	0.09
	65	8.72	5.43	3.62	2.19	1.37	0.88	0.63	0.44	0.32	0.24	0.19	0.15	0.13	0.10
绝缘导线 铝芯	50	13.3	8.25	5.53	3.33	2.08	1.31	0.94	0.66	0.47	0.35	0.28	0.23	0.18	0.14
	60	13.8	8.55	5.73	3.45	2.16	1.36	0.97	0.67	0.49	0.36	0.29	0.23	0.19	0.14
	65	14.6	9.15	6.10	3.66	2.29	1.48	1.06	0.75	0.53	0.39	0.31	0.25	0.20	0.15
电力电缆 铜芯	55	—	—	—	—	1.31	0.84	0.60	0.42	0.30	0.22	0.17	0.14	0.12	0.09
	60	8.54	5.34	3.56	2.13	1.33	0.85	0.61	0.43	0.31	0.23	0.18	0.15	0.12	0.09
	75	8.98	5.61	3.75	3.25	1.40	0.90	0.64	0.45	0.32	0.24	0.19	0.15	0.12	0.10
	80	—	—	—	—	1.43	0.91	0.65	0.46	0.33	0.24	0.19	0.15	0.13	0.10
电力电缆 铝芯	55	—	—	—	—	2.21	1.41	1.01	0.71	0.51	0.37	0.29	0.24	0.20	0.15
	60	14.38	8.99	6.00	3.60	2.25	1.44	1.03	0.72	0.51	0.38	0.30	0.24	0.20	0.16
	75	15.13	9.45	6.31	3.78	2.36	1.51	1.08	0.76	0.54	0.41	0.31	0.25	0.21	0.16
	80	—	—	—	—	2.40	1.54	1.10	0.77	0.56	0.41	0.32	0.26	0.21	0.17

类　别		导线（线芯）截面积/mm²												
		2.5	4	6	10	16	25	35	50	70	95	120	150	185	240
导线类型	线距/mm	每相电抗 Ω/mm²												
LJ	600	—	—	—	—	0.36	0.35	0.34	0.33	0.32	0.31	0.30	0.29	0.28	0.28
	800	—	—	—	—	0.38	0.37	0.36	0.35	0.34	0.33	0.32	0.31	0.30	0.30
	1000	—	—	—	—	0.40	0.38	0.37	0.36	0.35	0.34	0.33	0.32	0.31	0.31
	1250	—	—	—	—	0.41	0.40	0.39	0.37	0.36	0.35	0.34	0.34	0.33	0.32
LGJ	1500	—	—	—	—	—	—	0.39	0.38	0.37	0.35	0.35	0.34	0.33	0.33
	2000	—	—	—	—	—	—	0.40	0.39	0.38	0.37	0.37	0.36	0.35	0.34
	2500	—	—	—	—	—	—	0.41	0.41	0.40	0.39	0.38	0.37	0.37	0.36
	3000	—	—	—	—	—	—	0.43	0.42	0.41	0.40	0.39	0.39	0.38	0.37
绝缘导线	明敷 100	0.327	0.312	0.300	0.280	0.265	0.251	0.241	0.229	0.219	0.206	0.199	0.191	0.184	0.178
	明敷 150	0.353	0.338	0.325	0.306	0.290	0.277	0.266	0.251	0.242	0.231	0.223	0.216	0.209	0.200
	穿管敷设	0.127	0.119	0.112	0.108	0.102	0.099	0.095	0.091	0.087	0.085	0.083	0.082	0.081	0.080
纸绝缘电力电缆	1kV	0.098	0.091	0.087	0.081	0.077	0.067	0.065	0.063	0.062	0.062	0.062	0.062	0.062	0.062
	6kV	—	—	—	—	0.099	0.088	0.083	0.079	0.076	0.074	0.072	0.071	0.070	0.069
	10kV	—	—	—	—	0.110	0.098	0.092	0.087	0.083	0.080	0.078	0.077	0.075	0.075
塑料绝缘电力电缆	1kV	0.100	0.093	0.091	0.087	0.082	0.075	0.073	0.071	0.070	0.070	0.070	0.070	0.070	0.070
	6kV	—	—	—	—	0.124	0.111	0.105	0.099	0.093	0.089	0.087	0.083	0.082	0.080
	10kV	—	—	—	—	0.133	0.120	0.113	0.107	0.101	0.096	0.095	0.093	0.090	0.087

注：表中"线距"指导线的线间几何均距。

表 A-4　三相矩形母线单位长度每相阻抗值

母线尺寸/mm	65℃时单位长度电阻/mΩ/m		下列相间几何均距时的感抗/mΩ			
	铜	铝	100 mm	150 mm	200 mm	300 mm
25×3	0.268	0.475	0.179	0.200	0.225	0.244
30×3	0.223	0.394	0.163	0.189	0.206	0.235
30×4	0.167	0.296	0.163	0.189	0.206	0.235
40×4	0.125	0.222	0.145	0.170	0.189	0.214
40×5	0.100	0.177	0.145	0.170	0.189	0.214
50×5	0.080	0.142	0.137	0.157	0.180	0.200
50×6	0.067	0.118	0.137	0.157	0.180	0.200
60×6	0.056	0.099	0.120	0.145	0.163	0.189
60×8	0.042	0.074	0.120	0.145	0.163	0.189
80×8	0.031	0.055	0.102	0.126	0.145	0.170
80×10	0.025	0.045	0.102	0.126	0.145	0.170
100×10	0.020	0.036	0.09	0.113	0.133	0.157

表 A-5　电流互感器一次线圈阻抗值（单位为 mΩ）

型　号	变流比	5/5	7.5/5	10/5	15/5	20/5	30/5	40/5	50/5	75/5
LQC-0.5	电阻	600	266	150	66.7	37.5	16.6	9.4	6	2.66
	电抗	4300	2130	1200	532	300	133	75	48	21.3
LQC-1	电阻	—	300	170	75	42	20	11	7	3
	电抗	—	480	270	120	67	30	17	11	4.8
LQC-3	电阻	—	130	75	33	19	8.2	4.8	3	1.3
	电抗	—	120	70	30	17	8	4.2	2.8	1.2
型　号	变流比	100/5	150/5	200/5	300/5	400/5	500/5	600/6	750/5	
LQC-0.5	电阻	1.5	0.667	0.575	0.166	0.125	—	0.04	0.04	
	电抗	12	5.32	3	1.33	1.03	—	0.3	0.3	
LQC-1	电阻	1.7	0.75	0.42	0.2	0.11	0.05	—	—	
	电抗	2.7	1.2	0.67	0.3	0.17	0.07	—	—	
LQC-3	电阻	0.75	0.33	0.19	0.08	0.05	0.02	—	—	
	电抗	0.7	0.3	0.17	0.08	0.04	0.02	—	—	

表 A-6　低压断路器过电流脱扣线圈阻抗值（单位为 mΩ）

线圈额定电流/A	50	70	100	140	200	400	600
电阻（65℃时）	5.3	2.35	1.30	0.74	0.36	0.15	0.12
电抗	2.7	1.30	0.86	0.55	0.28	0.10	0.094

表 A-7　低压开关触头接触电阻近似值（单位为 mΩ）

额定电流/A	50	70	100	140	200	400	600	1000	2000	3000
低压断路器	1.3	1.0	0.75	0.65	0.6	0.4	0.25	—	—	—
刀开关	—	—	0.5	—	0.4	0.2	0.15	0.08	—	—
隔离开关	—	—	—	—	0.2	0.2	0.15	0.08	0.03	0.02

表 A-8　10kV 级 S9 和 SC9 系列电力变压器的主要技术数据

（a）10kV 级 S9 系列油浸式铜线电力变压器的主要技术数据

型　号	额定容量/kVA	额定电压/kV		连接组标号	损耗/W		空载电流（%）	阻抗电压（%）
		一　次	二　次		空载	负载		
S9-30/10（6）	30	11, 10.5, 10, 6.3, 6	0.4	Yyn0	130	600	2.1	4
S9-50/10（6）	50	11, 10.5, 10, 6.3, 6	0.4	Yyn0	170	870	2.0	4
				Dyn11	175	870	4.5	4
S9-63/10（6）	63	11, 10.5, 10, 6.3, 6	0.4	Yyn0	200	1040	1.9	4
				Dyn11	210	1030	4.5	4
S9-80/10（6）	80	11, 10.5, 10, 6.3, 6	0.4	Yyn0	240	1250	1.8	4
				Dyn11	250	1240	4.5	4

型　号	额定容量/kVA	额定电压/kV		连接组标号	损耗/W		空载电流（%）	阻抗电压（%）
		一　次	二　次		空载	负载		
S9 - 100/10（6）	100	11, 10.5, 10, 6.3, 6	0.4	Yyn0	290	1500	1.6	4
				Dyn11	300	1470	4.0	4
S9 - 125/10（6）	125	11, 10.5, 10, 6.3, 6	0.4	Yyn0	340	1800	1.5	4
				Dyn11	360	1720	4.0	4
S9 - 160/10（6）	160	11, 10.5, 10, 6.3, 6	0.4	Yyn0	1300	5800	3.0	4
				Dyn11	1200	6200	1.5	4.5
S9 - 200/10（6）	200	11, 10.5, 10, 6.3, 6	0.4	Yyn0	480	2600	1.3	4
				Dyn11	500	2500	3.5	4
S9 - 250/10（6）	250	11, 10.5, 10, 6.3, 6	0.4	Yyn0	560	3050	1.2	4
				Dyn11	600	2900	3.0	4
S9 - 315/10（6）	315	11, 10.5, 10, 6.3, 6	0.4	Yyn0	670	3650	1.1	4
				Dyn11	720	3450	3.0	4
S9 - 400/10（6）	400	11, 10.5, 10, 6.3, 6	0.4	Yyn0	800	4300	1.0	4
				Dyn11	870	4200	3.0	4
S9 - 500/10（6）	500	11, 10.5, 10, 6.3, 6	0.4	Yyn0	960	5100	1.0	4
				Dyn11	1030	4950	3.0	4
		11, 10.5, 10	6.3	Yd11	1030	4950	1.5	4
S9 - 630/10（6）	630	11, 10.5, 10, 6.3, 6	0.4	Yyn0	1200	6200	0.9	4
				Dyn11	1300	5800	3.0	4
		11, 10.5, 10	6.3	Yd11	1200	6200	1.5	4.5
S9 - 800/10（6）	800	11, 10.5, 10, 6.3, 6	0.4	Yyn0	1400	7500	0.8	4.5
				Dyn11	1400	7500	2.5	5
		11, 10.5, 10	6.3	Yd11	1400	7500	1.4	4.5
S9 - 1000/10（6）	1000	11, 10.5, 10, 6.3, 6	0.4	Yyn0	1700	10300	0.7	4.5
				Dyn11	1700	9200	1.7	5
		11, 10.5, 10	6.3	Yd11	1700	9200	1.4	5.5
S9 - 1250/10（6）	1250	11, 10.5, 10, 6.3, 6	0.4	Yyn0	1950	12000	0.6	4.5
				Dyn11	2000	11000	2.5	5
		11, 10.5, 10	6.3	Yd11	1950	12000	1.3	5.5
S9 - 1600/10（6）	1600	11, 10.5, 10, 6.3, 6	0.4	Yyn0	2400	14500	0.6	4.5
				Dyn11	2400	14000	2.5	6
		11, 10.5, 10	6.3	Yd11	2400	14500	1.3	5.5
S9 - 2000/10（6）	2000	11, 10.5, 10, 6.3, 6	0.4	Yyn0	3000	18000	0.8	6
				Dyn11	3000	18000	0.8	6
		11, 10.5, 10	6.3	Yd11	3000	18000	1.2	6

续表

| 型　　号 | 额定容量/kVA | 额定电压/kV | | 连接组标号 | 损耗/W | | 空载电流（%） | 阻抗电压（%） |
		一　　次	二　　次		空载	负载		
S9－2500/10（6）	2500	11，10.5，10，6.3，6	0.4	Yyn0	3500	25000	0.8	6
		11，10.5，10，6.3，6	0.4	Dyn11	3500	25000	0.8	6
		11，10.5，10	6.3	Yd11	4100	19000	1.2	5.5
S9－3150/10（6）	3150	11，10.5，10	6.3	Yd11	4100	23000	1.0	5.5

（b）10kV 级 SC9 系列树脂浇注干式铜线电力变压器的主要技术数据

| 型　　号 | 额定容量/kVA | 额定电压/kV | | 连接组标号 | 损耗/W | | 空载电流（%） | 阻抗电压（%） |
		一次	二次		空载	负载		
SC9－200/10	200	10	0.4	Yyn0	480	2670	1.2	4
SC9－250/10	250				550	2910	1.2	4
SC9－315/10	315				650	3200	1.2	4
SC9－400/10	400				750	3690	1.0	4
SC9－500/10	500				900	4500	1.0	4
SC9－630/10	630				1100	5420	0.9	4
SC9－630/10	630				1050	5500	0.9	6
SC9－800/10	800				1200	6430	0.9	6
SC9－1000/10	1000				1400	7510	0.8	6
SC9－1250/10	1250				1650	8960	0.8	6
SC9－1600/10	1600				1980	10850	0.7	6
SC9－2000/10	2000				2380	13360	0.6	6
SC9－2500/10	2500				2850	15880	0.6	6

表 A-9 并联电容器的无功补偿率 Δq_c

| 补偿前的功率因数 $\cos\varphi_1$ | 补偿后的功率因数 $\cos\varphi_2$ | | | | | | | | |
	0.85	0.86	0.88	0.90	0.92	0.94	0.96	0.98	1.00
0.60	0.71	0.74	0.79	0.85	0.91	0.97	1.04	1.13	1.33
0.62	0.65	0.67	0.73	0.78	0.84	0.90	0.98	1.06	1.27
0.64	0.58	0.61	0.66	0.72	0.77	0.84	0.91	1.00	1.20
0.66	0.52	0.55	0.60	0.65	0.71	0.78	0.85	0.94	1.14
0.68	0.46	0.48	0.54	0.59	0.65	0.71	0.79	0.88	1.08
0.70	0.40	0.43	0.48	0.54	0.59	0.66	0.73	0.82	1.02
0.72	0.34	0.37	0.42	0.48	0.54	0.60	0.67	0.76	0.96

补偿前的功率因数 $\cos\varphi_1$	补偿后的功率因数 $\cos\varphi_2$								
	0.85	0.86	0.88	0.90	0.92	0.94	0.96	0.98	1.00
0.74	0.29	0.31	0.37	0.42	0.48	0.54	0.62	0.71	0.91
0.76	0.23	0.26	0.31	0.37	0.43	0.49	0.56	0.65	0.85
0.78	0.18	0.21	0.26	0.32	0.38	0.44	0.51	0.60	0.80
0.80	0.13	0.16	0.21	0.27	0.32	0.39	0.46	0.55	0.75
0.82	0.08	0.10	0.16	0.21	0.27	0.33	0.40	0.49	0.70
0.84	0.03	0.05	0.11	0.16	0.22	0.28	0.35	0.44	0.65
0.85	0.00	0.03	0.08	0.14	0.19	0.26	0.33	0.42	0.62
0.86	—	0.00	0.05	0.11	0.17	0.23	0.30	0.39	0.59
0.88	—	—	0.00	0.06	0.11	0.18	0.25	0.34	0.54
0.90	—	—	—	0.00	0.06	0.12	0.19	0.28	0.48

表 A-10 部分并联电容器的主要技术数据

型　　号	额定容量 /kvar	额定电容 /μF	型　　号	额定容量 /kvar	额定电容 /μF
BCMJ 0.4 - 4 - 3	4	80	BGMJ 0.4 - 3.3 - 3	3.3	66
BCMJ 0.4 - 5 - 3	5	100	BGMJ 0.4 - 5 - 3	5	99
BCMJ 0.4 - 8 - 3	8	160	BGMJ 0.4 - 10 - 3	10	198
BCMJ 0.4 - 10 - 3	10	200	BGMJ 0.4 - 12 - 3	12	230
BCMJ 0.4 - 15 - 3	15	300	BGMJ 0.4 - 15 - 3	15	298
BCMJ 0.4 - 20 - 3	20	400	BGMJ 0.4 - 20 - 3	20	398
BCMJ 0.4 - 25 - 3	25	500	BCMJ 0.4 - 25 - 3	25	498
BCMJ 0.4 - 30 - 3	30	600	BCMJ 0.4 - 30 - 3	30	598
BCMJ 0.4 - 40 - 3	40	800	BWF 0.4 - 14 - 1/3	14	279
BCMJ 0.4 - 50 - 3	50	1000	BWF 0.4 - 16 - 1/3	16	318
BKMJ 0.4 - 6 - 1/3	6	120	BWF 0.4 - 20 - 1/3	20	398
BKMJ 0.4 - 7.5 - 1/3	7.5	150	BWF 0.4 - 25 - 1/4	25	498
BKMJ 0.4 - 9 - 1/3	9	180	BWF 0.4 - 75 - 1/3	75	1500
BKMJ 0.4 - 12 - 1/3	12	240			
BKMJ 0.4 - 15 - 1/3	15	300	BWF 10.5 - 16 - 1	16	0.462
BKMJ 0.4 - 20 - 1/3	20	400	BWF 10.5 - 25 - 1	25	0.722
BKMJ 0.4 - 25 - 1/3	25	500	BWF 10.5 - 30 - 1	30	0.866
BKMJ 0.4 - 30 - 1/3	30	600	BWF 10.5 - 40 - 1	40	1.155
BKMJ 0.4 - 40 - 1/3	40	800	BWF 10.5 - 50 - 1	50	1.44
BGMJ 0.4 - 2.5 - 3	2.5	55	BWF 10.5 - 100 - 1	100	2.89

注：① 额定频率为 50 Hz。

　　② 型号中"1/3"表示有单相和三相两种。

表 A–11　导体在正常和短路时的最高允许温度及热稳定系数

导体种类及材料			最高允许温度/℃		热稳定系数 C /$A\sqrt{s}\,mm^{-2}$
			正常	短路	
母　线	铜		70	300	171
	铜（接触面有锡层时）		85	200	164
	铝		70	200	87
油浸纸绝缘电缆	铜（铝）芯	1～3 kV	80（80）	250（200）	148（84）
		6 kV	65（65）	220（200）	145（90）
		10 kV	60（60）	220（200）	148（92）
橡皮绝缘导线和电缆		铜芯	65	150	112
		铝芯	65	150	74
聚氯乙烯绝缘导线和电缆		铜芯	65	130	100
		铝芯	65	130	65
交联聚乙烯绝缘导线和电缆		铜芯	80	250	140
		铝芯	80	250	84
有中间接头的电缆（不包括聚氯乙烯绝缘电缆）		铜芯	—	150	—

表 A–12　部分常用高压断路器的主要技术数据

类别	型　号	额定电压/kV	额定电流/A	开断电流/kA	断流容量/MVA	动稳定电流峰值/kA	热稳定电流/kA	固有分闸时间/s≤	合闸时间/s≤	配用操作机构型号
少油户外	SW2 – 35/1000	35（40.5）	1000	16.5	1000	45	16.5（4 s）	0.06	0.4	CT2 – XG
	SW2 – 35/1500		1500	24.8	1500	63.4	24.8（4 s）			
少油户内	SN10 – 35 Ⅰ	35（40.5）	1000	16	1000	45	16（4 s）	0.06	0.2	CT10 CT10 Ⅰ Ⅴ
	SN10 – 35 Ⅱ		1250	20	1250	50	20（4 s）		0.25	
	SN10 – 10 Ⅰ	3000	630	16	300	40	16（4 s）	0.06	0.15	CT7、8 CD10 Ⅰ
			1000	16	300	40	16（4 s）		0.2	
	SN10 – 10 Ⅱ		1000	31.5	500	80	31.5（4 s）	0.06	0.2	CD10 Ⅰ、Ⅱ
			1250	40	750	125	40（4 s）			
	SN10 – 10 Ⅲ		40	750	125	40（4 s）	40（4 s）	0.07	0.2	CD10 Ⅲ
			40	750	125	40（4 s）	40（4 s）			
真空户内	ZN12 – 40.5	35（40.5）	1250、1600	25	—	63	25（4 s）	0.07	0.1	CT12 等
			1600、2000	31.5	—	80	31.5（4 s）			
	ZN12 – 35		1250～2000	31.5	—	80	31.5（4 s）	0.075	0.1	
	ZN23 – 40.5		1600	25	—	63	25（4 s）	0.06	0.075	

续表

类别	型　号	额定电压/kV	额定电流/A	开断电流/kA	断流容量/MVA	动稳定电流峰值/kA	热稳定电流/kA	固有分闸时间/s≤	合闸时间/s≤	配用操作机构型号
真空户内	ZN3 – 10 Ⅰ	10(12)	630	8	—	20	8(4 s)	0.07	0.15	CD10 等
	ZN3 – 10 Ⅱ		1000	20	—	50	20(2 s)	0.05	0.1	
	ZN4 – 10/1000		1000	17.3	—	44	17.3(2 s)	0.05	0.2	
	ZN4 – 10/1250		1250	20	—	50	20(4 s)			
	ZN5 – 10/630		630	20	—	50	20(2 s)	0.05	0.1	CT8 等
	ZN5 – 10/1000		1000	20	—	50	20(2 s)			
	ZN5 – 10/1250		1250	25	—	63	25(2 s)			
	ZN12 – 12/1600		1250 1600 2000	25	—	63	25(4 s)	0.06	0.1	CT8 等
	ZN24 – 12/1250 – 20		1250	20	—	50	20(4 s)	0.06	0.1	CT8 等
	ZN24 – 12/1250、2000 – 31.5		1250、2000	31.5	—	80	31.5(4 s)	0.06	0.1	CT8 等
	ZN28 – 12/630 ~ 1600		630 ~ 1600	20	—	50	20(4 s)			
六氟化硫户内	LN2 – 35 Ⅰ	35(40.5)	1250	16	—	40	16(4 s)	0.06	0.15	CT12 Ⅱ
	LN2 – 35 Ⅱ		1250	25	—	63	25(4 s)			
	LN2 – 35 Ⅲ		1600	25	—	63	25(4 s)			
	LN2 – 10	10(12)	1250	25	—	63	25(4 s)	0.06	0.15	CT12 Ⅰ、CT8 Ⅰ

表 A–13　部分万能式低压断路器的主要技术数据

型　号	脱扣器额定电流/A	长延时动作额定电流/A	短延时动作额定电流/A	瞬时动作额定电流/A	单相接地短路动作电流/A	分断能力 电流/kA	分断能力 cosφ
DW15 – 200	100	64 ~ 100	300 ~ 1000	300 ~ 1000 800 ~ 2000	—	20	0.35
	150	98 ~ 150	—	—			
	200	128 ~ 200	600 ~ 2000	600 ~ 2000 1000 ~ 4000			
DW15 – 400	200	128 ~ 200	600 ~ 2000	600 ~ 2000 1000 ~ 4000	—	25	0.35
	300	192 ~ 300	—	—			
	400	256 ~ 400	1200 ~ 4000	3200 ~ 8000			
DW15 – 600(630)	300	192 ~ 300	900 ~ 3000	900 ~ 3000 1400 ~ 6000	—	30	0.35
	400	256 ~ 400	1200 ~ 4000	1200 ~ 4000 3200 ~ 8000			
	600	384 ~ 600	1800 ~ 6000	—			

续表

型　号	脱扣器额定电流/A	长延时动作额定电流/A	短延时动作额定电流/A	瞬时动作额定电流/A	单相接地短路动作电流/A	分断能力 电流/kA	cosφ
DW15-1000	600	420~600	1800~6000	6000~12000	—	40（短延时30）	0.35
	800	560~800	2400~8000	8000~16000			
	1000	700~1000	3000~10000	10000~20000			
DW15-1500	1500	1050~1500	4500~15000	15000~30000			
DW15-2500	1500	1050~1500	4500~9000	10500~21000	—	60（短延时40）	0.2（短延时0.25）
	2000	1400~2000	6000~12000	14000~28000			
	2500	1750~2500	7500~15000	17500~35000			
DW15-4000	2500	1750~2500	7500~15000	17500~35000	—	80（短延时60）	0.2
	3000	2100~3000	9000~18000	21000~42000			
	4000	2800~4000	12000~24000	28000~56000			
DW16-630	100	64~100	—	300~600	50	30（380 V）20（660 V）	0.25（380 V）0.3（660 V）
	160	102~160		480~960	80		
	200	128~200		600~1200	100		
	250	160~250		750~1500	125		
	315	202~315		945~1890	158		
	400	256~400		1200~2400	200		
	630	403~630		1890~3780	315		
DW16-2000	800	512~800	—	2400~4800	400	50	—
	1000	640~1000		3000~6000	500		
	1600	1024~1600		4800~9600	800		
	2000	1280~2000		6000~12000	1000		
DW16-4000	2500	1400~2500	—	7500~15000	1250	80	—
	3200	2048~3200		9600~19200	1600		
	4000	2560~4000		12000~24000	2000		
DW17-630（ME630）	630	200~400 350~630	3000~5000 5000~8000	1000~2000 1500~3000 2000~40000 4000~8000	—	50	0.25
DW17-800（ME800）	800	200~400 350~630 500~800	3000~5000 5000~8000	1500~3000 2000~4000 4000~8000	—	50	0.25
DW17-1000（ME1000）	1000	350~630 500~1000	3000~5000 5000~8000	1500~3000 2000~4000 4000~8000	—	50	0.25
DW17-1250（ME1250）	1250	500~1000 750~1000	3000~5000 5000~8000	2000~4000 4000~8000	—	50	0.25
DW17-1600（ME1600）	1600	500~1000 9000~1600	3000~5000 5000~8000	4000~8000	—	50	0.25
DW17-2000（ME2000）	2000	500~1000 1000~2000	5000~8000 7000~12000	4000~8000 6000~12000	—	80	0.2
DW17-2500（ME2500）	2500	1500~2500	7000~12000 8000~12000	6000~12000	—	80	0.2

续表

型　　号	脱扣器额定电流/A	长延时动作额定电流/A	短延时动作额定电流/A	瞬时动作额定电流/A	单相接地短路动作电流/A	分断能力	
						电流/kA	cosφ
DW17－3200（ME3200）	3200	—	—	8000～16000	—	80	0.2
DW17－4000（ME4000）	4000	—	—	10000～20000	—	80	0.2

注：表中低压断路器的额定电压：DW15，直流220 V，交流380 V、660 V、1140 V；DW16，交流400 V、660 V；DW17（ME），交流380 V、660 V。

表 A-14　RM10 型低压熔断器的主要技术数据和保护特性曲线

（a）主要技术数据

型　　号	熔管额定电压/V	额定电流/A		最大分断能力	
		熔管	熔　体	电流/kA	cosφ
RM10－15	交流 220、380、500 直流 220、440	15	6、10、15	1.2	0.8
RM10－60		60	15、20、25、35、45、60	3.5	0.7
RM10－100		100	60、80、100	10	0.35
RM10－200		200	100、125、160、200	10	0.35
RM10－350		350	200、225、260、300、350	10	0.35
RM10－600		600	350、430、500、600	10	0.35

（b）保护特性曲线

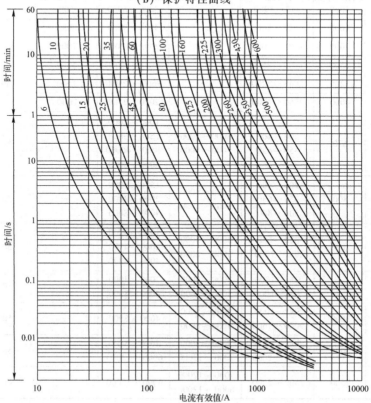

表 A-15　RT0 型低压熔断器的主要技术数据和保护特性曲线

（a）主要技术数据

型　号	熔管额定电压/V	额定电流/A		最大分断电流/kA
		熔管	熔　体	
RT0 - 100	交流 380 直流 440	100	30、40、50、60、80、100	50 （cosφ = 0.1～0.2）
RT0 - 200		200	（80、100）、120、150、200	
RT0 - 400		400	（150、200）、250、300、350、400	
RT0 - 600		600	（350、400）、450、500、550、600	
RT0 - 1000		1000	700、800、900、1000	

注：表中括号内的熔体电流尽量不采用。

（b）保护特性曲线

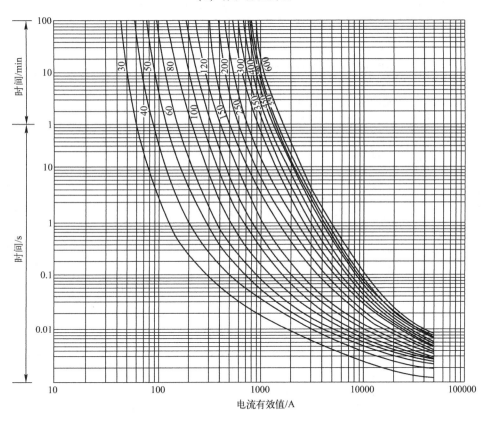

表 A-16　LQJ - 10 型电流互感器的主要技术数据

（a）额定二次负荷

铁芯代号	额定二次负荷					
	0.5 级		1 级		3 级	
	电阻/Ω	容量/VA	电阻/Ω	容量/VA	电阻/Ω	容量/VA
0.5	0.4	10	0.6	15	—	—
3	—	—	—	—	1.2	30

（b）热稳定度和动稳定度

额定一次负荷/A	1s 热稳定倍数	动稳定倍数
5、10、15、20、30、40、50、60、75、100	90	225
100（150）、200、315（300）、400	75	160

注：括号内数据，仅限于老产品。

表 A-17 外壳防护等级的分类代号

项　　目	代号组成格式
	I P □ □ —— 防水浸入的代号（第二位特征数字） —— 防固体侵入的代号（第一位特征数字） —— 外壳防护的代号（特征字母）

特 征 数 字		含 义 说 明
第一位 特征数字	0	无防护
	1	防止直径大于 50 mm 的固体异物
	2	防止直径大于 12.5 mm 的固体异物
	3	防止直径大于 2.5 mm 的固体异物
	4	防止直径大于 1 mm 的固体异物
	5	防尘（尘埃进入量不致妨碍正常运转）
	6	尘密（无尘埃进入）
第二位 特征数字	0	无防护
	1	防滴（垂直滴水对设备无有害影响）
	2	15°防滴（倾斜 15°，垂直滴水无有害影响）
	3	防淋水（倾斜 60°以内淋水无有害影响）
	4	防溅水（任何方向溅水无有害影响）
	5	防喷水（任何方向喷水无有害影响）
	6	防强烈喷水（任何方向强烈喷水无有害影响）
	7	防短时浸水影响（浸入规定压力的水中经规定时间后外壳进水量不致达到有害程度）
	8	防持续潜水影响（持续潜水后外壳进水量不致达到有害程度）

表 A-18 架空裸导线的最小截面

线 路 类 别		导线最小截面/mm^2		
		铝及铝合金线	钢芯铝线	铜 绞 线
35 kV 及以上线路		35	35	35
3~10 kV 线路	居民区	35①	25	25
	非居民区	25	16	16
低压线路	一般	16②	16	16
	与铁路交叉跨越档	35	16	16

注：①DL/T599—1996《城市中低压配电网改造技术导则》规定，中压架空线路宜采用铝绞线，主干线截面应为 150~240 mm^2，分支线截面不宜小于 70 mm^2。但此规定不是从机械强度要求考虑的，而是考虑到城市电网发展的需要。

② 低压架空铝绞线原规定最小截面为 16 mm^2。而 DL/T599—1996 规定：低压架空线宜采用铝芯绝缘线，主干线截面宜采用 150 mm^2，次干线截面宜采用 120 mm^2，分支线截面宜采用 50 mm^2。这些规定是从安全运行和电网发展需要考虑的。

表 A-19　绝缘导线芯线的最小截面

线 路 类 别			芯线最小截面/mm²		
			铜芯软线	铜芯线	铝芯线
照明用灯头引下线		室内	0.5	1.0	2.5
		室外	1.0	1.0	2.5
移动式设备线路		生活用	0.75	—	—
		生产用	1.0	—	—
敷设在绝缘支撑件上的绝缘导线（L 为支撑点间距）	室内	$L \leqslant 2\ \mathrm{m}$	—	1.0	2.5
	室外	$L \leqslant 2\ \mathrm{m}$	—	1.5	2.5
		$2\ \mathrm{m} < L \leqslant 6\ \mathrm{m}$	—	2.5	4
		$6\ \mathrm{m} < L \leqslant 15\ \mathrm{m}$	—	4	6
		$15\ \mathrm{m} < L \leqslant 25\ \mathrm{m}$	—	6	10
穿管敷设的绝缘导线			1.0	1.0	2.5
沿墙明敷的塑料护套线			—	1.0	2.5
板孔穿线敷设的绝缘导线			—	1.0	2.5
PE 线和 PEN 线	有机械保护时		—	1.5	2.5
	无机械保护时	多芯线	—	2.5	4
		单芯干线	—	10	16

注：GB 50096—1999《住宅设计规范》规定：住宅导线应采用铜芯绝缘线，住宅分支回路导线截面不应小于 2.5 mm²。

表 A-20　LJ 型铝绞线和 LGJ 型钢芯铝绞线的允许载流量（单位为 A）

导线截面 /mm²	LJ 型铝绞线				LGJ 型钢芯铝绞线			
	环境温度				环境温度			
	25℃	30℃	35℃	40℃	25℃	30℃	35℃	40℃
10	75	70	66	61	—			
16	105	99	92	85	105	98	92	85
25	135	127	119	109	135	127	119	109
35	170	160	150	138	170	159	149	137
50	215	202	189	174	220	207	193	178
70	265	249	233	215	275	259	228	222
95	325	305	286	247	335	315	295	272
120	375	352	330	304	380	357	335	307
150	440	414	387	356	445	418	391	360
185	500	470	440	405	515	484	453	416
240	610	574	536	494	610	574	536	494
300	680	640	597	550	700	658	615	566

注：① 导线正常工作温度按 70℃计。

　　② 本表载流量按室外架设考虑，无日照，海拔高度 1000 m 及以下。

表 A-21　LMY 型矩形硬铝母线的允许载流量（单位为 A）

每相母线条数		单　条		双　条		三　条		四　条	
母线放置方式		平放	竖放	平放	竖放	平放	竖放	平放	竖放
母线尺寸 宽×厚 /mm×mm	40×4	480	503	—	—	—	—	—	—
	40×5	542	562	—	—	—	—	—	—
	50×4	586	613	—	—	—	—	—	—
	50×5	661	692	—	—	—	—	—	—
	3×6.3	910	952	1409	1547	1866	2111	—	—
	63×8	1038	1085	1623	1777	2113	2379	—	—
	63×10	1168	1221	1825	1994	2381	2665	—	—
	80×6.3	1128	1178	1724	1892	2211	2505	2558	3411
	80×8	1274	1330	1946	2131	2491	2809	2861	3817
	80×10	1427	1490	2175	2373	2774	3114	3167	4222
	100×6.3	1371	1430	2054	2253	2633	2985	3032	4043
	100×8	1542	1609	2298	2516	2933	3311	3359	4479
	100×10	1728	1803	2558	2796	3181	3578	3622	4829
	25×6.3	1674	1744	2446	2680	2079	3490	3525	4700
	125×8	1876	1955	2725	2982	3375	3813	3847	5129
	125×10	2089	2177	3005	3282	3725	4194	4225	5633

注：① 本表载流量按导体最高允许工作温度 70℃、环境温度 25℃、无风、无日照条件下计算而得。如果环境温度不是 25℃，则应乘以下表的校正系数：

环 境 温 度	+20℃	+30℃	+35℃	+40℃	+45℃	+50℃
校正系数	1.05	0.94	0.88	0.81	0.74	0.67

② 当母线为四条时，平放和竖放时的第二、三片间距均为 50 mm。

表 A-22　10kV 常用三芯电缆的允许载流量及校正系数

（a）10 kV 常用三芯电缆的允许载流量

项　　目		电缆允许载流量/A							
绝缘类型		黏性油浸纸		不滴流纸		交联聚乙烯			
钢铠护套						无		有	
缆芯最高工作温度		60℃		65℃		90℃			
敷设方式		空气中	直埋	空气中	直埋	空气中	直埋	空气中	直埋
缆芯截面 /mm²	16	42	55	47	59	—	—	—	—
	25	52	75	63	79	100	90	100	90
	35	68	90	77	95	123	110	123	105
	50	81	107	92	111	146	125	141	120

项　目		电缆允许载流量/A						
绝缘类型		黏性油浸纸		不滴流纸		交联聚乙烯			
钢铠护套						无		有	
缆芯最高工作温度		60℃		65℃		90℃			
敷设方式		空气中	直埋	空气中	直埋	空气中	直埋	空气中	直埋
缆芯截面/mm²	70	106	133	118	138	178	152	173	152
	95	126	160	143	169	219	182	214	182
	120	146	182	168	196	251	203	246	205
	150	171	206	189	220	283	223	278	219
	185	195	233	218	246	324	252	320	247
	240	232	272	261	290	378	292	373	292
	300	260	308	295	325	433	332	428	328
	400	—	—	—	—	506	378	501	374
	500	—	—	—	—	579	428	574	424
环境温度		40℃	25℃	40℃	25℃	40℃	25℃	40℃	25℃
土壤热阻系数/℃·m/W		—	1.2	—	1.2	—	2.0	—	2.0

注：① 本表系铝芯电缆数值。铜芯电缆的允许载流量应乘以 1.29。

② 如当地环境温度与本表不同时，其载流量校正系数见表 A-22（b）。

③ 如当地土壤热阻系数不同时，其载流量校正系数见表 A-22（c）（以热阻系数 1.2 为基准）。

④ 本表据 GB 50217—1994《电力工程电缆设计规范》编制。

（b）电缆在不同环境温度时的载流量校正系数

电缆敷设地点		空　气　中				土　壤　中			
环境温度		30℃	35℃	40℃	45℃	20℃	25℃	30℃	35℃
缆芯最高工作温度	60℃	1.22	1.11	1.0	0.86	1.07	1.0	0.93	0.85
	65℃	1.18	1.09	1.0	0.89	1.06	1.0	0.94	0.87
	70℃	1.15	1.08	1.0	0.91	1.05	1.0	0.94	0.88
	80℃	1.11	1.06	1.0	0.93	1.04	1.0	0.95	0.90
	90℃	1.09	1.05	1.0	0.94	1.04	1.0	0.96	0.92

（c）电缆在不同土壤热阻系数时的载流量校正系数

土壤热阻系数	分类特征（土壤特性和雨量）	校正系数
0.8	土壤很潮湿，经常下雨。如湿度大于 9% 的沙土，湿度大于 14% 的沙-泥土等	1.05
1.2	土壤潮湿，规律性下雨。如湿度大于 7% 但小于 9% 的沙土，湿度为 12%～14% 的沙-泥土等	1.0
1.5	土壤较干燥，雨量不大。如湿度为 8%～12% 的沙-泥土等	0.93
2.0	土壤干燥，少雨。如湿度大于 4% 但小于 7% 的沙土，湿度为 4%～8% 的沙-泥土等	0.87
3.0	多石地层，非常干燥。如湿度小于 4% 的沙土等	0.73

表 A-23　绝缘导线明敷、穿钢管和穿塑料管时的允许载流量

（a）绝缘导线明敷时的允许载流量（单位为 A）

芯线截面/mm²	橡皮绝缘线								塑料绝缘线							
	环境温度															
	25℃		30℃		35℃		40℃		25℃		30℃		35℃		40℃	
	铜芯	铝芯	铜芯	铝芯	铜芯	铝芯	铜芯	铝芯	铜芯	铝芯	铜芯	铝芯	铜芯	铝芯	铜芯	铝芯
2.5	35	27	32	25	30	23	27	21	32	25	30	23	27	21	25	29
4	45	35	41	32	39	30	35	27	41	32	37	29	35	37	32	25

续表

芯线截面/mm²	橡皮绝缘线								塑料绝缘线							
	环境温度															
	25℃		30℃		35℃		40℃		25℃		30℃		35℃		40℃	
	铜芯	铝芯	铜芯	铝芯	铜芯	铝芯	铜芯	铝芯	铜芯	铝芯	铜芯	铝芯	铜芯	铝芯	铜芯	铝芯
6	58	45	54	42	49	38	45	35	54	42	50	39	46	36	41	33
10	84	65	77	60	72	56	66	51	76	59	71	55	66	51	59	46
16	110	85	102	79	94	73	86	67	103	80	95	74	89	69	81	63
25	142	110	132	102	123	95	112	87	135	105	126	98	116	90	107	83
35	178	138	166	129	154	119	141	109	168	130	156	121	144	112	132	102
50	226	175	210	163	195	151	178	138	213	165	199	154	183	142	168	130
70	284	220	266	206	245	190	224	174	264	205	246	191	228	177	209	162
95	342	265	319	247	295	229	270	209	323	250	301	233	279	216	254	197
120	400	310	361	280	346	268	316	243	365	283	343	266	317	246	290	225
150	464	360	433	336	401	311	366	284	419	325	391	303	362	281	332	257
185	540	420	506	392	468	363	428	332	490	380	458	355	423	328	387	300
240	660	510	615	476	570	441	520	403	—	—	—	—	—	—	—	—

注：铜芯橡皮线－BX，铝芯橡皮线－BLX，铜芯塑料线－BV，铝芯塑料线－BLV。

（b）橡皮绝缘导线穿钢管时的允许载流量（单位为 A）

芯线截面/mm²	芯线材质	2 根单芯线				2 根穿管管径/mm		3 根单芯线				3 根穿管管径/mm		4～5 根单芯线				4 根穿管管径/mm		5 根穿管管径/mm	
		环境温度/℃						环境温度/℃						环境温度/℃							
		25	30	35	40	SC	MT	25	30	35	40	SC	MT	25	30	35	40	SC	MT	SC	MT
2.5	铜	27	25	23	21	15	20	25	22	21	19	15	20	21	18	17	15	20	25	20	25
	铝	21	19	18	16			19	17	16	15			16	14	13	12				
4	铜	36	34	31	28	20	25	32	30	27	25	20	25	30	27	25	23	20	25	20	25
	铝	28	26	24	22			25	23	21	19			23	21	19	18				
6	铜	48	44	41	37	20	25	44	40	37	34	20	25	39	36	32	30	25	25	25	32
	铝	37	34	32	29			34	31	29	26			30	28	26	23				
10	铜	67	62	57	53	25	32	59	55	50	46	25	32	52	48	4	40	25	32	32	40
	铝	52	48	44	41			46	43	39	36			40	37	34	31				
16	铜	85	79	74	67	25	32	76	71	66	59	32	32	67	62	57	53	32	40	40	(50)
	铝	66	61	57	52			59	55	51	46			52	48	44	41				
25	铜	111	103	95	88	32	40	98	92	84	77	32	40	88	81	75	68	40	(50)	40	—
	铝	86	80	74	68			76	71	65	60			68	63	58	53				
35	铜	137	128	117	107	32	40	121	112	104	95	32	(50)	107	99	92	84	40	(50)	50	—
	铝	106	99	91	83			94	87	83	74			83	77	71	65				

芯线截面/mm²	芯线材质	2根单芯线 环境温度/℃				2根穿管 管径/mm		3根单芯线 环境温度/℃				3根穿管 管径/mm		4～5根单芯线 环境温度/℃				4根穿管 管径/mm		5根穿管 管径/mm	
		25	30	35	40	SC	MT	25	30	35	40	SC	MT	25	30	35	40	SC	MT	SC	MT
50	铜	172	160	148	135	40	(50)	152	142	132	120	50	(50)	135	126	116	107	50	—	70	—
	铝	133	124	115	105			118	110	102	93			105	98	90	83				
70	铜	212	199	183	168	50	(50)	194	181	166	152	50	(50)	172	160	148	135	70	—	70	—
	铝	164	154	142	130			150	140	129	118			133	124	113	105				
95	铜	258	241	223	204	70	—	232	217	200	183	70		206	192	178	163	70		70	
	铝	200	187	173	158			180	168	155	142			160	149	138	126				
120	铜	297	277	255	233	70		271	253	233	214	70		245	228	216	194	70		80	
	铝	230	215	198	181			210	196	181	166			190	177	164	150				
150	铜	335	313	289	264	70		310	289	267	244	70		284	266	245	224	80		100	
	铝	260	243	224	205			240	224	207	180			220	205	190	174				
185	铜	381	355	329	301	80		348	325	301	275	80		323	301	279	254	80		100	
	铝	295	275	255	233			270	252	233	213			250	233	216	197				

注：① 穿线管符号：SC-焊接钢管，管径按内径计；MT-电线管，管径按外径计。

② 4～5根单芯线穿管的载流量，是指低压 TN-C 系统、TN-S 系统或 TN-C-S 系统中的相线载流量，其中 N 线或 PEN 线中可有不平衡电流通过。如果三相负荷平衡，则虽有 4 根或 5 根导线穿管，但导线的载流仍按 3 根导线穿管考虑，而穿线管管径则按实际穿管导线数选择。

（c）塑料绝缘导线穿钢管时的允许载流量（单位为 A）

芯线截面/mm²	芯线材质	2根单芯线 环境温度/℃				2根穿管 管径/mm		3根单芯线 环境温度/℃				3根穿管 管径/mm		4～5根单芯线 环境温度/℃				4根穿管 管径/mm		5根穿管 管径/mm	
		25	30	35	40	SC	MT	25	30	35	40	SC	MT	25	30	35	40	SC	MT	SC	MT
2.5	铜	26	23	21	19	15	15	23	21	19	18	15	15	19	18	16	14	15	15	15	20
	铝	20	18	17	15			19	16	15	14			15	14	12	11				
4	铜	35	32	30	27	15	15	31	28	26	23	15	15	28	26	23	21	15	20	20	20
	铝	27	25	23	21			24	22	20	18			22	20	19	17				
6	铜	45	41	39	35	15	30	41	37	35	32	15	20	36	34	31	28	20	25	25	25
	铝	35	32	30	37			32	29	27	25			28	26	24	22				
10	铜	63	58	54	49	20	25	57	53	49	44	20	25	49	45	41	39	25	25	25	32
	铝	49	45	42	38			44	41	38	34			38	35	32	30				
16	铜	81	75	70	63	25	25	72	67	62	57	25	32	65	59	55	50	25	32	32	40
	铝	63	58	54	49			56	52	48	44			50	46	43	39				
25	铜	103	95	89	81	25	32	90	84	77	71	32	32	84	77	72	66	32	40	32	(50)
	铝	80	74	69	63			70	65	60	55			65	60	56	51				

芯线截面/mm²	芯线材质	2根单芯线 环境温度/℃				2根穿管管径/mm		3根单芯线 环境温度/℃				3根穿管管径/mm		4～5根单芯线 环境温度/℃				4根穿管管径/mm		5根穿管管径/mm	
		25	30	35	40	SC	MT	25	30	35	40	SC	MT	25	30	35	40	SC	MT	SC	MT
35	铜	129	120	111	102	32	40	116	108	99	92	32	40	103	95	89	81	40	(50)	40	—
	铝	100	93	86	79			90	84	77	71			80	74	69	63				
50	铜	161	150	139	126	40	50	142	132	123	112	40	(50)	129	120	111	102	50	(50)	50	—
	铝	125	116	108	98			110	102	95	87			100	93	86	79				
70	铜	200	186	173	157	50	50	184	172	159	146	50	(50)	164	150	141	129	50	—	70	—
	铝	155	144	134	122			143	133	123	113			127	118	109	100				
95	铜	245	228	212	194	50	(50)	219	204	190	173	50	—	196	183	169	155	70	—	70	—
	铝	190	177	164	150			170	158	147	134			152	142	131	120				
120	铜	284	264	245	224	50	(50)	252	235	217	199	50	—	222	206	191	173	70	—	80	—
	铝	220	205	190	174			195	182	168	154			172	160	148	136				
150	铜	323	301	279	254	70	—	290	271	250	228	70	—	258	241	223	204	70	—	80	—
	铝	250	233	216	197			225	210	194	177			200	187	173	158				
185	铜	368	343	317	290	70	—	329	307	284	259	70	—	297	277	255	233	80	—	80	—
	铝																				

注：同上表注。

（d）橡皮绝缘导线穿硬塑料管时的允许载流量（单位为A）

芯线截面/mm²	芯线材质	2根单芯线 环境温度/℃				2根穿管管径/mm	3根单芯线 环境温度/℃				3根穿管管径/mm	4～5根单芯线 环境温度/℃				4根穿管管径/mm	5根穿管管径/mm
		25	30	35	40		25	30	35	40		25	30	35	40		
2.5	铜	25	22	21	19	15	22	19	18	17	15	19	18	16	14	20	25
	铝	19	17	16	15		17	15	14	13		15	14	12	11		
4	铜	32	30	27	25	20	30	27	25	23	20	26	23	22	20	20	25
	铝	25	23	21	19		23	21	19	18		20	18	17	15		
6	铜	43	39	36	34	20	37	35	32	28	20	34	31	28	26	25	32
	铝	33	30	28	26		29	27	25	22		26	24	22	20		
10	铜	57	53	49	44	25	52	48	44	40	25	45	41	38	35	32	32
	铝	44	41	38	34		40	37	34	31		35	32	30	27		
16	铜	75	70	65	58	32	67	62	57	53	32	59	55	50	46	32	40
	铝	58	54	50	45		52	48	44	41		46	43	39	36		
25	铜	99	92	85	77	32	88	81	75	68	32	77	72	66	61	40	40
	铝	77	71	66	60		68	63	58	53		60	56	51	47		
35	铜	123	114	106	97	40	108	101	93	85	40	95	89	83	75	40	50
	铝	95	88	82	75		84	78	72	66		74	69	64	58		

芯线截面/mm²	芯线材质	2根单芯线 环境温度/℃				2根穿管管径/mm	3根单芯线 环境温度/℃				3根穿管管径/mm	4~5根单芯线 环境温度/℃				4根穿管管径/mm	5根穿管管径/mm
		25	30	35	40		25	30	35	40		25	30	35	40		
50	铜	155	145	133	121	40	139	129	120	111	50	123	114	106	94	50	65
	铝	120	112	103	94		108	100	93	86		95	88	82	75		
70	铜	197	184	170	156	50	174	163	150	137	50	155	144	133	122	65	75
	铝	153	143	132	121		135	126	116	106		120	112	103	94		
95	铜	237	222	205	187	50	213	199	183	168	65	194	181	166	152	75	80
	铝	184	172	159	143		165	154	142	130		150	140	129	118		
120	铜	271	253	233	214	65	245	228	212	194	65	219	204	190	173	80	80
	铝	210	196	181	166		190	177	164	150		170	158	147	134		
150	铜	323	301	277	254	75	293	273	253	231	75	264	246	228	209	80	90
	铝	250	233	215	197		227	212	196	179		205	191	177	162		
185	铜	364	339	313	288	80	320	307	284	259	80	299	279	258	236	100	100
	铝	282	263	243	223		255	238	220	201		232	216	200	183		

注：如表A-23（b）的注2所述，如果三相负荷平衡，则虽有4根或5根导线穿管，但导线的载流量仍按3根导线穿管选择，而穿线管管径则按实际穿管导线数选择。

（e）塑料绝缘导线穿硬塑料管时的允许载流量（单位为A）

芯线截面/mm²	芯线材质	2根单芯线 环境温度/℃				2根穿管管径/mm	3根单芯线 环境温度/℃				3根穿管管径/mm	4~5根单芯线 环境温度/℃				4根穿管管径/mm	5根穿管管径/mm
		25	30	35	40		25	30	35	40		25	30	35	40		
2.5	铜	23	21	19	18	15	21	18	17	15	15	18	17	15	14	20	25
	铝	18	16	15	14		16	14	13	12		14	13	12	11		
4	铜	31	28	26	23	20	28	26	24	22	20	25	22	20	19	20	25
	铝	24	22	20	18		22	20	19	17		19	17	16	15		
6	铜	40	36	34	31	20	35	32	30	27	20	32	30	27	25	25	32
	铝	31	28	26	24		27	25	23	21		25	23	21	19		
10	铜	54	50	46	43	25	49	45	42	39	25	43	39	36	34	32	32
	铝	42	39	36	33		38	35	32	30		33	30	28	26		
16	铜	71	66	61	51	32	63	58	54	49	32	57	53	49	44	32	40
	铝	55	51	47	43		49	45	42	38		44	41	38	34		
25	铜	94	88	81	74	32	84	77	72	66	40	74	68	63	58	40	50
	铝	73	68	63	57		65	60	56	51		57	53	49	45		
35	铜	116	108	99	92	40	103	95	89	81	40	90	84	77	71	50	65
	铝	90	84	77	71		80	74	69	63		70	65	60	55		
50	铜	147	137	126	116	50	132	123	114	103	50	116	108	99	92	65	65
	铝	114	106	98	90		102	95	89	80		90	84	77	71		

芯线截面/mm²	芯线材质	2根单芯线 环境温度/℃				2根穿管管径/mm	3根单芯线 环境温度/℃				3根穿管管径/mm	4～5根单芯线 环境温度/℃				4根穿管管径/mm	5根穿管管径/mm
		25	30	35	40		25	30	35	40		25	30	35	40		
70	铜	187	174	161	147	50	168	156	144	132	50	148	138	128	116	65	75
	铝	145	135	125	114		130	121	112	102		115	107	98	90		
95	铜	226	210	195	178	65	204	190	175	160	65	181	168	156	142	75	75
	铝	175	163	151	138		158	147	136	124		140	130	121	110		
120	铜	266	241	223	205	65	232	217	200	183	65	206	192	178	163	75	80
	铝	206	187	173	158		180	168	155	142		160	149	138	126		
150	铜	297	277	255	233	75	267	249	231	210	75	230	222	206	188	80	90
	铝	230	215	198	181		207	193	179	163		185	172	160	146		
185	铜	342	319	295	270	75	303	283	262	239	80	273	255	236	215	90	100
	铝	265	247	220	209		235	219	203	185		212	198	13	167		

注：① 同上表注。

② 管径在工程中常用英寸（in）表示，管径的 SI 制（单位 mm）与英制（单位 in）近似对照如下：

SI 制，单位 mm	15	20	25	32	40	50	65	70	80	90	100
英制，单位 in	1/2	3/4	1	1(1/4)	1(1/2)	2	2(1/2)	2(3/4)	3	3(1/2)	4

表 A-24 GL-11、15、21、25 型电流继电器的主要技术数据及其动作特性曲线

（a）主要技术数据

型　号	额定电流/A	额定值		速断电流倍数	返回系数
		动作电流/A	10倍动作电流的动作时间/s		
GL-11/10，-21/10	10	4、5、6、7、8、9、10	0.5、1、2、3、4	2～8	0.85
GL-11/5，-21/5	5	2、2.5、3、3.5、4、4.5、5			
GL-15/10，-25/10	10	4、5、6、7、8、9、10			0.8
GL-15/5，-25/5	5	2、2.5、3、3.5、4、4.5、5			

注：速断电流倍数＝电磁元件动作电流（速断电流）/感应元件动作电流（整定电流）。

（b）动作特性曲线

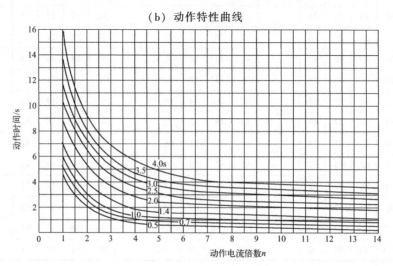

表 A-25 普通阀式避雷器与主变压器间的最大电气距离（单位为 m）

线路电压/kV	进线长度/km	进线回路数			
		1	2	3	4
3～10	—	15	23	27	30
35	1	25	40	50	55
	1.5	40	55	65	75
	2	50	75	90	105
66	1	45	65	80	90
	1.5	60	85	105	115
	2	80	105	130	145
110	1	45	70	80	90
	1.5	70	95	115	130
	2	100	135	160	180

表 A-26 部分电力装置要求的工作接地电阻值

序 号	电力装置名称	接地的电力装置特点		接地电阻值
1	1 kV 以上 大电流接地系统	仅用于该系统的接地装置		$R_E \leqslant \dfrac{2000\ V}{I_k^{(1)}}$ 当 $I_k^{(1)} > 4000$ A 时 $R_E \leqslant 0.5\ \Omega$
2	1 kV 以上 小电流接地系统	仅用于该系统的接地装置		$R_E \leqslant \dfrac{250\ V}{I_E}$ 且 $R_E \leqslant 10\ \Omega$
3		与 1 kV 以下系统共用的接地装置		$R_E \leqslant \dfrac{120\ V}{I_E}$ 且 $R_E \leqslant 10\ \Omega$
4	1 kV 以下系统	与总容量在 100 kVA 以上的发电机或变压器相连的接地装置		$R_E \leqslant 10\ \Omega$
5		上述（序号4）装置的重复接地		$R_E \leqslant 10\ \Omega$
6		与总容量在 100 kVA 及以下的发电机或变压器相连的接地装置		$R_E \leqslant 10\ \Omega$
7		上述（序号6）装置的重复接地		$R_E \leqslant 30\ \Omega$
8	避雷装置	独立避雷针和避雷器		$R_E \leqslant 10\ \Omega$
9		变配电所装设的避雷器	与序号4装置共用	$R_E \leqslant 4\ \Omega$
10			与序号6装置共用	$R_E \leqslant 10\ \Omega$
11		线路上装设的避雷器或保护间隙	与电机无电气联系	$R_E \leqslant 10\ \Omega$
12			与电机有电气联系	$R_E \leqslant 5\ \Omega$
13	防雷建筑物	第一类防雷建筑物		$R_{sh} \leqslant 10\ \Omega$
14		第二类防雷建筑物		$R_{sh} \leqslant 10\ \Omega$
15		第三类防雷建筑物		$R_{sh} \leqslant 30\ \Omega$

注：R_E 为工频接地电阻，R_{sh} 为冲击接地电阻，$I_k^{(1)}$ 为流经接地装置的单相短路电流，I_E 为单相接地电容电流。

表 A-27　土壤电阻率参考值

土壤名称	电阻率/(Ω·m)	土壤名称	电阻率/(Ω·m)
陶黏土	10	砂质黏土、可耕地	100
泥炭、泥灰岩、沼泽地	20	黄土	200
捣碎的木炭	40	含砂黏土、砂土	300
黑土、田园土、陶土	50	多石土壤	400
黏土	60	砂、沙砾	1000

表 A-28　垂直管形接地体的利用系数值

（a）敷设成一排时（未计入连接扁钢的影响）

管间距离与管子长度之比 a/l	管子根数 n	利用系数 η_E	管间距离与管子长度之比 a/l	管子根数 n	利用系数 η_E
1		0.83～0.87	1		0.67～0.72
2	2	0.90～0.92	2	5	0.79～0.83
3		0.93～0.95	3		0.85～0.88
1		0.76～0.80	1		0.56～0.62
2	3	0.85～0.88	2	10	0.72～0.77
3		0.90～0.92	3		0.79～0.83

（b）敷设成环形时（未计入连接扁钢的影响）

管间距离与管子长度之比 a/l	管子根数 n	利用系数 η_E	管间距离与管子长度之比 a/l	管子根数 n	利用系数 η_E
1		0.66～0.72	1		0.44～0.50
2	4	0.76～0.80	2	20	0.61～0.66
3		0.82～0.86	3		0.68～0.73
1		0.58～0.65	1		0.41～0.47
2	6	0.71～0.75	2	30	0.58～0.63
3		0.78～0.82	3		0.66～0.71
1		0.52～0.58	1		0.38～0.44
2	10	0.66～0.71	2	40	0.56～0.61
3		0.74～0.78	3		0.64～0.69

表 A-29　爆炸和火灾危险环境的分区

分区代号	环境特征
0 区	连续出现或长期出现爆炸性气体混合物的环境
1 区	在正常运行时可能出现爆炸性气体混合物的环境
2 区	在正常运行时不可能出现爆炸性气体混合物的环境，或即使出现也仅是短时存在的爆炸性气体混合物的环境
10 区	连续出现或长期出现爆炸性粉尘的环境
11 区	有时会将积留下的粉尘扬起而偶然出现爆炸性粉尘混合物的环境
21 区	具有闪点高于环境温度的可燃液体，在数量和配置上能引起火灾危险的环境
22 区	具有悬浮状、堆积状的可燃粉尘或可燃纤维，虽不可能形成爆炸混合物，但在数量和配置上能引起火灾危险的环境
23 区	具有固体状可燃物质，在数量和配置上能引起火灾危险的环境

表 A-30　爆炸危险环境钢管配线的技术要求

项　　目		钢管明敷线路用绝缘导线的最小截面			接线盒、分支盒、挠性连接管	管子连接要求
		电力	照明	控制		
爆炸危险区域	1 区	铜芯线 2.5 mm² 及以上	铜芯线 2.5 mm² 及以上	铜芯线 2.5 mm² 及以上	隔爆型	对 Φ25 mm 及以下的钢管螺纹旋合不应少于 5 扣，对 Φ32 mm 及以上的不应少于 6 扣，并应有锁紧螺母
	2 区	铜芯线 1.5 mm² 及以上、铝芯线 4 mm² 及以上	铜芯线 1.5 mm² 及以上、铝芯线 2.5 mm² 及以上	铜芯线 1.5 mm² 及以上	隔爆型增安型	对 Φ25 mm 及以下的钢管螺纹旋合不应少于 5 扣，对 Φ32 mm 及以上的不应少于 6 扣

注：① 钢管应采用低压液体输送用镀锌焊接钢管（SC）。

　　② 为了防腐蚀，钢管连接的螺纹部分应涂以铅油或磷化膏。

表 A-31　普通照明白炽灯的主要技术数据

型　　号	额定功率 /W	额定光通量 /lm	型　　号	额定功率 /W	额定光通量 /lm
PZ220 – 15	15	110	PZ220 – 500	500	8300
PZ220 – 25	25	220	PZ220 – 1000	1000	18600
PZ220 – 40	40	350	PZS220 – 36	36	350
PZ220 – 60	60	630	PZS220 – 40	40	415
PZ220 – 100	100	1250	PZS220 – 55	55	630
PZ220 – 150	150	2090	PZS220 – 60	60	715
PZ220 – 200	200	2920	PZS220 – 94	94	1250
PZ220 – 300	300	4610	PZS220 – 100	100	1350

注：灯泡额定电压为 220 V，平均使用寿命为 1000 h。

表 A-32　室内一般照明灯具距离地面的最低悬挂高度（据 JBJ6—1996）

光源种类	灯具型式	灯具遮光角	光源功率/W	最低悬挂高度/m
白炽灯	有反射罩	10°～30°	≤100	2.5
			150～200	3.0
			300～500	3.5
	乳白玻璃漫射罩	—	≤100	2.2
			150～200	2.5
			300～500	3.0
荧光灯	无反射罩	—	≤40	3.2
			>40	3.0
	有反射罩	—	≤40	2.2
			>40	2.2
荧光高压汞灯	有反射罩	10°～30°	<125	3.5
			125～250	5.0
			≥400	6.0

光源种类	灯具型式	灯具遮光角	光源功率/W	最低悬挂高度/m
荧光高压汞灯	有反射罩带格栅	>30°	<125	3.0
			125～250	4.0
			≥400	5.0
金属卤化物灯 高压钠灯、 混光光源	有反射罩	10°～30°	<150	4.5
			150～250	5.5
			250～400	6.5
			>400	7.5
	有反射罩带格栅	>30°	<150	4.0
			150～250	4.5
			250～400	5.5
			>400	6.5

表 A-33 部分工业建筑一般照明标准值（据 GB 50034—2004）

(a) 通用房间或场所

照明房间或场所		参考平面及其高度	照度标准值/lx	统一眩光值（UGR）	一般显色指数（Ra）	备 注
试验室	一般	0.75 m 水平面	300	22	80	可另加局部照明
	精细	0.75 m 水平面	500	19	80	可另加局部照明
检验室	一般	0.75 m 水平面	300	22	80	可另加局部照明
	精细、有颜色要求	0.75 m 水平面	750	19	80	可另加局部照明
计量室、测量室		0.75 m 水平面	500	19	80	可另加局部照明
交、配电站	配电装置室	0.75 m 水平面	200	—	60	
	变压器室	地面	100	—	20	
电源设备室、发电机室		地面	200	25	60	
控制室	一般控制室	0.75 m 水平面	300	22	80	
	主控制室	0.75 m 水平面	500	19	80	
电话站、网络中心		0.75 m 水平面	500	19	80	
计算机站		0.75 m 水平面	500	19	80	
动力站	风机房、空调机房	地面	100	—	60	
	水泵房	地面	100	—	60	
	冷冻站	地面	150	—	60	
	压缩空气站	地面	150	—	60	
	锅炉房、煤气站的操作层	地面	100	—	60	锅炉水位表照度不小于 50 lx
仓库	大件库（如钢胚、钢材、大成品、气瓶）	1.0 m 水平面	50	—	20	
	一般件库	1.0 m 水平面	100	—	60	
	精细件库（如工具、小零件）	1.0 m 水平面	200	—	60	货架垂直照度不小于 50 Vlx
车辆加油站		地面	100	—	60	油表照度不小于 50 lx

（b）机、电工业

照明房间或场所		参考平面及其高度	照度标准值 /lx	统一眩光值（UGR）	一般显色指数（Ra）	备 注
机械加工	粗加工	0.75 m水平面	200	22	60	可另加局部照明
	一般加工（公差≥0.1 mm）	0.75 m水平面	300	22	60	应另加局部照明
	精密加工（公差<0.1 mm）	0.75 m水平面	500	19	60	应另加局部照明
机电、仪表制造	大件	0.75 m水平面	200	25	80	可另加局部照明
	一般件	0.75 m水平面	300	25	80	可另加局部照明
	精密	0.75 m水平面	500	22	80	应另加局部照明
	特精密	0.75 m水平面	750	19	80	应另加局部照明
线圈绕制	电线、电缆制造	0.75 m水平面	300	25	60	
	大线圈	0.75 m水平面	300	25	80	
	中等线圈	0.75 m水平面	500	22	80	可另加局部照明
	精细线圈	0.75 m水平面	750	19	80	应另加局部照明
	线圈浇注	0.75 m水平面	300	25	80	
焊接	一般	0.75 m水平面	200	—	60	
	精密	0.75 m水平面	300	—	60	
钣金		0.75 m水平面	300	—	60	
冲压、剪切		0.75 m水平面	300	—	60	
热处理		地面至0.5 m水平面	200	—	20	
铸造	熔化、浇铸	地面至0.5 m水平面	200	—	20	
	造型		300	25	60	
精密铸造的制模、脱壳		地面至0.5 m水平面	500	25	60	
锻工			200	—	20	
电镀		0.75 m水平面	300	—	80	
喷漆	一般	0.75 m水平面	300	—	80	
	精细	0.75 m水平面	500	22	80	
酸洗、腐蚀、清洗		0.75 m水平面	300	—	80	
抛光	一般装饰性	0.75 m水平面	300	22	80	防频闪
	精细	0.75 m水平面	500	22	80	防频闪
复合材料加工、铺叠、装饰		0.75 m水平面	500	22	80	
机电修理	一般	0.75 m水平面	200	—	60	可另加局部照明
	精密	0.75 m水平面	300	22	60	可另加局部照明

（c）电力工业

照明房间或场所	参考平面及其高度	照度标准值 /lx	统一眩光值（UGR）	一般显色指数（Ra）	备 注
火电厂锅炉房	地面	100	—	40	
发电机房	地面	200	—	60	
主控制室	0.75 m水平面	500	19	80	

（d）电子工业

照明房间或场所	参考平面及其高度	照度标准值/lx	统一眩光值（UGR）	一般显色指数（Ra）	备 注
电子元器件	0.75 m 水平面	500	19	80	应另加局部照明
电子零部件	0.75 m 水平面	500	19	80	应另加局部照明
电子材料	0.75 m 水平面	300	22	80	应另加局部照明
酸、碱、药液及粉配制	0.75 m 水平面	300	—	80	

注：其他工业建筑的一般照明标准值参看 GB 50034—2004，此处略。

表 A-34　部分民用和公共建筑照明标准值（据 GB 50034—2004）

（a）民用建筑

照明房间或场所		参考平面及其高度	照度标准值/lx	统一眩光值（UGR）	一般显色指数（Ra）
起居室	一般活动	0.75 m 水平面	100	—	80
	书写、阅读	0.75 m 水平面	300※		
卧室	一般活动	0.75 m 水平面	75	—	80
	床头阅读	0.75 m 水平面	150※		
餐厅		0.75 m 水平面	150	—	80
厨房	一般活动	0.75 m 水平面	100	—	80
	操作台	台面	150※		
卫生间		0.75 m 水平面	100	—	80

注：※宜用混合照明，即一般照明加局部照明。

（b）商业建筑

照明房间或场所	参考平面及其高度	照度标准值/lx	统一眩光值（UGR）	一般显色指数（Ra）
一般商店营业厅	0.75 m 水平面	300	22	80
高档商店营业厅	0.75 m 水平面	500	22	80
一般超市营业厅	0.75 m 水平面	300	22	80
高档超市营业厅	0.75 m 水平面	500	22	80
收款台	台面	500	—	80

（c）旅馆建筑

照明房间或场所		参考平面及其高度	照度标准值/lx	统一眩光值（UGR）	一般显色指数（Ra）
客房	一般活动区	0.75 m 水平面	75	—	80
	床头	0.75 m 水平面	150	—	80
	写字台	台面	300	—	80
	卫生间	0.75 m 水平面	150	—	80
中餐厅		0.75 m 水平面	200	22	80
西餐厅、酒吧间、咖啡厅		0.75 m 水平面	100	—	80
多功能厅		0.75 m 水平面	300	22	80
门厅、总服务台		地面	300	—	80
休息厅		地面	200	22	80
客房层走廊		地面	50	—	80
厨房		台面	200	—	80
洗衣房		0.75 m 水平面	200	—	80

（d）学校建筑

照明房间或场所	参考平面及其高度	照度标准值/lx	统一眩光值（UGR）	一般显色指数（Ra）
教室	课桌面	300	19	80
实验室	实验桌面	300	19	80
美术教室	桌面	500	19	90
多媒体教室	0.75 m 水平面	300	19	80
教室黑板	黑板面	500	—	80

（e）图书馆建筑

照明房间或场所	参考平面及其高度	照度标准值/lx	统一眩光值（UGR）	一般显色指数（Ra）
一般阅览室	0.75 m 水平面	300	19	80
国家、省、市及其他重要图书馆的阅览室	0.75 m 水平面	500	19	80
老年阅览室	0.75 m 水平面	500	19	80
珍善本、舆图阅览室	0.75 m 水平面	500	19	80
陈列室、目录厅、出纳厅	0.75 m 水平面	300	19	80
书库	0.25 m 水平面	50	—	80
工作间	0.75 m 水平面	300	19	80

（f）办公建筑

照明房间或场所	参考平面及其高度	照度标准值/lx	统一眩光值（UGR）	一般显色指数（Ra）
普通办公室	0.75 m 水平面	300	19	80
高档办公室	0.75 m 水平面	500	19	80
会议室	0.75 m 水平面	300	19	80
接待室、前台	0.75 m 水平面	300	—	80
营业厅	0.75 m 水平面	300	22	80
设计室	实际工作面	500	19	80
文件整理、复印、发行室	0.75 m 水平面	300	—	80
资料、档案室	0.75 m 水平面	200	—	80

注：其他民用建筑的照明标准值参看 GB 50034—2004，此处略。

表 A-35 GC1-A、B-2G 型工厂配照灯的主要技术数据和技术图表

（a）主要规格数据

光源容量：白炽灯 150W	灯具效率：85%
遮光角：8.7°	最大距高比：1.25

（b）灯具外形及其配光曲线

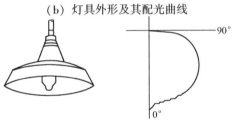

(c) 灯具利用系数 u

顶棚反射比 ρ_c		70			50			30			0
墙壁反射比 ρ_w		50	30	10	50	30	10	50	30	10	0
室空间比（RCR）（地面反射比 $\rho_f = 20\%$）	1	0.66	0.64	0.61	0.64	0.61	0.59	0.61	0.59	0.57	0.54
	2	0.57	0.53	0.49	0.55	0.51	0.48	0.52	0.49	0.47	0.44
	3	0.49	0.44	0.40	0.47	0.43	0.39	0.45	0.41	0.38	0.36
	4	0.43	0.38	0.33	0.42	0.37	0.33	0.40	0.36	0.32	0.30
	5	0.38	0.32	0.28	0.37	0.31	0.27	0.35	0.31	0.27	0.25
	6	0.34	0.28	0.23	0.32	0.27	0.23	0.31	0.27	0.23	0.21
	7	0.30	0.24	0.20	0.29	0.23	0.19	0.28	0.23	0.19	0.18
	8	0.27	0.21	0.17	0.26	0.21	0.17	0.25	0.20	0.17	0.15
	9	0.24	0.19	0.15	0.23	0.18	0.15	0.23	0.18	0.15	0.13
	10	0.22	0.16	0.13	0.21	0.16	0.13	0.21	0.16	0.13	0.11

(d) 灯具概算曲线

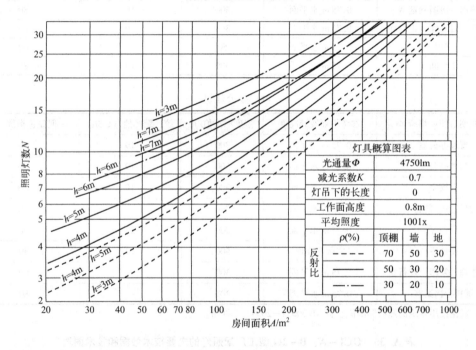

表 A-36　采用 GGY-125 型高压汞灯的工厂配照灯单位容量参考值（单位：W/m²）

灯在工作面上高度/m	被照面积/m²	平均照度/lx						
		5	10	20	30	50	75	100
4	20～30	0.9	1.8	3.6	5.4	9.0	13.5	18
	30～50	0.7	1.4	2.8	4.2	7.0	10.5	14
	50～100	0.5	1.0	2.0	3.0	5.0	7.5	10
	100～200	0.4	0.8	1.6	2.4	4.0	6.0	8.0
	200～300	0.35	0.7	1.4	2.1	3.5	5.3	7.0
	≥300	0.33	0.66	1.3	2.0	3.3	5.0	6.6

灯在工作面上高度/m	被照面积/m²	平均照度/lx						
		5	10	20	30	50	75	100
5	30～50	0.9	1.8	3.6	5.4	9.0	13.5	18
	50～100	0.6	1.2	2.4	3.6	6.0	9.0	12
	100～200	0.5	1.0	2.0	3.0	5.0	7.5	10
	200～300	0.4	0.8	1.6	2.4	4.0	6.0	8.0
	≥300	0.39	0.78	1.56	2.34	3.9	5.9	7.8
8	30～50	1.1	2.2	4.4	6.6	11	16.5	22
	50～100	0.8	1.6	3.2	4.8	8.0	12	16
	100～200	0.54	1.1	2.2	3.3	5.4	8.3	11
	200～300	0.45	0.9	1.8	2.7	4.5	6.8	9.0
	≥300	0.43	0.86	1.7	2.6	4.3	6.5	8.6

注：本表以装 GGY-125 型高压汞灯的 GC1-A、B-1 型工厂配照灯为准计算。

附录 B　学生工作页示例

姓名：　　　　　学号：　　　　　班级：　　　　　日期：

学习单元：	任务：	课时：8 学时

任务描述（叙述本学习单元要求实现的教学目标）：
　　通过多媒体课件、讲授、实训、参观、课堂练习、课后作业等形式，掌握……

工作任务流程图（叙述本学习单元的教学方式和过程）：
　　通过现场参观……
　　——教师布置……任务并进行学习指导
　　——分组讨论、练习和实训
　　——提交工作页
　　——集中评价
　　——提交课后作业和实训报告

问题导入（结合社会实践提出与本单元内容有关的典型问题）：

1. 资讯（根据问题明确工作任务、准备资料）

2. 决策（分析并确定工作方案）
　　(1) 结合本单元内容分析采用什么样的方式和方法完成任务……，通过什么样的途径学会任务知识点和技能点，初步确定工作任务方案。
　　(2) 小组讨论并完善工作任务方案。

3. 计划（制订计划）
　　(1) 制订实施工作任务的计划书，小组成员分工要合理，步骤明确。
　　(2) 需要通过实物认识、视频播放、参观、实训、课堂练习、课后作业等形式完成……

4. 实施（实施工作方案）
　　(1) 参观记录。
　　(2) 学习笔记。
　　(3) 研讨并填写工作页。
　　(4) 提交课后作业和实验报告。

5. 检查
　　(1) 以小组为单位，进行讲解演示，小组成员补充优化。
　　(2) 学生自己独立检查或小组之间相互交叉检查。
　　(3) 检查学习目标是否达到，任务是否完成。

6. 评估
　　(1) 填写学生自评和小组互评考核评价表。
　　(2) 同老师一起评价认识过程。
　　(3) 与老师进行深层次的交流。
　　(4) 评估整个工作过程，是否有需要改进的方法。

指导老师评语：
任务完成人签字：   日期： 年 月 日
指导老师签字：   日期： 年 月 日

反侵权盗版声明

电子工业出版社依法对本作品享有专有出版权。任何未经权利人书面许可，复制、销售或通过信息网络传播本作品的行为；歪曲、篡改、剽窃本作品的行为，均违反《中华人民共和国著作权法》，其行为人应承担相应的民事责任和行政责任，构成犯罪的，将被依法追究刑事责任。

为了维护市场秩序，保护权利人的合法权益，本社将依法查处和打击侵权盗版的单位和个人。欢迎社会各界人士积极举报侵权盗版行为，本社将奖励举报有功人员，并保证举报人的信息不被泄露。

举报电话：(010) 88254396；(010) 88258888

传　　真：(010) 88254397

E - mail： dbqq@ phei. com. cn

通信地址：北京市海淀区万寿路 173 信箱

　　　　　电子工业出版社总编办公室

邮　　编：100036